Marco Lunanova

Optimierung von Nebenaggregaten

VIEWEG+TEUBNER RESEARCH

Marco Lunanova

Optimierung von Nebenaggregaten

Maßnahmen zur Senkung der CO_2-Emission von Kraftfahrzeugen

VIEWEG+TEUBNER RESEARCH

Bibliografische Information der Deutschen Nationalbibliothek
Die Deutsche Nationalbibliothek verzeichnet diese Publikation in der
Deutschen Nationalbibliografie; detaillierte bibliografische Daten sind im Internet über
<http://dnb.d-nb.de> abrufbar.

1. Auflage 2009

Lektorat: Christel A. Roß

Vieweg+Teubner ist Teil der Fachverlagsgruppe Springer Science+Business Media.
www.viewegteubner.de

Umschlaggestaltung: KünkelLopka Medienentwicklung, Heidelberg
Druck und buchbinderische Verarbeitung: STRAUSS GMBH, Mörlenbach
Gedruckt auf säurefreiem und chlorfrei gebleichtem Papier.
Printed in Germany

ISBN 978-3-8348-0730-4

Inhaltsverzeichnis

Verwendete Formelzeichen und ihre Einheiten

Die nachfolgenden Bezeichnungen, Abkürzungen und Indizes werden nach Möglichkeit grundsätzlich verwendet, wobei Abweichungen und Ergänzungen von diesen Formelzeichen jeweils bei den entsprechenden Gleichungen oder Abbildungen genannt werden.

Zeichen	Bedeutung	Einheit
P	Leistung	W, kW
t	Zeit	s, h
E	Energie	J, Nm
A	Fläche, Querschnitt	mm²
CO_2	Kohlendioxid	-
h	spezifische Enthalpie	kJ/kg
b_e	spezifischer Kraftstoffverbrauch	g/kWh
B	(stündlicher) Kraftstoffverbrauch	g/h, kg/h
V	Volumen	L, cm³
W	Arbeit	J, Nm
Q	Wärme	J, Nm
[ ]	Literaturverweis	-
( )	Gleichung	-
H_u	spezifischer Heizwert	MJ/kg
M	Drehmoment	Nm
n	Drehzahl	min^{-1}
K	Mehrverbrauchsfaktor	l/kWh
B_0	Nullleistungsverbrauch	g/h, kg/h
C	(Mehr)Verbrauch	l/100 km
v	Geschwindigkeit	km/h
p	Druck	bar, kPa, MPa
w	Strömungsgeschwindigkeit	m/s
z	Höhe	m
$\dot{V}$	Volumenstrom	m³/h, l/min
I	elektrischer Strom	A
U	elektrische Spannung	V

T, t	Temperatur	°K, °C
$\dot{m}$	Massenstrom	kg/h
F	Kraft	N
i	Übersetzung	-
e	Potenzialdifferenz	V, m/s, rad/s, Pa, J/kg
f	Energiefluss	A, N, Nm, m³/s, kg/s

Griechische Formelzeichen

Zeichen	**Bedeutung**	**Einheit**
ρ	Dichte	kg/cm³
η	Wirkungsgrad	-
Δ	Differenz	-
φ	Getriebespreizung	-
ω	Winkelgeschwindigkeit	rad/s, s^{-1}

Indizes (Fußzeiger)

Index	**Bedeutung**
e, eff	effektiv
zu	zugeführt
Otto	bezogen auf den Ottomotor
Diesel	bezogen auf den Dieselmotor
h	hydraulisch
a	Ausgang
e	Eingang
P	Pumpe
ges	gesamt
is	isentrop
vol	volumetrisch
mech	mechanisch
rel	relativ
ND	Niederdruck
HD	Hochdruck
M	Motor
G	Generator

Konstanten

Zeichen	**Bedeutung**	**Wert**
g	Erdbeschleunigung	$9{,}81\ \mathrm{m/s^2}$
π	Kreiszahl	$3{,}1415927$

Abkürzungen

EHPS	Electro-Hydraulic-Power-Steering (Elektro hydraulische-Lenkung)
EPS	Electric Power Steering (Elektrische Lenkung)
P/S	Power Steering (konvent. Hydrauliklenkung)
A/C	Air conditioning (Klimaanlage)
PM	Permanentmagnet
CVT	Continously Variable Transmission (stufenloses Getriebe)
NEFZ	Neuer Europäischer Fahrzyklus
NEUDC	New European Driving Cycle (= NEFZ)
PKW	Personenkraftwagen
NFZ	Nutzfahrzeug
FCM	Fan Control Module (Lüfterregelung)
PWM	Pulsweitenmodulation
p.a.	per anno (pro Jahr)

1 Einleitung und Zieldefinition

Weltweit ansteigende Zulassungszahlen und damit einhergehende zusätzliche Belastungen der Umwelt machen eine konsequente Strategie zur Verbrauchs sowie Emissionsreduzierung erforderlich. In den vergangenen Jahren sind durch die Einführung der Direkteinspritzung, variabler Ventiltriebe, der Optimierung des Basismotors und nicht zuletzt der Anwendung von Downsizing enorme Fortschritte bei der Optimierung des Wirkungsgrades bzw. des Kraftstoffverbrauchs von Verbrennungsmotoren erzielt worden.

Jedoch wurden nur geringe Anstrengungen unternommen, den Verbrauchsanteil der äußeren Nebenaggregate eines Verbrennungsmotors hinsichtlich des Verbrauchs und Emissionsverhaltens zu untersuchen und entsprechend zu bewerten. Zur Erfüllung der gesetzten CO_2-Ziele ist es jedoch zwingend erforderlich, auch scheinbar kleine Potenziale zur Emissionsreduzierung auszuschöpfen. Bedingt durch die große Anzahl an Fahrzeugen können sich daraus erhebliche Einsparungen im globalen Energieverbrauch ergeben.

Die vielfältigen Aufgaben der Nebenaggregate sind:

$\Rightarrow$ Gewährleistung einer einwandfreien mechanischen Funktion des Verbrennungsmotors in allen relevanten Betriebszuständen hinsichtlich Kraftstoffförderung, Schmierstoffversorgung, Kühlung sowie der Unterdruckversorgung durch die Vakuumpumpe.

$\Rightarrow$ Gewährleistung der elektrischen Energieversorgung des gesamten Bordnetzes durch den Generator.

$\Rightarrow$ Bereitstellung erforderlicher Hilfsenergien zum Betreiben von Komfort und Sicherheitseinrichtungen wie beispielsweise der Lenkhilfe und der Klimaanlage.
Hier ist insbesondere ein gestiegenes und nach wie vor steigendes Komfort und Sicherheitsbedürfnis zu verzeichnen, welches neben dem Gesamtgewicht, dem Einbauraum und der Zahl der Nebenaggregate auch den Energiebedarf der Nebenaggregate ansteigen lässt.

Es ist im Rahmen dieser Arbeit eine **Literatur und Patentrecherche** zum Thema

- **„Maßnahmen zur Optimierung der Nebenaggregate von Verbrennungsmotoren zur Senkung der CO_2-Emission"**

durchzuführen.

Ziel dieser Arbeit ist es, die gängigsten „äußeren" Nebenaggregate eines Verbrennungsmotors hinsichtlich ihres Optimierungspotenzials zu charakterisieren. Voraussetzung hierfür ist, den aktuellen technischen Stand aufzuzeigen sowie den Anteil bzw. den Einfluss der einzelnen Nebenaggregate auf den Gesamtverbrauch zu beschreiben. Es ist darzustellen, welche Maßnahmen in jüngster Zeit –und mit welchem Erfolg– umgesetzt wurden und wie die einzelnen Nebenaggregate dem Einsatzzweck entsprechend optimiert werden können, ohne Komfort-einbußen in Kauf nehmen zu müssen. Abschließend sind aus den einzelnen Optimierungsmöglichkeiten Lösungsvorschläge zu erarbeiten, die in Form einer sinnvollen Kombination optimierter Nebenaggregate das maximale Einsparpotenzial aufzeigen und somit zur weiteren Reduzierung des CO_2-Ausstoßes beitragen können.

Das Kapitel 2 zur *CO_2-Emission* vermittelt einen Überblick über die Klimadiskussion sowie das im Fokus stehende Treibhausgas CO_2.

Im *Stand der Technik* in Kapitel 3 wird der Einfluss der Nebenaggregate auf den Kraftstoffverbrauch beschrieben.

Im Kapitel 4 zur *Optimierung von Nebenaggregaten* werden Maßnahmen erörtert, die zu einer Reduzierung des Verbrauchsanteils der jeweiligen Nebenaggregate beitragen können.

In den Kapiteln 3 und 4 endet jedes Unterkapitel mit einem Fazit, in dem die wichtigsten Ergebnisse vorgestellt werden.

Kapitel 5 zeigt eine *sinnvolle Kombination von Optimierungsmaßnahmen* zur Verbrauchsreduzierung.

Kapitel 6 beschließt die Arbeit mit einer *Schlussfolgerung sowie einem Ausblick*.

2 CO_2 Emissionen

2.1 Die Klimadiskussion

Der Einfluss menschlicher Aktivitäten auf das Weltklima steht seit mehr als 25 Jahren im Fokus der Öffentlichkeit. Dem IPCC (Inter-governmental **P**anel of **Cl**imate **C**hange) zu Folge hat sich die anfängliche Hypothese eines Klimawandels durch den Vergleich von Aufzeichnungen der vergangenen 100 Jahre nunmehr bestätigt [32]. In der Zwischenzeit haben fast alle Nationen den Klimaschutz zum wesentlichen Bestandteil ihrer Umweltpolitik erklärt. Die Europäische Union betrachtet den Klimawandel als das größte Umweltproblem, die Reduzierung der sog. anthropogenen (= vom Menschen verursachten) Treibhausgase ist deshalb zentraler Bestandteil einer gesamteuropäischen Umweltpolitik. Es ist die Auffassung des europäischen Parlaments, dass sich ein Großteil der Kohlendioxidemissionen (CO_2) aus dem gängigen (Kraftfahrzeug) Verkehr ableitet. Der politische Ansatz ist also der, durch eine deutliche Reduzierung der CO_2-Emissionen den Klimawandel nachhaltig abzuschwächen –bzw. zu verlangsamen.

2.2 Anthropogene Treibhausgase

Aus [32] geht ferner hervor, dass der Wasserdampf den global größten Anteil an Treibhausgasen ausmacht. Zwischen 60 und 95% des _natürlich_ bedingten Treibhaus-Effektes geht somit auf den Wasserdampf zurück. CO_2 aus natürlichen Quellen geht mit 5-40% in den natürlichen Treibhauseffekt ein. Nur ca. **1%** aller Treibhausgase sind anthropogenen Ursprungs. Hiervon entfallen nur rund **0,5%** auf anthropogene CO_2-Emmisionen, der Rest verteilt sich auf Methan (CH_4), Fluor-Chlor-Kohlenwasserstoffen (FCKW), Ozon (O_3), etc. Der weltweit größte Ausstoß an anthropogenen CO_2-Emissionen stammt aus Kraftwerken (24%), gefolgt von Haushalten (23%), Industrieanlagen (19%) sowie der Vernichtung von Biomasse (Abholzung). Der globale Straßenverkehr (PKW und NFZ) trägt einen Anteil von ca.12% an den anthropogenen CO_2-Emissionen. Rund 6% davon gehen zu Lasten des PKW. Ein analoges Bild ergibt sich bei der Betrachtung der anthropogenen CO_2-Emissionen in der EU sowie in der BRD.

Die Treiber sind auch hier Kraftwerke (31% bzw. 39%), gefolgt von den Haushalten mit 19 bzw. 21% sowie der Industrie mit 18%. Der Anteil des PKW-Verkehrs fällt mit 12% größer aus als im globalen Vergleich.
Der LKW/NFZ-Verkehr trägt einen Anteil von 9% bzw. 5%. Im nachfolgenden Bild 2.1 wird die Entwicklung der globalen anthropogenen CO_2-Emissionen seit 1980 sowie die Prognose bis zum Jahr 2020 dargestellt. Das Bild zeigt u.a. auch die Entwicklung des PKW, resp. des Straßenverkehrs.

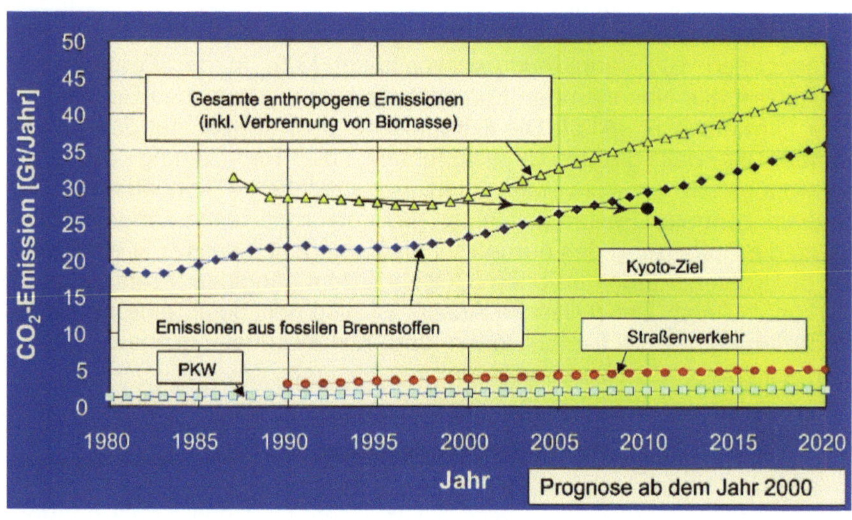

Bild 2.1: Entwicklung der globalen, anthropogenen CO_2-Emissionen, [32].

Obwohl der Anteil des weltweiten Automobilverkehrs am anthropogenen CO_2 Ausstoß verhältnismäßig klein ist unternimmt die Automobilindustrie dennoch große Anstrengungen, einen wesentlichen Beitrag zur weiteren Senkung der CO_2-Emissionen beizusteuern. Da der CO_2-Ausstoß dem Kraftstoffverbrauch direkt proportional ist, resultiert aus dem eingangs erwähnten politischen Ansatz die technische Herausforderung, den Kraftstoffverbrauch, resp. den Flottenverbrauch kontinuierlich zu senken. Die europäische Automobilindustrie (ACEA) hatte sich zum Ziel gesetzt, den kilometerbezogenen CO_2-Ausstoß von durchschnittlich 186 Gramm CO_2/km in 1995 auf einen Durchschnittswert von 140 Gramm CO_2/km bis zum Jahr 2008 sowie auf 120 Gramm CO_2/km bis zum Jahr 2012 zu senken, siehe Bild 2.2.

In verbrauchsorientierten Zahlen ausgedrückt bedeutet dies einen Verbrauch von 6,0 Liter/100 km Ottokraftstoff –bzw. 5,1 Liter/100 km Dieselkraftstoff bis 2008 sowie 5,1 Liter/100 km, resp. 4,5 Liter/100 km bis 2012, **[22]**.

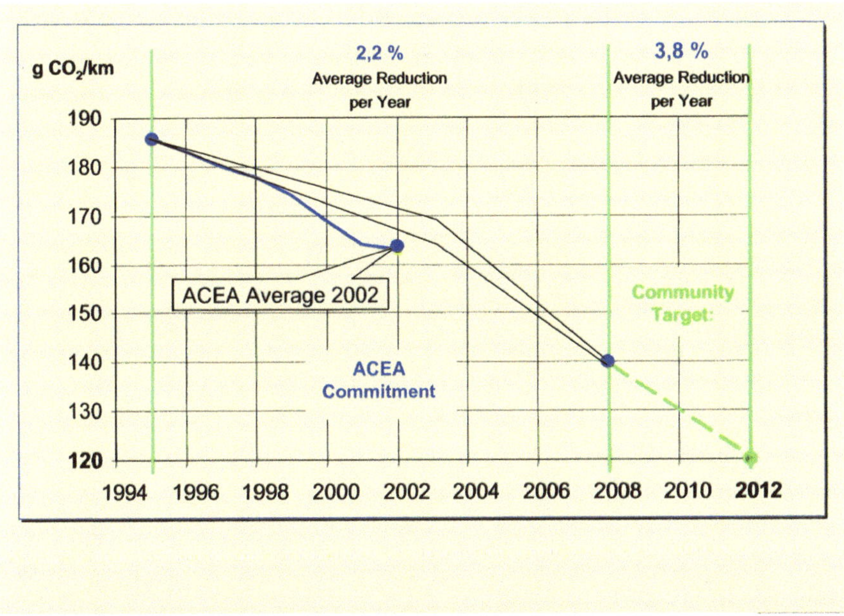

Bild 2.2: CO_2**-Reduktion in der EU, Vereinbarung zwischen der ACEA und der EU, [32]. Das Ziel zur** CO_2**-Reduktion wurde in 2008 um ca. 20 g/km verfehlt.**

3 Stand der Technik

3.1 Auslegungskriterien von Nebenaggregaten und Leistungsvariable im Betrieb

Bedingt durch das breite Einsatzspektrum von Kraftfahrzeugen bzw. Verbrennungsmotoren erfordert die Dimensionierung der Nebenaggregate detaillierte Untersuchungen, bei denen die Interaktion von Fahrzeug, Motor und dem jeweiligen Nebenaggregat beachtet werden muss. Die Anbindung der Nebenaggregate erfolgt in der Regel starr an den Verbrennungsmotor. Die Auslegung der Nebenaggregate hingegen orientiert sich an einer Bedarfsdeckung nach dem sog. Worst-Case-Szenario, d.h. eine ausreichende Bereitstellung von Energie bei bestimmten Drehzahlen/Lastzuständen bei gleichzeitig maximaler Leistungsaufnahme durch den Verbraucher. **Schmidt [62]** hat hierfür exemplarische Beispiele genannt, die in der nachfolgenden Tabelle 3.1 aufgelistet sind.

Nebenaggregat	Motordrehzahl bei maximaler Leistungsaufnahme	Randbedingungen/erschwerte Bedingungen
Generator	Leerlauf	Nachtfahrt im Winter
Kühlmittelpumpe	gering	Steigung mit Anhänger
Lüfter	gering	Steigung mit Anhänger
Lenkhilfe	Leerlauf	Stillstand, Bordsteinkontakt
Klimaanlage	Leerlauf	Hochsommer nach Aufheizphase

Tabelle 3.1: Kriterien zur Worst-Case-Auslegung, [62]

Die Auslegung der Nebenaggregate nach dem Worst-Case-Prinzip stellt somit eine ausreichende Leistung für den geforderten Einsatzbereich sicher. Infolge der starren Drehzahlkopplung werden die Nebenaggregate jedoch in weiten Bereichen der alltäglichen Nutzung außerhalb des optimalen Auslegungspunktes betrieben.

Das führt dazu, dass bspw. Pumpen einen sehr viel größeren Volumenstrom fördern, als dies für die Kühlung oder Schmierung des Verbrennungsmotors erforderlich ist. Die Nebenaggregate gelten somit für den täglichen Fahrzyklus als überdimensioniert. Vor dem Hintergrund sparsamer Verbrennungsmotoren sowie einer Optimierung des Gesamtfahrzeugs hinsichtlich der Reduzierung von Fahrwiderständen, haben die Nebenaggregate einen erheblichen Einfluss auf den Kraftstoffverbrauch. Der allgemeine Trend hin zu immer komfortablerer Ausstattung wird diesen Einfluss noch verstärken. Unabhängig von der Art der Nebenaggregate stellen diese in erster Linie einen Verbraucher dar, welcher das an der Kurbelwelle verfügbare Drehmoment um den Betrag der jeweils benötigten Antriebsleistung reduziert. Um diesen Verlustbetrag zahlenmäßig erfassen zu können ist es erforderlich, die jeweiligen systembedingten Energieströme anhand von Grundgleichungen darzustellen. Definitionsgemäß ist die Leistung P die zeitliche Ableitung der Energie:

$$P = \frac{dE(t)}{dt} \ [\text{kW}] \tag{1}$$

Für die im Rahmen dieser Arbeit hauptsächlich betrachteten mechanischen, hydraulischen sowie elektrischen Systeme kann die Energie als das Produkt zweier Zustandsvariablen beschrieben werden:

a.) Der Potenzialdifferenz e(t), die als Differenz zwischen zwei Punkten in einem Potenzialfeld aufgefasst werden kann und somit einen Spannungszustand bzw. die treibende Kraft beschreibt.

b.) Den Strom, d.h. der Energiefluss f(t) zwischen den beiden Punkten.

Somit gilt:

$$P(t) = f(t) \cdot e(t) \ [\text{kW}] \tag{2}$$

Schmidt [60] hat die wesentlichen Leistungsvariablen wie folgt definiert, siehe Tabelle 3.2:

System	Strom f	Einheit	Potenzialdifferenz e	Einheit
Elektrisch	El. Strom I	A	El. Spannung U	V
Mechanisch, translatorisch	Kraft F	N	Geschwindigkeit v	m/s
Mechanisch, rotatorisch	Drehmoment M	Nm	Winkelgeschwindigkeit	rad/s
Hydraulisch, inkompressibel	Volumenstrom V	m^3/s	Druckdifferenz p	Pa
Wärmetransport durch Konvektion	Massenstrom m	kg/s	spezifische Enthalpie h	J/kg

Tabelle 3.2: Leistungsvariablen bei Systemen mit Energieströmen, [60]

3.2 Kraftstoffverbrauch

Da der Kraftstoffverbrauch eines Verbrennungsmotors immer mit dem Ausstoß von CO_2 verbunden sein wird, soll nachfolgend der grundsätzliche Zusammenhang beider Größen dargestellt werden:

1 Liter Benzin/100 km	$\Leftrightarrow$	**23,6 g CO_2/km**
1 Liter Diesel /100 km	$\Leftrightarrow$	**26,5 g CO_2/km**

Bild 3.1: Zusammenhang zwischen Kraftstoffverbrauch und CO_2 – Ausstoß, [31]

Die Entwicklung des Kraftstoffverbrauchs im Zeitraum von 1978-2004 zeigt das Bild 3.2.

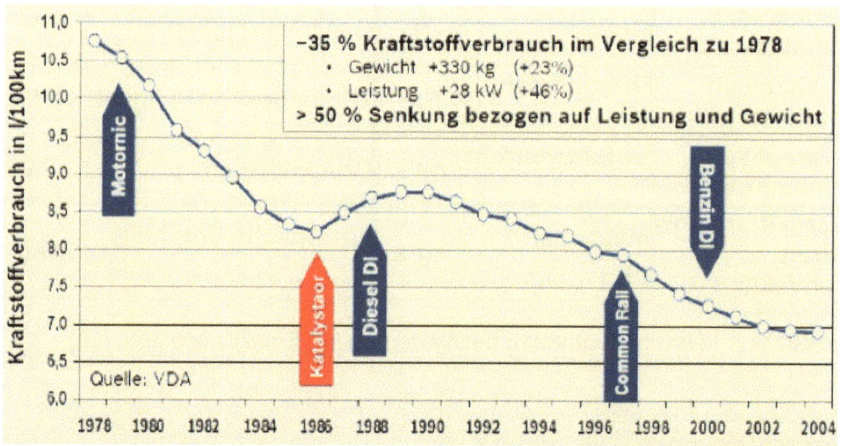

Bild 3.2: Kraftstoffverbrauch von Neufahrzeugen im Intervall 1978-2004, [19]

Im Vergleich zum Jahr 1978 ergibt sich daraus eine relative Reduzierung des Kraftstoffverbrauchs von Neufahrzeugen um 35%.
Dieser Wert stellt für sich betrachtet bereits eine deutliche Verbesserung dar. Berücksichtigt man aber, dass im gleichen Zeitraum die Motorleistung um 46% und die Fahrzeugmasse um 23% gestiegen ist, dann resultiert daraus eine relative Verbrauchseinsparung > 50%.
Die jeweiligen Markierungen im Bild 3.2 beziehen sich auf die Einführung neuer Technologien zum jeweiligen Zeitpunkt.

Der Kraftstoffverbrauch und damit die CO_2-Emissionen eines Fahrzeugs ergeben sich in erster Linie aus dem Wirkungsgrad des Verbrennungsmotors, d.h. der nutzbaren mechanischen Leistung für den Antrieb, bezogen auf den Primärenergieeinsatz (= eingebrachte Kraftstoffmasse). Ferner aus den Fahr und Beschleunigungswiderständen, d.h. Rollwiderstand und Luftwiderstand sowie dem Fahrzeuggewicht und dem zu Grunde liegenden Fahr und Streckenprofil (Fahrgeschwindigkeit, Steigung). Für praxisnahe Betrachtungen wird statt des Wirkungsgrades des Verbrennungsmotors im allgemeinen der spezifische Kraftstoffverbrauch angegeben.

Dieser ist definiert als die dem Verbrennungsmotor zeitlich zugeführte (= verbrauchte) Kraftstoffmasse, bezogen auf die am Abtrieb der Kurbelwelle gemessene, effektive Leistung [33].

$$b_e = \frac{B}{P_{eff}} \quad [\text{g/kWh}] \tag{3}$$

Der absolute Verbrauch pro Zeiteinheit B wird aus dem verbrauchten Volumen V und der Dichte ρ des Kraftstoffs wie folgt auf dem Motorleistungsprüfstand bestimmt:

$$B = \frac{V \cdot \rho}{t} \quad [\text{g/h}] \tag{4}$$

Der effektive Wirkungsgrad ergibt sich aus der Nutzarbeit, bezogen auf die über den Kraftstoff zugeführten Wärmemenge (Primärenergie).

$$\eta_{eff} = \frac{Nutzarbeit}{zugeführteWärme} = \frac{We}{Qzu} = \frac{P_{eff} \cdot t}{Qzu} \quad [/] \tag{5}$$

Oder in Verbindung mit dem kraftstoffspezifischen Heizwert zu:

$$\boxed{\eta_{eff} = \frac{P_{eff}}{H_u \cdot B} = \frac{1}{H_u \cdot b_e}} \quad [/] \tag{6}$$

Umgestellt nach b_e folgt:

$$\boxed{b_e = \frac{1}{H_u \cdot \eta_{eff}}} \quad [\text{g/kWh}] \tag{7}$$

Der in Gleichung (6) aufgeführte effektive Wirkungsgrad beinhaltet alle Verluste des Motors, somit ***auch die Verluste der Nebenaggregate***. Es lässt sich aus Gleichung (7) leicht ableiten, dass eine Optimierung des Wirkungsgrades eine Reduzierung des spezifischen Kraftstoffverbrauchs nach sich zieht.

Exemplarisch wird nachfolgend das ermittelte Verbrauchskennfeld eines Ottomotors gezeigt, Bild 3.3. Dargestellt ist der spezifische Kraftstoffverbrauch in Abhängigkeit von Drehzahl und Drehmoment, welches sich aus der Leistung P [kW] und der Motordrehzahl n [min^{-1}] über die folgende Zahlenwertgleichung bestimmen lässt.

$$M = \frac{P_{eff} \cdot 9550}{n} \ [Nm] \qquad\qquad (8)$$

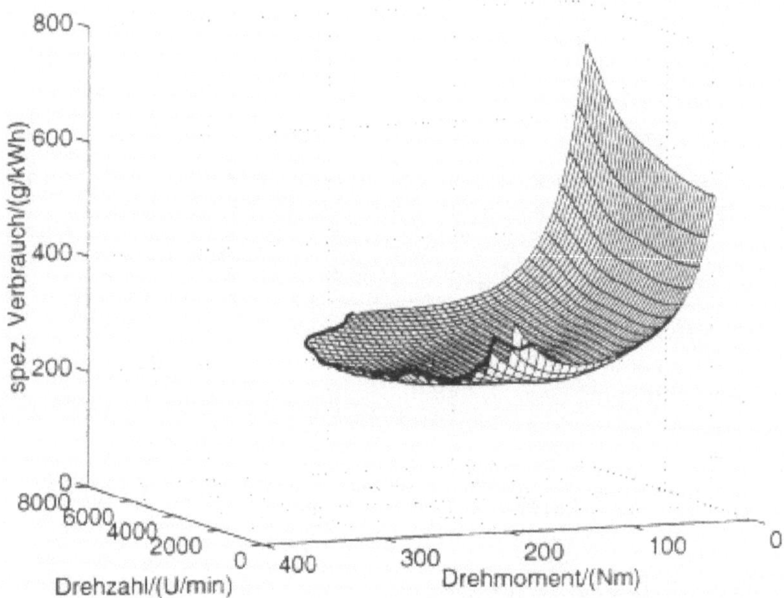

Bild 3.3: Typisches Verbrauchskennfeld eines Otto-Motors, [61]

Die Darstellung des Verbrauchs in dieser Form erlaubt es, Motoren unterschiedlicher Baugrößen und Bauarten untereinander vergleichen zu können.

Neben der Darstellung des spezifischen Kraftstoffverbrauchs nach Bild 3.3 ist es auch möglich, den Verbrauch durch die sog. Willans-Kennlinien [55] darzustellen, vgl. Bild 3.4.

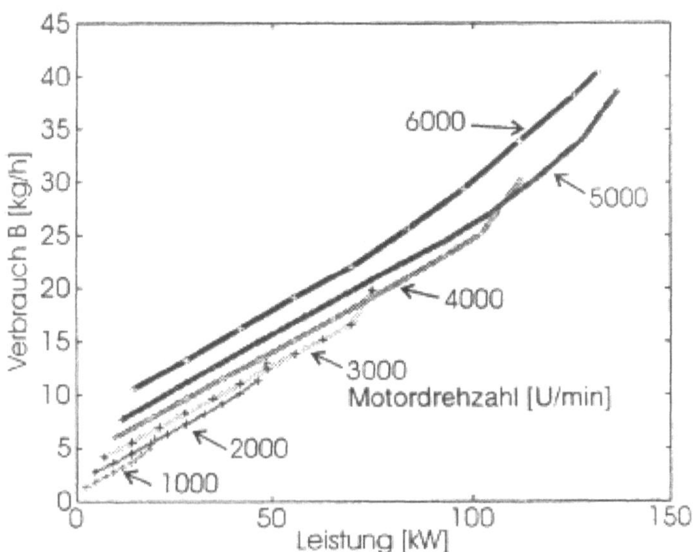

Bild 3.4: Willans-Kurvenschar eines Ottomotors, [61]

Hierbei wird für eine konstante Drehzahl über die (Mehr)Leistung der zeit-
bezogene Verbrauch aufgetragen. Die Kennlinien eignen sich somit als
Grundstruktur eines Verbrauchskennfeldes. Bezogen auf unterschiedliche –aber jeweils konstante– Drehzahlen ergibt sich eine Kurvenschar, deren Verhalten bei geringer sowie mittlerer Last durch Geraden
der Form

$$B(n, P_e) = K(n) \cdot P + B_0(n) \ \text{[l/h]} \tag{9}$$

beschrieben werden können. Die Steigung K(n) ist für einen gegebenen
Motor eine Konstante, da sie für alle Drehzahlen gleich groß ist. Werte für
K(n) werden von Schmidt [61] wie folgt angegeben:

$\Rightarrow K_{Otto}= 0,256$ l/kWh, gültig für Ottomotoren von 1,4 bis 2,8 Liter Hubraum (andere Literaturstellen [70] nennen einen Wert von $K_{Otto}= 0,264$ l/kWh)

$\Rightarrow K_{Diesel}= 0,199$ l/kWh, gültig für Dieselmotoren von 1,9 bis 6 Liter Hubraum.

Der Unterschied beider Werte resultiert aus dem höheren volumetrischen Heizwert des Dieselkraftstoffs sowie aus dem besseren thermodynamischen Wirkungsgrad des Dieselmotors. Die Kurvenschar beschreibt somit, wie sich eine angeforderte (Mehr)Leistung in einen zusätzlichen (Mehr)Verbrauch umrechnet. K(n) kann auch als Mehrverbrauchsfaktor interpretiert werden. Mit dem Mehrverbrauchsfaktor können überschlägige Berechnungen zum (Mehr)Verbrauchsanteil von Nebenaggregaten durchgeführt werden, indem das ursprüngliche Verbrauchskennfeld aus Bild 3.3 in einem bzw. um einen betrachteten Arbeitspunkt linearisiert wird. Die Linearisierung entspricht im mathematischen Sinn einer Differenzierung in diesem Punkt des Verbrauchskennfeldes und führt somit zu einem differentiellen Mehrverbrauch. Nach Gleichung (7) ergibt sich der Kraftstoffverbrauch aus dem Wirkungsgrad, im Fall des differentiellen Mehrverbrauchs also aus dem differentiellen Wirkungsgrad. Daraus folgt, dass über den Mehrverbrauchsfaktor K immer auch der (differentielle) Wirkungsgrad des Motors berücksichtigt wird. Der Schnittpunkt mit der Y-Achse (B_0) wird als Nullleistungsverbrauch bezeichnet. Durch ihn wird der Anteil des Kraftstoffverbrauchs charakterisiert, der zur Überwindung der Motorreibung, der Ladungswechselschleife sowie für den Betrieb der Nebenaggregate benötigt wird. Für überschlägige Berechnungen des (Mehr)Verbrauchsanteils durch Nebenaggregate vereinfacht sich Gleichung (9) wie folgt:

$$\boxed{\Delta B = K_{Otto,Diesel} \cdot \Delta P} \text{ [l/h]} \tag{10}$$

Der Wert K muss für den vorliegenden Motor eingesetzt werden, ΔP ist die mittlere (Mehr) Leistungsaufnahme des jeweiligen Verbrauchers.
Der streckenbezogene, d.h. der auf die Durchschnittsgeschwindigkeit v bezogene (Mehr)Verbrauchsanteil ergibt sich zu

$$\boxed{\Delta C = \frac{\Delta B}{v} \cdot 100} \text{ [l/100 km]} \tag{11}$$

3.3 NEFZ vs. kundenrelevantes Fahrprofil

Wenn ab Kapitel 3.4 der Einfluss der jeweiligen Nebenaggregate auf den Kraftstoffverbrauch diskutiert wird, dann beziehen sich die Ergebnisse immer auf Messreihen, die basierend auf Fahrzyklen ermittelt wurden. Bei der Besprechung der Nebenaggregate wird jeweils darauf eingegangen. Bild 3.5 zeigt den vom Gesetzgeber vorgeschriebenen Neuen europäischen Fahrzyklus (NEFZ) bzw. NEDC (engl. New European Driving Cycle).

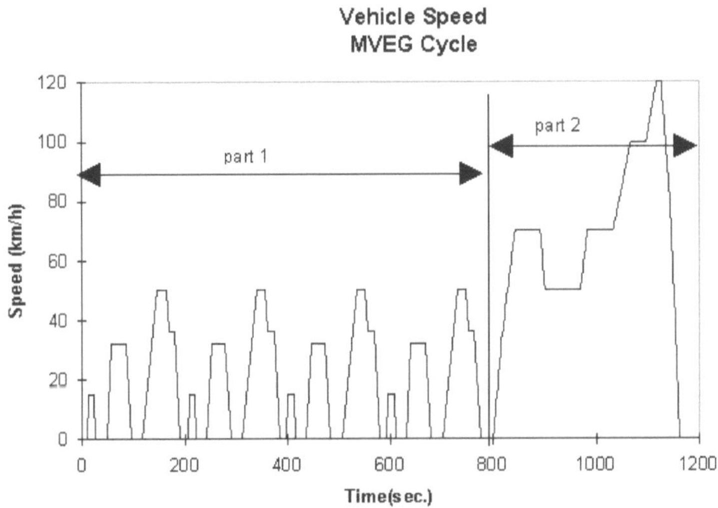

Bild 3.5: Neuer europäischer Fahrzyklus, [9]

Basierend auf diesem Test sind die Kraftstoffverbrauchs und Emissionsmessungen durchzuführen, die jedes Fahrzeug im Rahmen der Typprüfung zur Straßenzulassung durchlaufen muss. Der NEFZ besteht aus zwei Testzyklen:

- Dem sog. City-Cycle, der den Stadtfahrzyklus repräsentiert. Dieser Test ist viermal zu durchlaufen und dauert ca. 13 Minuten (= Part 1).
- Dem außerstädtischen Fahrzyklus, der direkt im Anschluss an den City-Cycle zu durchlaufen ist (= Part 2).

Der Zyklus hat eine Gesamtlänge von 11,007 Kilometer, dauert 1180 Sekunden und wird auf dem Prüfstand ermittelt. Die Durchschnittsgeschwindigkeit beträgt 33,6 km/h.

Hinsichtlich der Nebenaggregate ist festzuhalten, dass die Ermittlung des Verbrauchs im NEFZ bei abgeschalteter Klimaanlage sowie bei Geradeausfahrt, d.h. ohne Lenkbetätigung erfolgt. Ferner werden alle elektrischen Nebenverbraucher abgeschaltet und der Generator nur mit einer Grundlast (150-300W) betrieben. Der NEFZ wurde deshalb von mehreren Autoren als nicht ausreichend kundenspezifisch eingestuft. **Röser [58]** hat deshalb für seine Untersuchungen zum optimierten Kühlsystem einen eigenen Fahrzyklus aus gemessenen Fahrkurven definiert. Dieser sog. IVK-Zyklus (entwickelt am Institut für Verbrennungskraftmaschinen der Universität Stuttgart) besteht aus den folgenden Fahrzyklen:

- Tempo 30-Zone
- innerorts, einspurig
- innerorts, mehrspurig
- Überlandfahrt
- Autobahnfahrt mit konstant 140 km/h

Die Bilder 3.6 und 3.7 geben die Zyklen grafisch wieder.

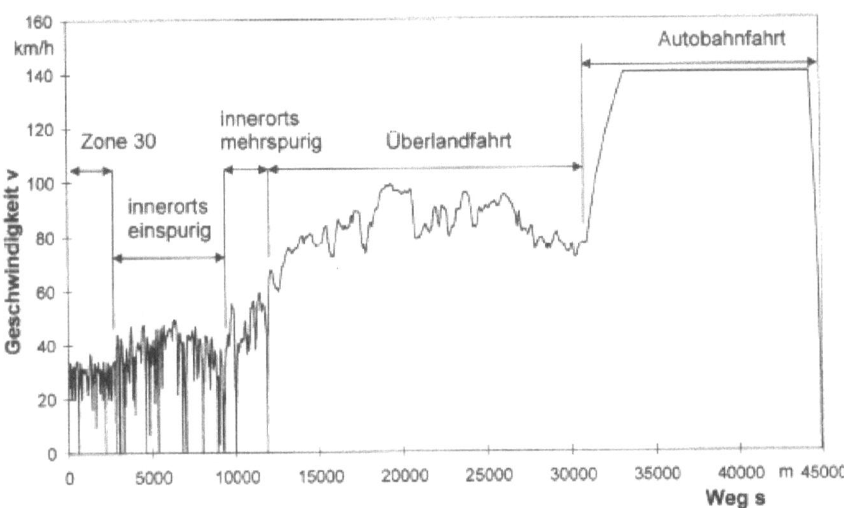

Bild 3.6: IVK-Zyklus, Geschwindigkeitsverlauf über Fahrstrecke, [58]

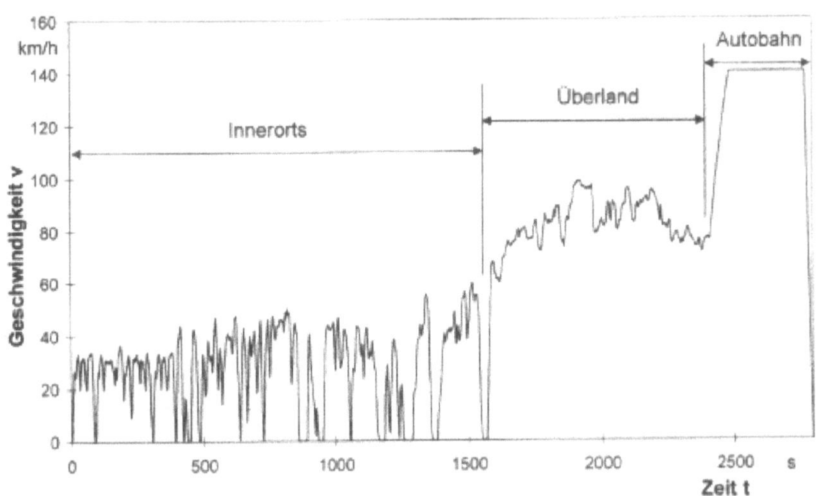

Bild 3.7: IVK-Zyklus, Geschwindigkeitsverlauf über der Zeit, [58]

Der Zyklus hat eine Gesamtdauer von 2799 Sekunden und eine Gesamtlänge von 44,9 Kilometer.

Der Test wurde nicht in voller Länge nachgefahren, vielmehr wurden zur Festlegung kundentypischer Fahrweisen stationäre „Ersatzpunkte" als Betriebspunkte festgelegt. Die nachfolgende Tabelle 3.3 zeigt die definierten Betriebszustände (= Ersatzpunkte).

Betriebszustände			
Nr.	**v [km/]**	**Steigung [%]**	**Anhängelast [kg]**
1	0	0	0
2	50	0	0
3	25	7	0
4	85	3	0
5	140	0	0
6	190	0	0
7	30	12	1600

Tabelle 3.3: Definierte Betriebszustände, [58]

Schmidt [62] hat sich ebenfalls im Rahmen seiner Untersuchungen mit dem Fahrprofil befasst und seinerseits einen sog. Realfahrzyklus ermittelt. Der Realfahrzyklus wurde in jeweils 3 Zyklen für die Fahrzustände

- Stadtverkehr (= Stadtfahrzeug)
- Überlandverkehr sowie (= Standard)
- Autobahnverkehr (= Langstrecke)

aufgeteilt. Die jeweiligen Abschnitte innerhalb eines gefahrenen Zyklus charakterisieren unterschiedliche Fahrprofile (= Fahrer).

Das **Stadtfahrzeug** spiegelt den typischen Zweitwagen wider, der hauptsächlich im Kurzstreckenverkehr zum Einsatz kommt, Bild 3.8.
Mit dem **Überlandzyklus** wird das Fahrprofil eines Erstfahrzeugs im Umland größerer Städte charakterisiert, Bild 3.9. Der **Autobahnzyklus** wird vom typischen Langstreckenfahrer bedient, Bild 3.10.

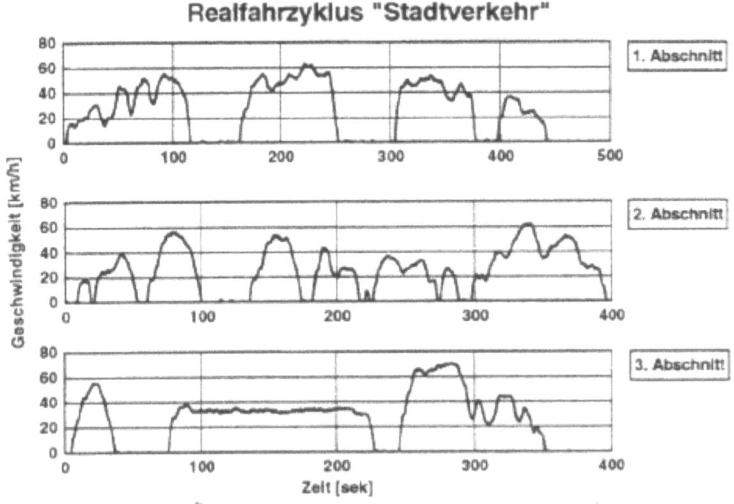

Bild 3.8: Realfahrzyklus Stadtverkehr, [62]

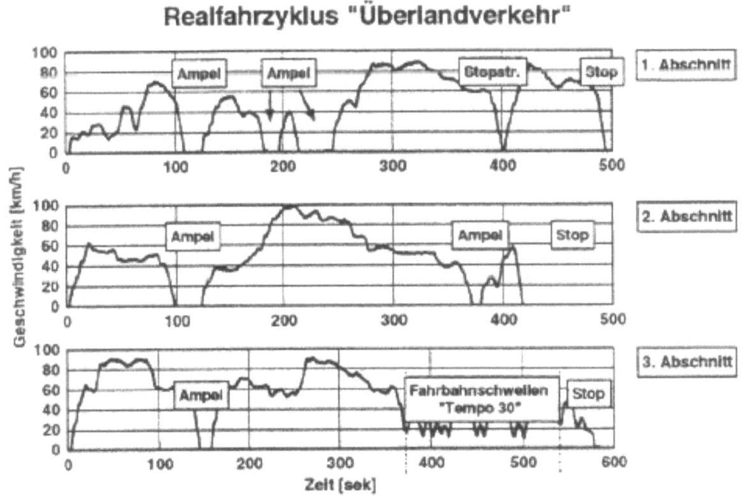

Bild 3.9: Realfahrzyklus Überlandverkehr, [62]

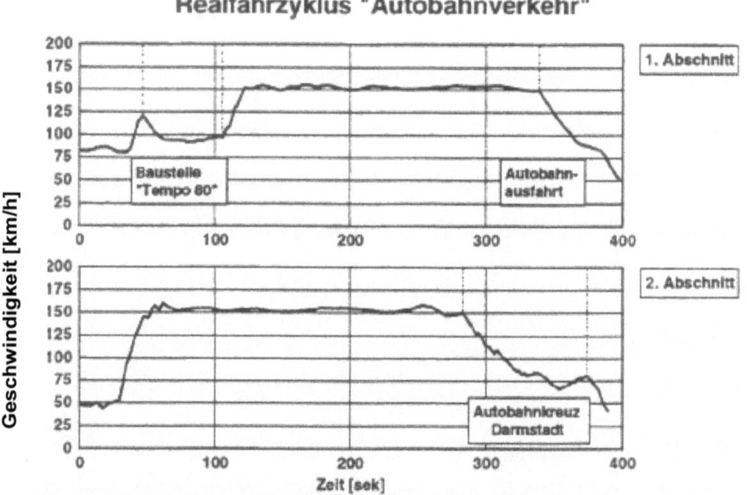

Bild 3.10: Realfahrzyklus Autobahnverkehr, [62]

Die Basis zur Ermittlung und Beurteilung des Kraftstoffverbrauchs bleibt allerdings der NEFZ, da dies ein europaweit vereinheitlichter Prüfzyklus ist. Realfahrzyklen können sich somit immer nur auf eine bestimmte Messreihe bzw. ein bestimmtes Projekt beziehen und sind nicht zu verallgemeinern.

3.4 Einfluss der Nebenaggregate auf den Kraftstoffverbrauch

3.4.1 Übersicht verbrauchsrelevanter Nebenaggregate

Nachdem im Kapitel 3.1 bereits auf die wesentlichen Auslegungskriterien nach dem Worst-Case-Prinzip eingegangen wurde, soll in diesem Unterpunkt geklärt werden, welchen Verbrauchsanteil die Nebenaggregate am Gesamtverbrauch eines Verbrennungsmotors, resp. eines Fahrzeugs haben.

Die kontinuierliche Weiterentwicklung des Verbrennungsmotors hat in den vergangenen Jahren zu einer deutlichen Reduzierung des Kraftstoffverbrauchs geführt. Erreicht wurden diese Verbesserungen jedoch größtenteils durch Optimierungen am Basismotor, durch neue Brennverfahren sowie in jüngster Zeit durch konsequentes Downsizing. Wenig Beachtung hingegen wurde den Nebenaggregaten gewidmet.
Da diese in der Regel keine Kernkompetenz der Fahrzeug/Motorenhersteller darstellen, werden die Nebenaggregate größtenteils als sog. carry-over Bauteile aus dem bestehenden Regalsortiment entnommen. Untersuchungen von **Sauvlet et al. [59]** haben ergeben, dass Nebenaggregate Leistungen aufnehmen können, die in Abhängigkeit des jeweiligen Fahrzustandes durchaus im Bereich der Fahrwiderstände liegen können. In einer Untersuchung von **Voss et al. [74]** wird der Anteil der für den Antrieb der Nebenaggregate erforderlichen Leistung mit **20%** der Motorleistung angegeben. Bild 3.11 gibt den Sachverhalt anhand eines in den 1990er Jahren verkauften Volumenmodells wieder.

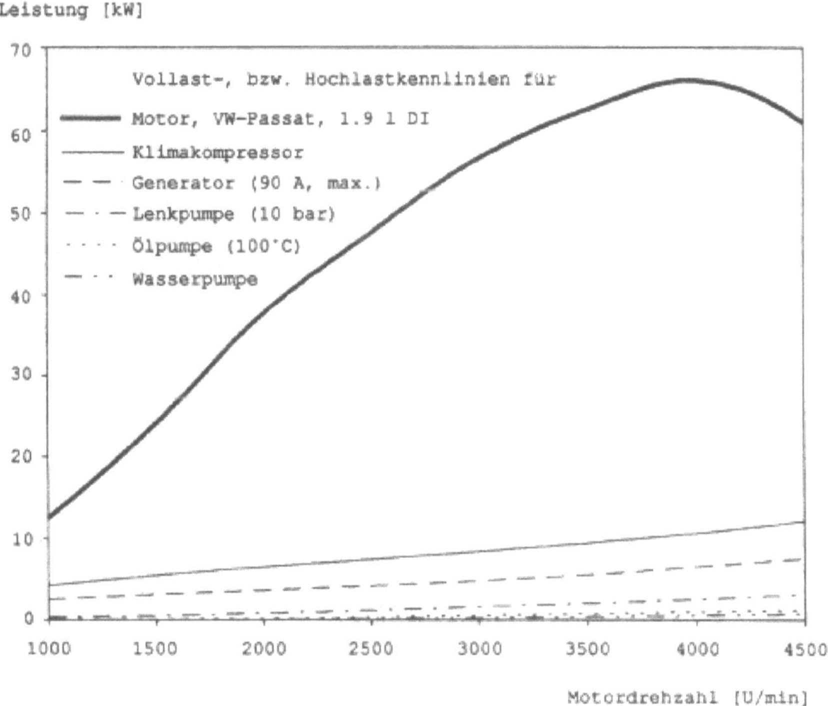

Bild 3.11: Leistungsaufnahme der Nebenaggregate eines PKW, [74]

Die Verluste resultieren aus einer Erhöhung des Reibdrucks bzw. Reibmitteldrucks, wie das nachfolgende Bild 3.12 anschaulich darstellt.

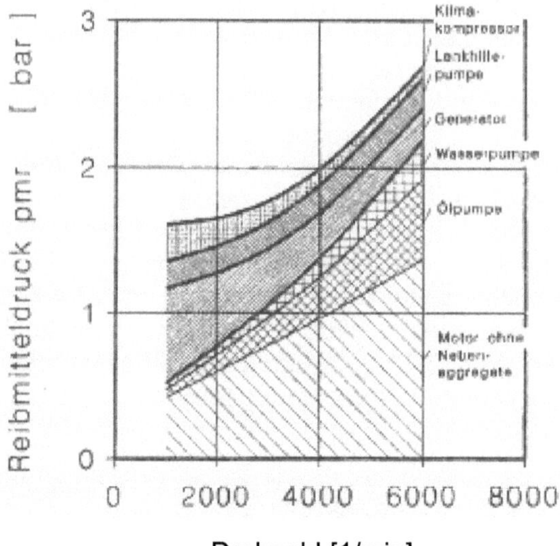

Bild 3.12: Reibmitteldrücke einzelner Nebenaggregate eines Verbrennungsmotors, [24]

Dabei ist p_{mr} oder p_r der Mitteldruck, der den mechanischen Verlusten (Reibungsverlusten) des Verbrennungsmotors entspricht. Der Reibmitteldruck von Nebenaggregaten steigt ungefähr quadratisch mit der Drehzahl an, er wird durch die Temperatur des Motoröls beeinflusst und ist unabhängig von der Motorlast. So lässt sich aus Bild 3.12 ein Reibmitteldruck von ca. 2,5 bar bei einer Drehzahl von 6000 1/min ablesen, der sich kumulativ aus der Summe der Einzelverluste ergibt. Für zwei ausgewählte Serienmotoren werden nachfolgend die von der **FEV [26]** ermittelten Reibmitteldrücke dargestellt.

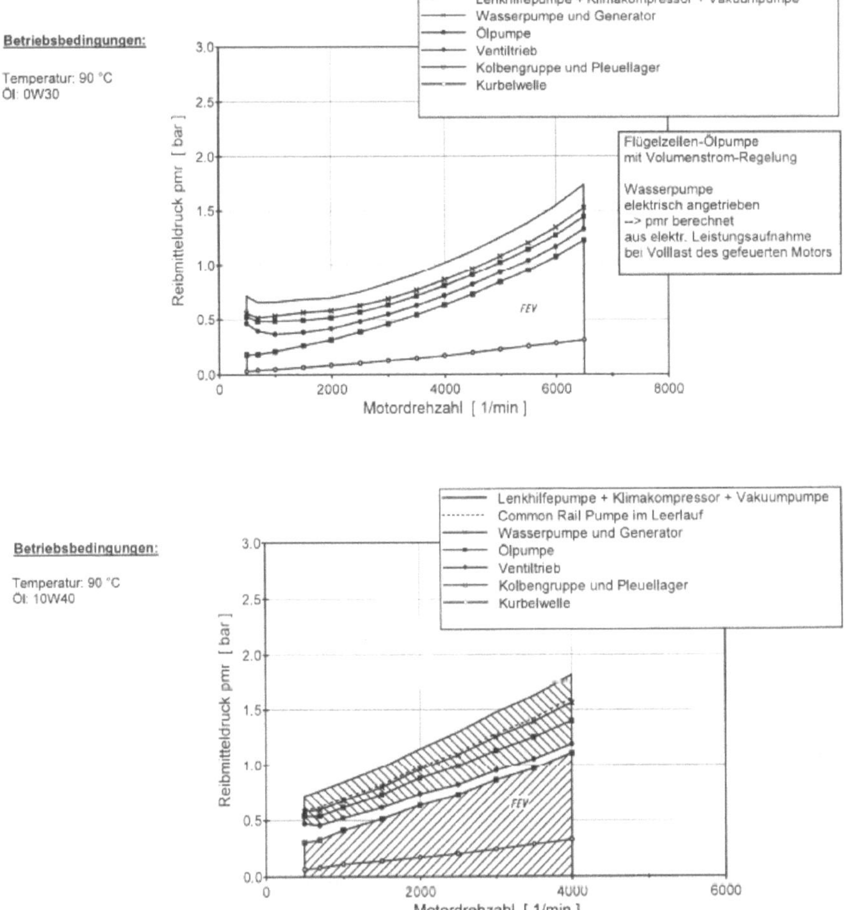

Bild 3.13: Reibmitteldrücke ausgewählter Serienmotoren, [26]

Ziel muss es also sein, den Reibmitteldruck zu minimieren.

Schmidt [60] gibt die betriebspunktabhängige Leistungsaufnahme von Nebenaggregaten eines PKW in tabellarischer Form an, siehe Tabelle 3.4.

Neben-aggregat	Leistungsaufnahme [W]		
	Minimum	Mittel	Maximum
Klima-kompressor	200, abgeschaltet, Leerlauf	3000, mittl. Leistung	8000, max. Kühlleistung, Maximaldrehzahl
Generator	500, min. Strombedarf, Leerlauf	1200, mittl. Strombedarf, mitt. Drehzahl	6500, max. Strombedarf, Maximaldrehzahl
Lenkhilfe	100, Geradeausfahrt, niedrige Drehzahl	300, gemitt. Bedarf, mitt. Drehzahlen	7000, Endanschlag, niedrige Drehzahl
Kühlmittel-pumpe	50, Warmlauf, niedrige Drehzahl	400, gemitt. Bedarf, mitt. Drehzahlen	1700, max. Kühlleistung, Bergfahrt/Anhängebetrieb
Viskolüfter	50, abgeschaltet, niedrige Drehzahl	500, gemitt. Bedarf, mitt Drehzahlen	4500, max. Kühlleistung, Bergfahrt/Anhängebetrieb

Tabelle 3.4: Betriebspunktabhängige Leistungsaufnahme ausgewählter Nebenaggregate, [60]

Die in Tabelle 3.4 aufgeführten Nebenaggregate sind ebenfalls Gegenstand dieser Arbeit hinsichtlich des zu untersuchenden Optimierungspotenzials.

3.4.2 Kühlmittelpumpe

Um eine Überhitzung/Überbeanspruchung des Verbrennungsmotors zu vermeiden, muss das Kühlsystem die aus der Verbrennung entstandene, nicht genutzte Wärme, nach außen abführen. Als Kühlmittel kommt Wasser in Verbindung mit einer Mischung aus Frostschutz sowie Korrosionsschutzmitteln zur Anwendung. Das Kühlmedium Wasser verfügt über eine hohe spezifische Wärmekapazität und eignet sich deshalb sehr gut zur Wärmeaufnahme. Zur Förderung des notwendigen Kühlmittelvolumenstroms ist eine Kühlmittelpumpe erforderlich, deren Antriebsleistung vom Verbrennungsmotor aufgebracht werden muss.

Bei der über den Keilrippenriemen (alternativ über Zahnriemen oder Steuerkette) angetriebenen Kühlmittelpumpe handelt es sich um eine Strömungspumpe, die zur Vermeidung überhöhter Bauteiltemperaturen im Verbrennungsmotor einen bestimmten Mindestkühlmittelstrom gewährleistet. Die Kühlmittelpumpe wird, wie unter 3.1 beschrieben, als Nebenaggregat nach dem Worst-Case-Szenario ausgelegt. Die Auslegung erfolgt für den Betriebspunkt Volllast bei niedriger Drehzahl (= maximales Drehmoment). Dies stellt den ungünstigsten Betriebspunkt dar, bei dem der Mindestkühlmittelstrom aufrecht erhalten werden muss. Ein typischer Anwendungsfall nach diesem Szenario wäre der Hängerbetrieb an einer Steigung. Daraus folgt, dass Kühlmittelpumpen insbesondere für den als sehr wirtschaftlich geltenden Teillastbereich sowie den oberen Drehzahlbereich als deutlich überdimensioniert gelten. Die erforderliche Antriebsleistung steigt näherungsweise in der dritten Potenz mit der Drehzahl der Kühlmittelpumpe. In der nachfolgenden Tabelle 3.5 sind die Abhängigkeiten zwischen der Drehzahl und der Antriebsleistung für die Kühlmittelpumpe sowie für weitere Nebenaggregate aufgeführt.

Abhängigkeit von der Drehzahl	Charakteristik		Beispiel
	Leistung	Drehmoment	
konstant	konst.	$\sim 1/n$	Generator
drehzahlproportional	$\sim n$	konst.	Klimakompressor
quad. drehzahlproportional	$\sim n^2$	$\sim n$	Pumpen
kubisch drehzahlproportional	$\sim n^3$	$\sim n^2$	

Tabelle 3.5: Leistungs– und Drehmomentcharakteristik einzelner Nebenaggregate, [62]

Die Kühlmittelpumpe wandelt eine eingangsseitig zugeführte mechanische Leistung in eine hydraulische Leistung um. Mechanische Verluste durch Reibung einerseits sowie hydraulische Verluste durch Strömungswiderstände und Undichtigkeiten andererseits begrenzen den Wirkungsgrad der Kühlmittelpumpe.

Die hydraulische Leistung (= abgegebene Leistung) ergibt sich bei inkompressiblen Medien zu:

$$P_h = \dot{V} \cdot \left[\rho \cdot \left(\frac{w_a^2 - w_e^2}{2} \right) + (p_a - p_e) + \rho \cdot g \cdot (z_a - z_e) \right] \ [\text{W}] \quad (12)$$

Die Höhendifferenz z_a-z_e kann bei der Anwendung von Pumpen in Kfz vernachlässigt werden. Für stationäre Vorgänge, entsprechend der Betrachtung einzelner Betriebspunkte, gilt $w_e = w_a$, womit sich Gleichung (12) wie folgt vereinfacht:

$$P_h = \dot{V} \cdot (p_a - p_e) = \dot{V} \cdot \Delta p \ [\text{W}] \quad (13)$$

Über den Wirkungsgrad der Pumpe η_P lässt sich die erforderliche mechanische Antriebsleistung wie folgt definieren:

$$\boxed{P_m = \frac{P_h}{\eta_P} = \frac{\dot{V} \cdot \Delta p}{\eta_P}} \ [\text{W}] \quad (14)$$

P_m wird auch als **Wellenleistung** bezeichnet. Bei bekannter Wellenleistung (= Antriebsleistung) der Kühlmittelpumpe kann auf die hydraulische Leistung geschlossen werden, wenn der Wirkungsgrad bekannt ist. Gleichung (14) gilt für Strömungspumpen (z.B. Kühlmittelpumpen) und Verdrängerpumpen (z.B. Hydraulikpumpen für Lenkungssysteme) gleichermaßen. In Bild 3.14 wird die Wellenleistung für eine Kühlmittelpumpe dargestellt.

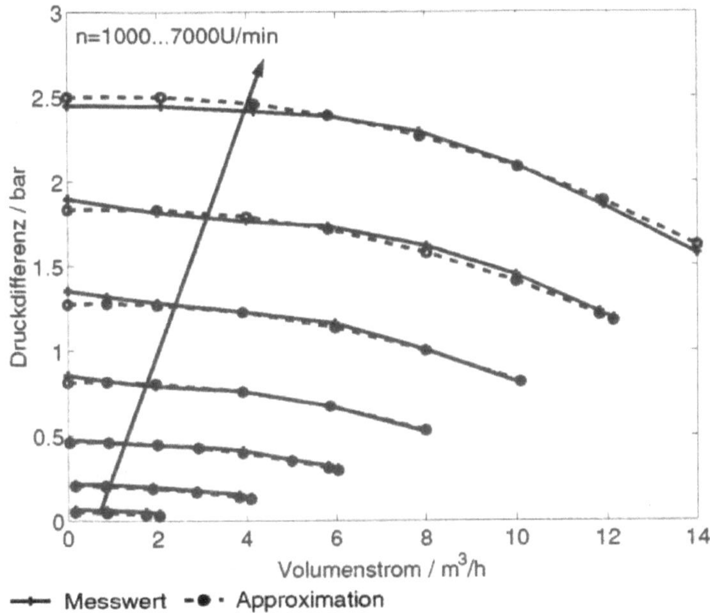

Bild 3.14: Wellenleistung einer Kühlmittelpumpe, [60]

Der in Gleichung (14) aufgeführte Wirkungsgrad beschreibt die Verluste bei der Wandlung von mechanischer in hydraulische Leistung.
Das charakteristische Wirkungsgradkennfeld einer Kühlmittelpumpe zeigt das Bild 3.15.

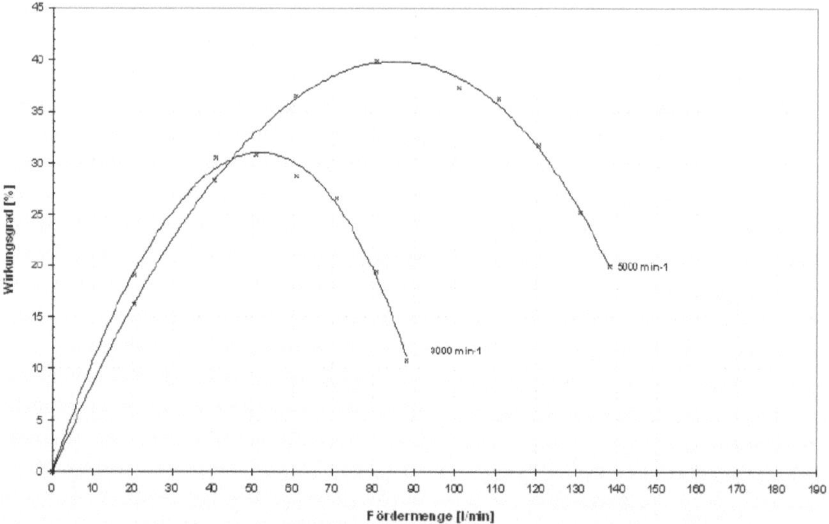

Bild 3.15: Wirkungsgradkennfeld einer Kühlmittelpumpe an einem ausgeführten Serienmotor (1,0-1,4 Liter Hubraum) bei verschiedenen Drehzahlen der Kühlmittelpumpe

Das Diagramm in Bild 3.15 lässt erkennen, dass die Kühlmittelpumpe für einen vorgegebenen Druck auf einen Nennvolumenstrom (= Fördermenge) ausgelegt ist. Änderungen im Volumenstrom führen zwangsläufig zu einer Abnahme des Wirkungsgrades. Berücksichtigt man die Drehzahlspreizung eines Verbrennungsmotors, d.h. das Verhältnis von Maximaldrehzahl (= Nenndrehzahl) zur Leerlaufdrehzahl wird deutlich, dass durch das instationäre Verhalten des Verbrennungsmotors der optimale Wirkungsgrad der Kühlmittelpumpe immer nur im Auslegungspunkt erreicht werden kann. Abweichungen vom stationären Auslegungspunkt der Kühlmittelpumpe führen zwangsläufig zur Abnahme des Wirkungsgrades.

Röser [58] hat umfangreiche Untersuchungen an einem PKW hinsichtlich eines energetisch optimierten Kühlsystems durchgeführt und hierbei auch den Einfluss der Kühlmittelpumpe auf das Verbrauchsverhalten des Verbrennungsmotors untersucht. Im Rahmen dieser Untersuchungen wurde ein typisches Mittelklassefahrzeug der Kompaktbaureihe mit einem direkteinspritzenden Dieselmotor (1,9 TDI) in den unter Kapitel 3.3. genannten Betriebspunkten im IVK-Zyklus vermessen.

Mit den gemessenen Drehzahlen sowie der vom Hersteller bereitgestellten Kennlinie der Kühlmittelpumpe konnte deren Antriebsleistung ermittelt werden. Die nachfolgende Tabelle 3.6 zeigt den Einfluss der einzelnen Betriebspunkte auf die Leistungsaufnahme der Kühlmittelpumpe.

Betriebspunkt	$P_{\text{Kühlmittelpumpe}}$ [W]	$P_{\text{Kühlmittelpumpe}}/P_{\text{eff}}$ [%]
1 (Leerlauf)	12	-
2 (50km/h)	50	0,9
3 (25 km/h; 7%)	95	0,6
4 (85 km/h; 3%)	103	0,4
5 (140 km/h)	376	1,2
6 (190 km/h)	920	1,3
7 (Anhängerbergfahrt)	201	0,4

Tabelle 3.6: Ermittelte Antriebsleistung der Kühlmittelpumpe, [58]

Der berechnete Kraftstoffverbrauchsanteil der Kühlmittelpumpe am Gesamtverbrauch beträgt **0,4%** im **NEFZ** sowie **0,5%** im **IVK-Zyklus**.
Es zeigt sich, dass der Leistungs– und damit der Verbrauchsanteil zum Antrieb der Kühlmittelpumpe gering ist.
Voss [74] hat sehr umfangreiche Untersuchungen zur bedarfsorientierten Auslegung von Nebenaggregaten durchgeführt. Die messtechnischen Untersuchungen wurden an einem Stadtbus der Berliner Verkehrsbetriebe durchgeführt. Das Fahrprofil beschränkte sich somit auf den typischen Einsatz im städtischen Linienverkehr. Es wurden mehrere Stadtlinien mit unterschiedlichen Profilen abgefahren.
Die Berechnung der Antriebsleistung einzelner Nebenaggregate erfolgte unter Berücksichtigung der recherchierten Wirkungsgrade sowie der gemessenen Zustandsvariablen im Fahrbetrieb.

Bild 3.16 zeigt das recht komplexe Kennfeld der Kühlmittelpumpe für den Linienbus.

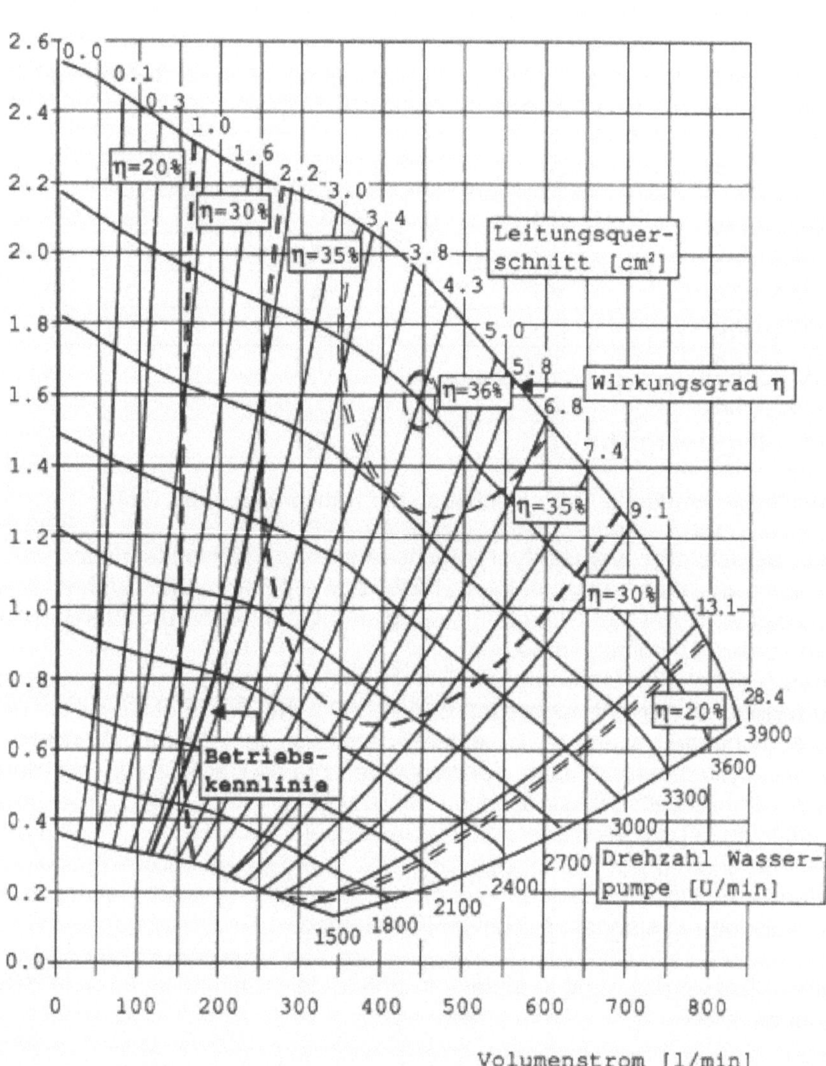

Bild 3.16: Kennfeld der Kühlmittelpumpe für den Linienbus, [74]

In Verbindung mit dem Kennfeld aus Bild 3.16 kann die erforderliche hydraulische Leistung nach Gleichung (13) ermittelt werden.

Die Wellenleistung berechnet sich dann aus Gleichung (14) unter Berücksichtigung des Wirkungsgrades. Im betrachteten Fahrzyklus ergab sich nach Voss eine Leistungsaufnahme von max. 460 Watt. Bei einem Wirkungsgrad der Kühlmittelpumpe von ca. 30% folgt daraus eine durchschnittliche Nutzleistung von 140 W. Für die Kühlmittelpumpe zeigte sich auch im Fall des Linienbusses ein geringer Einfluss auf die Antriebsleistung sowie auf den Kraftstoffverbrauch. Um den Kraftstoffverbrauchsanteil der jeweiligen Nebenaggregate abbilden zu können, wurde aus den Messwerten der Fahrversuche eine Rechnersimulation erstellt. Auf den Antrieb der Kühlmittelpumpe entfällt demnach ein **Verbrauchsanteil** von **1%** am Gesamtverbrauch. Analog zu Röser [58] hat auch Voss [74] Untersuchungen an einem Mittelklasse - PKW mit 1.9 TDI Motor nach Bild 3.11 angestellt. Im Vergleich zum Linienbus konnten jedoch keine direkten Messungen durchgeführt werden, so dass Schätzungen verwendet wurden, die auf Ergebnisse indirekter, aber möglichst realitätsnaher Messungen basierten. Aufgrund fehlender Messungen war es somit auch nicht möglich, aussagekräftige Simulationsrechnungen zum Kraftstoffverbrauchsanteil anzustellen. An die Stelle der Rechnersimulation trat deshalb eine Betrachtung von ausgewählten Bereichen des Verbrauchskennfeldes und einer Wertung bezüglich der Aufenthaltswahrscheinlichkeit in diesen Kennfeldbereichen im realen Fahrbetrieb. Bild 3.17 zeigt die vom Hersteller zur Verfügung gestellte Kennlinie der PKW Kühlmittelpumpe.

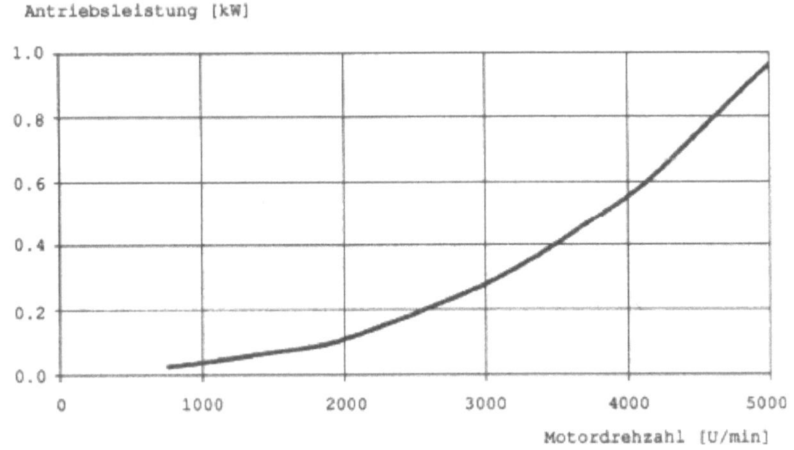

Bild 3.17: Antriebsleistung als Funktion der Motordrehzahl, [74]

Für die Berechung des Kraftstoffverbrauchs für vorgegebene Betriebspunkte aus der Kennlinie wurde ein Interpolationsprogramm derart verwendet, dass für die zu untersuchende Drehzahl, resp. den zu untersuchenden Betriebspunkt das Antriebsmoment aus der Kennlinie der Kühlmittelpumpe zum Motormoment aus dem vorliegenden Kennfeld addiert wurde. Die Differenz zwischen dem Verbrauch vor und nach der Addition entspricht dem Verbrauchsanteil der Kühlmittelpumpe. Es wurden zwei Betriebspunkte vermessen, ein Betriebspunkt mit geringer Belastung sowie ein Betriebspunkt mit erhöhter Belastung. Der resultierende **Kraftstoffverbrauchsanteil** der Kühlmittelpumpe für die beiden Betriebspunkte berechnete sich zu **1%**. Wie bereits beim Linienbus zeigte sich auch beim PKW der sehr geringe Einfluss der Kühlmittelpumpe auf den Gesamtverbrauch.

Fazit: Zwei sehr umfangreiche und deshalb als repräsentativ zu bezeichnende Untersuchungen zum Kraftstoffverbrauchsanteil der Kühlmittelpumpe am Gesamtverbrauch eines PKW sowie eines Linienbusses kommen zu dem Ergebnis, dass der **Anteil** der **Kühlmittelpumpe** am **Gesamtverbrauch** mit max. **1%** sehr gering ist.

Sofern eine Optimierung der Kühlmittelpumpe überhaupt erforderlich ist, muss bei derart geringen Anteilen am Gesamtverbrauch ein besonderes Augenmerk auf das Kosten/Nutzen-Verhältnis gelegt werden. Entsprechende Ansätze werden im Kapitel Optimierung diskutiert.

3.4.3 Lüfter

Den „äußeren" Abschluss des Kühlsystems bildet der Lüfter. Während die anfallende Abwärme des Verbrennungsmotors vom Kühlmittel aufgenommen und von der Kühlmittelpumpe zu den Wärmetauschern transportiert wird, ist es die Aufgabe des Lüfters, für eine ausreichende luftseitige Durchströmung des Wärmetauschers zu sorgen. Nur so wird gewährleistet, dass die überschüssige Wärme abgeführt werden kann. Der Fahrzeugbauart sowie dem Einsatzzweck entsprechend kommen unterschiedliche Systeme zur Anwendung.

a.) Hydrodynamische Lüfterantriebe, sog. Viskolüfter. Bild 3.18 zeigt eine solche Lüfteranordnung, bei der die Antriebsscheibe 6 entweder über einen Keilrippenriemen oder über eine Flanschwelle direkt vom Verbrennungsmotor angetrieben wird.

b.) Den rein elektrisch zuschaltbaren E-Lüfter, d.h. komplett entkoppelt vom Riementrieb.

c.) Hydrostatische Lüfterantriebe, bestehend aus Hydropumpe, Hydromotor, Leitungen, Vorratsbehälter und Regeleinrichtungen. Eine vom Verbrennungsmotor angetriebene Hydropumpe liefert die Energie, die zum Antrieb des mit dem Lüfterrad verbundenen Hydromotors benötigt wird.

d.) Der Lüfterantrieb über elektromagnetische Wirbelstromkupplungen ermöglicht eine Drehzahlregelung durch Änderung eines Magnetfeldes.

e.) Rein mechanische Lüfterantriebe durch stufenlos verstellbare Reibrad oder Riemenantriebe.

Die Varianten c.) bis e.) werden im Rahmen dieser Arbeit nicht näher untersucht.

Zu a.) Der Einsatz des Viskolüfters beschränkt sich zwischenzeitlich nur noch auf die Anwendung im NFZ-Sektor. Der Viskolüfter ermöglicht eine stufenlose Änderung der Saugleistung des Lüfters über eine Antriebsscheibe, welche sich im Gehäuse des Lüfters befindet und permanent über einen Keilrippenriemen oder über eine Flanschwelle direkt vom Verbrennungsmotor angetrieben wird, vgl. Bild 3.18.

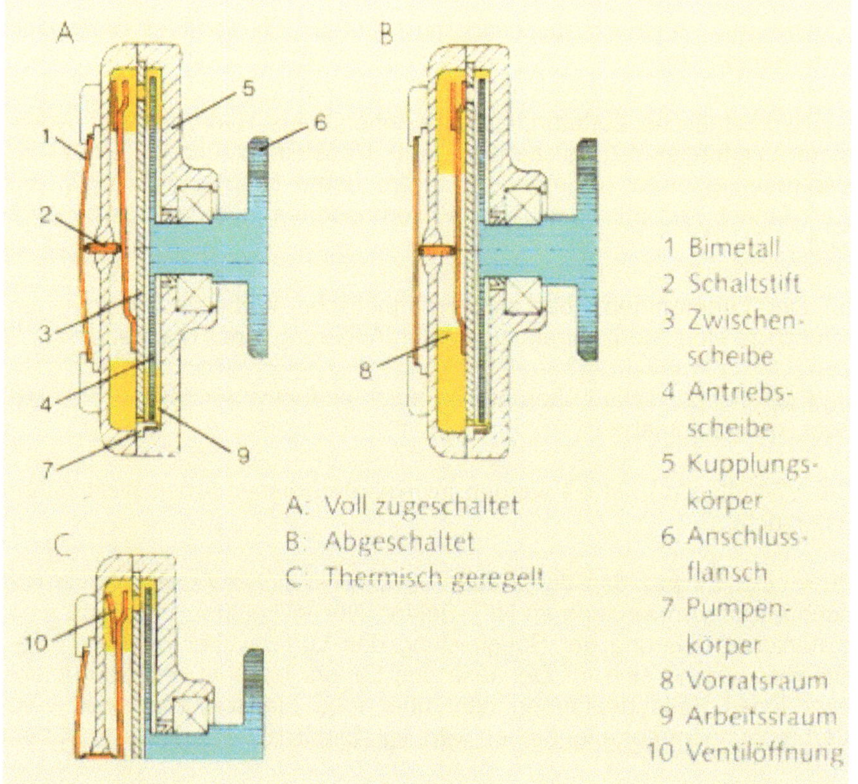

Bild 3.18: Funktion der Viskokupplung, [6]

Der Lüfterantrieb wird in Abhängigkeit der Luftaustrittstemperatur aus dem Kühler über ein Bimetall geregelt. Übersteigt die Lufttemperatur den eingestellten Schwellwert des Bimetalls, so öffnet der Ventilhebel (Membranzunge) eine Bohrung. Dadurch strömt viskoses Öl vom Vorratsraum in den Arbeitsraum, wodurch es zu einer Vergrößerung der ölbenetzten und relativ zueinander bewegten Flächen kommt.
Das übertragbare Drehmoment erhöht sich und die Drehzahl des Lüfters steigt an. Der wesentliche Nachteil dieser Art der Regelung liegt darin, dass die Abhängigkeit der Bimetallsteuerung von der Luftaustritts-temperatur aus dem Kühler eine große Trägheit der Regelgröße (= Kühl-mitteltemperatur) bedingt, woraus letztlich eine verzögerte Reaktion des Lüfters auf den Kühlluftbedarf resultiert.

Dynamische Vorgänge, die mit einem starken Temperaturanstieg des Kühlmittels einhergehen, z.B. die Retarderbremsung eines LKW, rufen keine unmittelbare Reaktion hervor. Aufgrund der prinzipbedingten Trägheiten, Hysteresen sowie Toleranzen kann sich für einen erforderlichen Kühlluftbedarf keine unmittelbare und eindeutige Drehzahl des Lüfters einstellen.

Zu b.) Elektrisch angetriebene Lüfter werden bedarfsgerecht durch einen Temperaturfühler gesteuert. Dieser betätigt einen elektrischen Kontakt, sobald der eingestellte Schaltwert der Temperatur überschritten wird. Der Temperaturfühler besitzt eine Schalthysterese von ca. 10 K um ein ständiges Ein und Ausschalten des Lüfters zu verhindern. Der elektrische Lüfter bietet den Vorteil einer verkürzten Warmlaufphase des Motors, da der Lüfter sich erst nach Erreichen der Betriebstemperatur zuschaltet. Bei höheren Fahrgeschwindigkeiten kann der Lüfter abgeschaltet werden, da in diesem Bereich der Fahrtwind für ausreichende Kühlung sorgt.

Seit der Einführung sog. Kühlmodule in der zweiten Hälfte der 1990er Jahre kommen elektronische Lüftersteuerungen zum Einsatz. **Preis [54]** beschreibt ein solches Fan Control Module (= FCM), welches durch den Einsatz elektronischer Leistungsschalter eine kontinuierliche, d.h. variable Drehzahlsteuerung des Lüfters ermöglicht. Im mittleren sowie im gehobenen Fahrzeugsegment hat das FCM die Ansteuerung über Vorwiderstände weitestgehend verdrängt. Über die Anzahl der Vorwiderstände wurde bei dieser Art der Steuerung die Drehzahl des Kühlgebläses geregelt. Da in der Regel nicht mehr als 2 Vorwiderstände verbaut waren, lies sich die Drehzahl des Kühlergebläses auch nur entsprechend grob abstufen. Nachteilig waren das akustisch auffällige Lüftergeräusch sowie –durch die grobe Einstellung der Lüfterdrehzahl– eine hohe durchschnittliche Leistungsaufnahme, die sich negativ auf den Kraftstoffverbrauch auswirkte.
Beim FCM wird durch Verändern des Verhältnisses von Einschalt zu Ausschaltdauer (= Pulsweitenmodulation, PWM) eines als Schalter betriebenen Transistors die zugeführte Leistung bedarfsgerecht gesteuert und dadurch die Lüfterdrehzahl entsprechend variiert. Die einzelnen Schaltstufen und Drehzahlen des Lüftermotors bzw. der Lüftermotoren werden in Abhängigkeit der Kühlmitteltemperatur und des Systemdrucks in der Klimaanlage (soweit vorhanden) geschaltet. Bild 3.19 zeigt links das alte Design mit Vorwiderstand und rechts die PWM-getaktete Variante des FCM. Bild 3.20 zeigt die Pulsweitenmodulation im Detail.

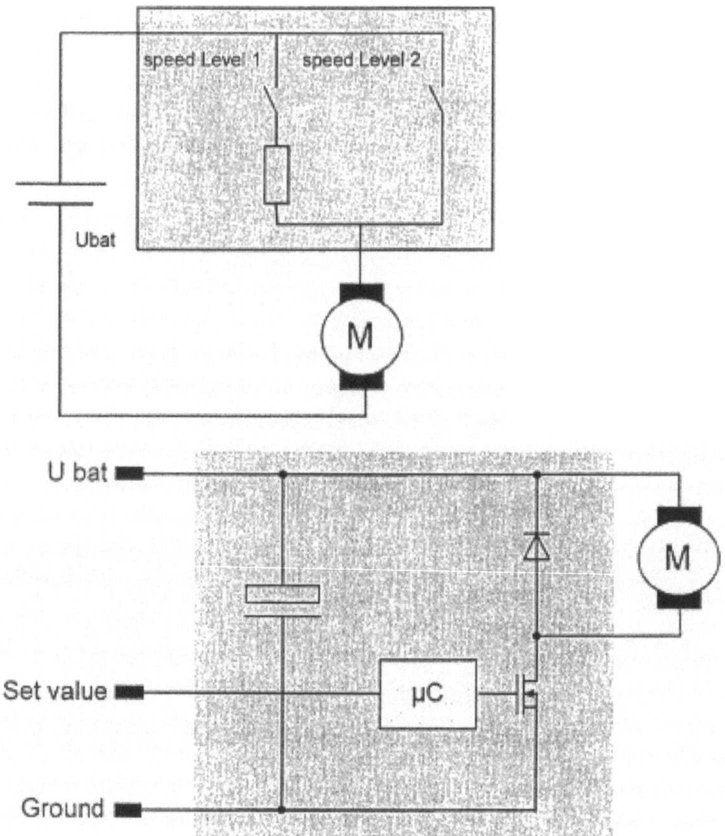

Bild 3.19: Gleichstrommotor mit Vorwiderstand (oben), PWM-getaktete Motorsteuerung mit FCM (unten), [54]

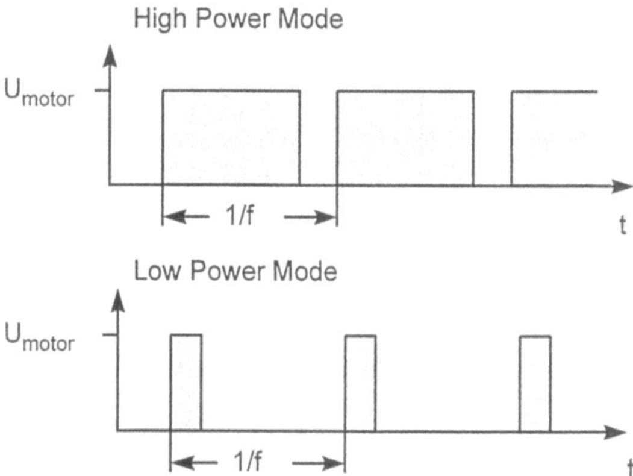

Bild 3.20: Pulsweitenmodulation, [54]

Die Vorteile des FCM ergeben sich wie folgt:

• feinere Drehzahlabstufung.
• durch die bedarforientierte Drehzahlabstufung wird der Lüfter seltener an seiner Volllastgrenze betrieben. Dadurch steigt die Lebensdauer.
• geringeres Geräuschniveau.

Bild 3.21 zeigt den wesentlichsten Aspekt, nämlich die deutlich geringere Leistungsaufnahme des FCM.

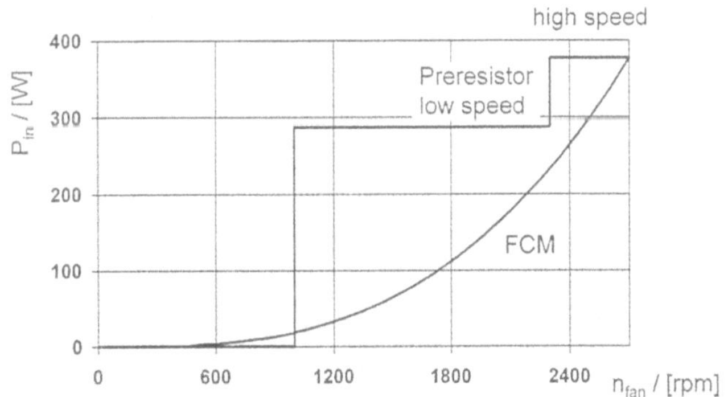

Bild 3.21: Elektrische Leistungsaufnahme FCM vs. konventionelle Lüftersteuerung, [54]

Nach Preis [54] konnte durch die Reduzierung der Verlustleistung – insbesondere im Teillastbetrieb des Motors– der **Kraftstoffverbrauch** um bis zu **0,1 Liter/100 km** reduziert werden.
Nach **Esch et al. [24]** verringert sich durch die bedarfgerechte Regelung des Lüfters die Antriebsleistung im Vergleich zum starren Antrieb um 25 bis 50%. Bild 3.22 zeigt den Vergleich der Antriebsleistungen eines Viskolüfters, verglichen mit einem Elektrolüfter.

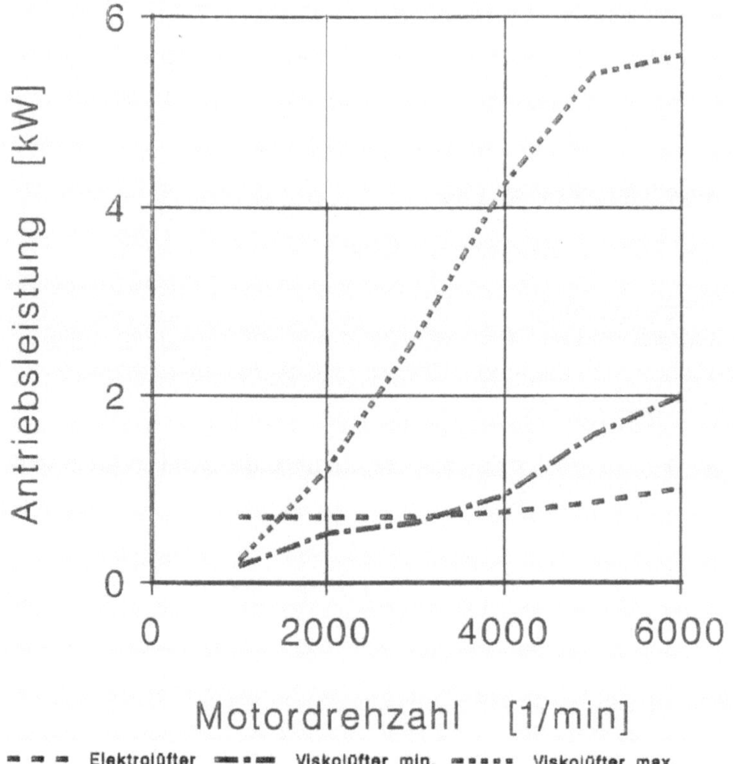

Bild 3.22: Unterschiedliche Lüfter im Leistungsvergleich, [24]

Der Viskolüfter benötigt im unteren Drehzahlbereich eine geringere Antriebsleistung als der Elektrolüfter. Das liegt im wesentlichen daran, dass bei elektrischen Nebenaggregaten die Wirkungsgradkette aus dem Generatorwirkungsgrad und dem Wirkungsgrad des elektrischen Nebenaggregats mit berücksichtigt werden muss.

Die durchschnittlich deutlich geringere Antriebsleistung des Elektrolüfters über den gesamten Drehzahlbereich des Motors ergibt sich durch die Abschaltung des Lüfters während der Warmlaufphase, im Teillastbereich des Motors sowie bei höheren Geschwindigkeiten.

Im Rahmen der bereits erwähnten Untersuchungen von **Röser [58]** sowie **Voss [74]** wurde auch der Einfluss des Lüfters auf den Kraftstoffverbrauch untersucht. Die nachfolgende Tabelle 3.7 zeigt die Antriebsleistung des ***Viskolüfters*** für das in **[58]** vermessene Fahrzeug im IVK-Zyklus, basierend auf den Daten des Lüfterherstellers.

Betriebspunkt	$P_{Viskolüfter}$ **[W]**	$P_{Viskolüfter}$ **[%]/**P_{eff}
1 (Leerlauf)	**12**	**-**
2 (50km/h)	**0**	**0**
3 (25 km/h; 7%)	**101**	**0,7**
4 (85 km/h; 3%)	**34**	**0,1**
5 (140 km/h)	**118**	**0,4**
6 (190 km/h)	**304**	**0,4**
7 (Anhängerbergfahrt)	**500**	**1,1**

Tabelle 3.7: Ermittelte Antriebsleistung des Viskolüfters, [58]

Die ermittelten Werte liegen noch einmal deutlich unter denen der Kühlmittelpumpe aus Tabelle 3.6, was sich auch im Kraftstoffverbrauch zeigt. Für den **Kraftstoffverbrauchsanteil** des Viskolüfters wurde im NEFZ wie auch im IVK-Zyklus ein Anteil von **0,2%** am Gesamtverbrauch berechnet. Das in [58] vermessene Fahrzeug hatte eine Klimaanlage installiert, für die zusätzlich ein ziehendes Gebläse (E-Lüfter) verbaut war. Die elektrische Leistung des Lüfters von max. 250 Watt wurde als zusätzliche Last dem Generator zugerechnet, es lagen allerdings keine separaten Berechnungen zum Einfluss des Elektrolüfters vor. Jedoch ist davon auszugehen, dass aus dem Anstieg der elektrischen Last im Bordnetz ebenfalls ein Anstieg des Verbrauchsanteils resultiert. Ferner ist zu berücksichtigen, dass das Fahrzeug nach [58] einen Viskolüfter verbaut hatte, der nicht mehr dem heutigen Stand der Technik entspricht.

Voss [74] hat sich bei der Vermessung des Linienbusses ebenfalls mit dem Anteil des Viskolüfters beschäftigt. Die mittlere Leistungsabgabe berechnet sich aus der Druckdifferenz vor und hinter dem Lüfter sowie dem Volumenstrom der Luft nach Gleichung (14), in Abhängigkeit der sich im Fahrbetrieb einstellenden Lüfterdrehzahlen.

Für den vorliegenden Fall standen die Gebläsekennlinien des Viskolüfters zur Verfügung, siehe Bild 3.23.

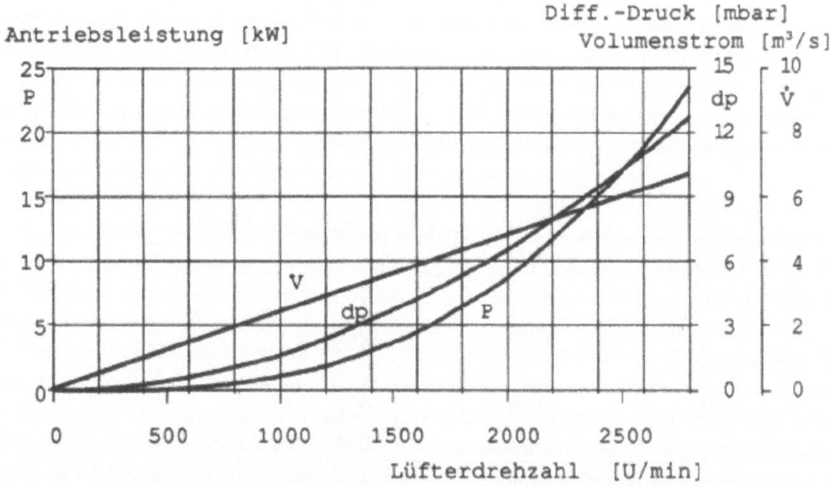

Bild 3.23: Gebläsekennlinien des Viskolüfters, [74]

Die Messung der Lüfterdrehzahlen erfolgte über einen Drehzahlsensor.
Somit war es möglich, die Antriebsleistung direkt aus dem Diagramm zu
bestimmen. Im Vergleich zum Viskolüfter des PKW in [58] zeigte sich im
Fall des Lüfters im städtischen Linienbus eine deutlich höhere Antriebsleistung. Die mittlere **Antriebsleistung** des Lüfters berechnete sich im
relevanten Fahrzyklus zu **1,32 kW**, entsprechend einem **Kraftstoffverbrauchsanteil** von **2,5% am Gesamtverbrauch.**
In einer Untersuchung von **Hager et al.** [34] zum „Kraftstoffeinsparpotenzial beim LKW durch Optimierung der Motorkühlung" wurden
Messungen zum relativen Anteil des Viskolüfters sowie der Kühlmittelpumpe am Kraftstoffgesamtverbrauch durchgeführt. Die Messungen
erfolgten im Hochlastbetrieb, d.h. bei voller Zuschaltung des Viskolüfters.

Die folgenden Eckdaten lagen vor:
• Motor-Nennleistung: 300 kW bei 2000 1/min
• Lüfterleistung: 18 kW (= 2400 1/min Lüfterdrehzahl) im Nenn-
leistungspunkt des Motors
• Leistung der Kühlmittelpumpe: 3 kW bei 2000 1/min

Bild 3.24 zeigt die ermittelten Werte.

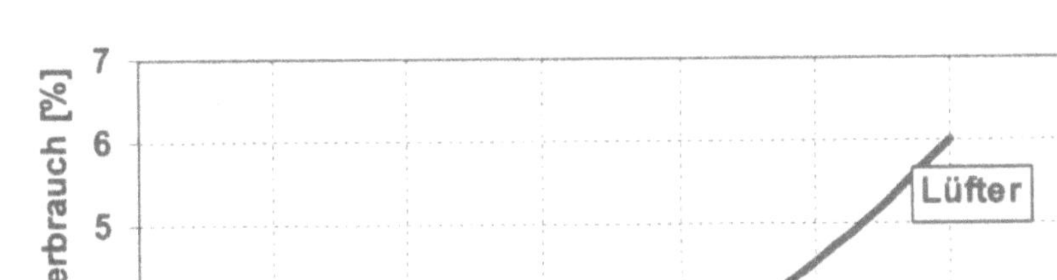

Bild 3.24: Relativer Verbrauchsanteil von Viskolüfter und Kühlmittelpumpe im Hochlastbereich, [34]

Es wird auch hier deutlich, dass der Anteil der Kühlmittelpumpe am Gesamtverbrauch gering ausfällt, verglichen mit dem Anteil des Viskolüfters.

Im direkten Vergleich mit dem Linienbus muss festgehalten werden, dass der LKW im Hochlastbereich vermessen wurde, der Linienbus hingegen nur im Stadtprofil und somit unterhalb der maximal möglichen Leistungsgrenze.

Fazit: In der Mittelklasse sowie in der Oberklasse haben sich elektrisch angetriebene Lüfter mit pulsweitenmodulierter (PWM) Regelung der Lüfterdrehzahl etabliert, während im Segment der Kleinwagen noch elektrische Lüftersteuerungen mit Vorwiderständen verbaut werden. Aus der bedarfsorientierten Einstellung der PWM geregelten Lüfterdrehzahl resultiert eine geringere Leistungsaufnahme (= Verbrauchsvorteil), verglichen mit der Regelung über Vorwiderstände, siehe auch Bild 3.21.

Für beide Varianten gilt, dass in Abhängigkeit der angesteuerten Lüfter-stufen der **Maximalwert** der elektrischen Leistungsaufnahme **kurzzeitig** bis zu 800 Watt betragen kann, vgl. Bild 3.45. Da der Lüfter allerdings nicht zu den Dauerverbrauchern zählt, ist von einem deutlich geringeren Anteil auszugehen. Im Rahmen der Optimierung des Kühlsystems wird der Elektrolüfter als Bestandteil eines intelligenten Thermomanagements mit zu berücksichtigen sein. Für den –im PKW–Bereich zwischenzeitlich nicht mehr verbauten– Viskolüfter konnte ein sehr geringer Anteil des Lüfters von ca. **0,2%** am **Gesamtverbrauch** ermittelt werden.

Im NFZ–Sektor stellt der Verbrauchsanteil des Viskolüfters am Kraftstoff-gesamtverbrauch, in Abhängigkeit der betrachteten Betriebspunkte, mit einem **Anteil** von **2,5% bis 6%** eine nicht zu vernachlässigende Größe dar. Ausgehend von einem durchschnittlichen Kraftstoffverbrauch von ca. 30 Liter/100 km für einen 40 Tonnen Schwerlastzug [81] ergibt sich ein Verbrauchsanteil von **0,75 l/100 km** bis **1,8 l/100 km**. Insbesondere für den NFZ–Sektor zeigt sich somit Optimierungspotenzial.

3.4.4 Lenkungssysteme

Lenkungen werden nach Art der Lenkungsbetätigung wie folgt unterschieden:

- Manuelle Lenkung
- Hydraulische Lenkung (engl. Power Steering, P/S)
- Elektro-hydraulische Lenkung (engl. Electro-Hydraulic-Power-Steering, EHPS)
- Elektrische Lenkung (engl. Electric Power Steering, EPS)

In einer von **Beecham [8]** veröffentlichten Studie über zukünftige Lenkungssysteme ergibt sich die gegenwärtige globale Verteilung der o.g. Lenkungssysteme wie folgt, Bild 3.25.

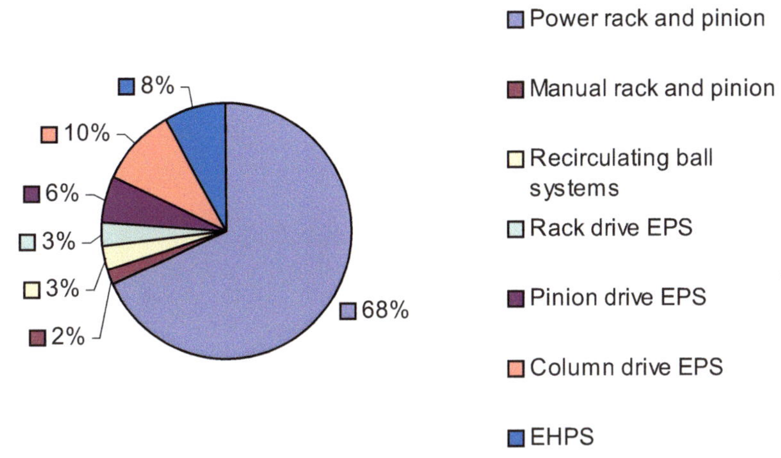

Bild 3.25: Globale Verteilung von Lenkungssystemen im Jahr 2007, [8]

Damit entfällt auf die hydraulische Lenkung ein Anteil von 68% (überwiegend Nordamerika), die EHPS verbucht einen Anteil von 8%, auf die EPS entfallen 19% (beide Systeme überwiegend in Europa und Japan) und manuelle Lenkungen werden mit 2% (Entwicklungs- und Schwellenländer) angegeben.

3.4.4.1 Manuelle Lenkung

Direkte Lenkungsbetätigung, ohne Unterstützung.
• <u>Vorteil:</u> Kein zusätzlicher Kraftstoffverbrauch zu verzeichnen, da kein vom Verbrennungsmotor angetriebenes Nebenaggregat benötigt wird.
• <u>Nachteil:</u> Hohe Betätigungskräfte im Stand sowie im Rangierbetrieb erforderlich, dadurch Komforteinbußen.

3.4.4.2 Hydraulische Lenkung

Ein gestiegenes Bedürfnis hinsichtlich Komfort einerseits sowie ein wachsender Anspruch an die Sicherheit der Fahrzeuge andererseits führte in den 1980 Jahren sukzessive zum Einsatz hydraulisch unterstützter Lenksysteme, vornehmlich bei Fahrzeugen im oberen Mittelklasse bzw. im Oberklasse-Segment.
Bild 3.26 zeigt die wesentlichen Komponenten einer offenen Hydrauliklenkung (= Open Center).

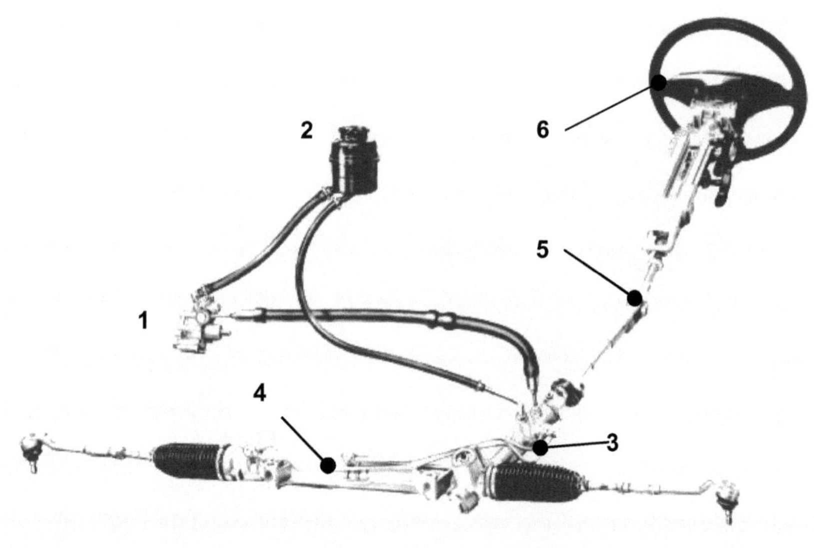

Bild 3.26: Komponenten einer hydraulischen Lenkeinheit, [40]

1.) Hydraulikpumpe
2.) Ausgleichsbehälter
3.) Lenkgetriebe
4.) Zahnstange
5.) Lenksäule mit Zwischenwelle
6.) Lenkrad mit integriertem Airbag

Die Hydraulikpumpe stellt den erforderlichen Systemdruck bei annähernd konstantem Ölvolumenstrom bereit und wird über einen Keilrippenriemen starr mit dem Verbrennungsmotor gekoppelt. Die Pumpe hat demzufolge Antriebsdrehzahlen, die nicht den Leistungsbedarf der Lenkung wiedergeben, sondern vielmehr vom jeweiligen Betriebspunkt des Verbrennungsmotors abhängen. Das Lenkgetriebe übersetzt in Verbindung mit der Zahnstange die Lenkabsicht des Fahrers und leitet diese über die Lenkhebel an die Räder weiter.

Vorteile der hydraulischen Lenkung:
Geringere Lenkkräfte im langsamen Fahrbetrieb sowie insbesondere beim Rangier und Parkierbetrieb erforderlich.

<u>Nachteile der hydraulischen Lenkung:</u>
• Zusätzliche Bauteile im Motorraum durch die Hydraulikpumpe sowie Hydraulikleitungen.
• Die Hydraulikflüssigkeit birgt Risiken für die Umwelt (Verschmutzung durch Ölverlust, Entsorgung).
• Die Antriebsleistung der hydraulischen Pumpe muss vom Verbrennungsmotor aufgebracht werden und steht somit nicht als Nutzleistung am Kurbelwellenabtrieb zur Verfügung.

Der „Energieverbrauch", resp. der Kraftstoffverbrauchsanteil der hydraulischen Lenkung resultiert im wesentlichen aus:
• dem Antrieb der Hydraulikpumpe,
• Strömungsverlusten innerhalb der Hydraulikpumpe,
• Drosselverlusten innerhalb des Hydraulikkreises,
• Reibungsverlusten innerhalb der hydraulischen Pumpe,
• der Beladung/Belastung des Fahrzeugs.

Für die Versorgung des hydraulischen Kreises durch die Hydraulikpumpe werden zu 95% doppelhubige Flügelzellenpumpen eingesetzt. Es handelt sich hierbei um Verdrängerpumpen, so dass die gleichen Gesetzmäßigkeiten gelten wie unter 3.4.2 beschrieben.

Die Vorteile der Flügelzellenpumpe sind:
• preiswerte Fertigung,
• Druckpulsationen auf niedrigem Niveau,
• geringes Gewicht,
• niedriger Geräuschpegel,
• realisierbare Drücke bis 13 MPa, falls erforderlich,
• sehr guter volumetrischer Wirkungsgrad.

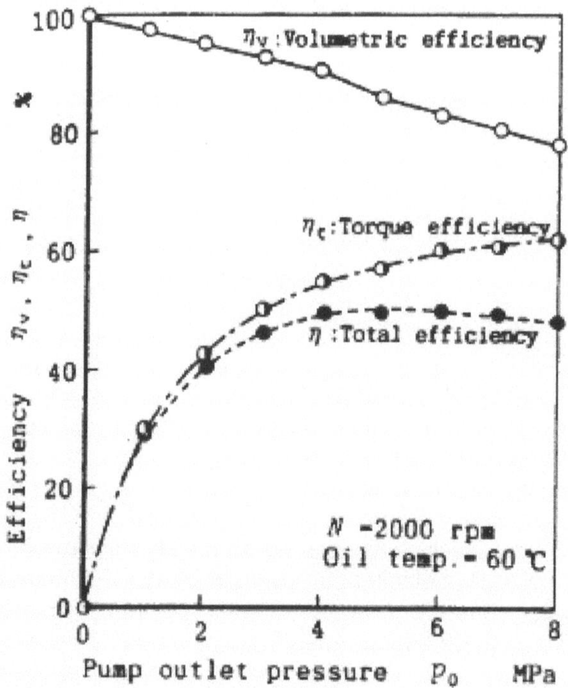

Bild 3.27: Wirkungsgradkennlinie einer Flügelzellenpumpe für konstantes Fördervolumen, [68]

Bild 3.27 zeigt die Wirkungsgradkennlinien einer Flügelzellenpumpe bei einer vorgegebenen Drehzahl. Unter dem Druck p_0 (= Ausgangsdruck) ist der Differenzdruck zur Niederdruckseite (= Umgebungsdruck) zu verstehen. Auch bei der Hydraulikpumpe handelt es sich um eine klassische Worst-Case Auslegung nach Kapitel 3.1. Vom Verbrennungsmotor angetriebene Lenkungspumpen sind für den Motorleerlauf sowie für den unteren Teillastbereich ausgelegt, d.h. für den Bereich der maximalen Lenkkräfte im Parkier und Rangierbetrieb. Nachteilig ist die mit der Motordrehzahl proportional ansteigende Fördermenge. Dadurch steigt die Leistungsaufnahme der Pumpe mit zunehmender Drehzahl unnötig an, obwohl der daraus resultierende, ebenfalls ansteigende Volumenstrom nicht benötigt wird. Die Funktion der hydraulischen Lenkung setzt vielmehr einen konstanten Volumenstrom voraus, der durch permanentes Absteuern überschüssiger Mengen zurück auf die Saugseite der Pumpe eingeregelt wird.

Die Flügelzellenpumpe verfügt deshalb über eine Bypassregelung, sie ist also verlustgeregelt. Das nachfolgende Bild 3.28 zeigt exemplarisch eine sog. Druck-Lenkmoment Kennlinie nach **Köpf [45]**, aus der sich der erforderliche Energiebedarf beim Lenken ableiten lässt.

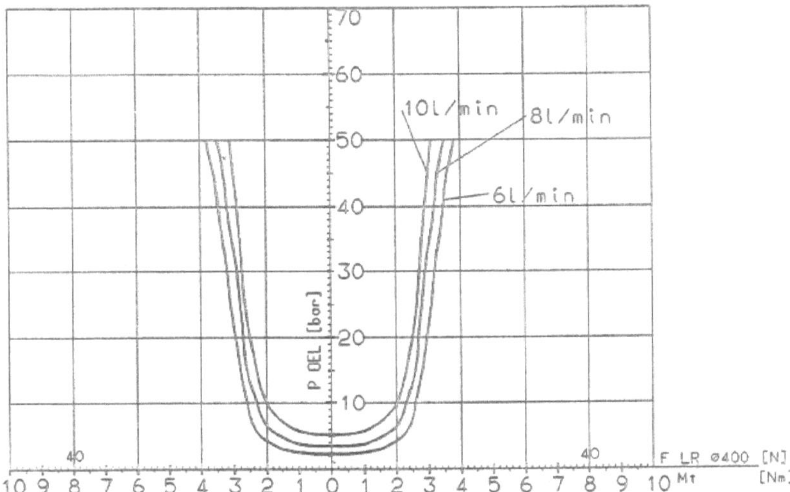

Bild 3.28: Druck-Lenkmoment-Kennlinie, [45]

Die Verschiebung der Kennlinie ergibt sich zwangsläufig aus den Drosselverlusten in Abhängigkeit der erforderlichen Fördermenge. Die Kennlinie macht deutlich, dass auch bei Nullstellung (= Geradeausfahrt) des Lenkrades Energie aufgewendet werden muss. Dieser „Energieverbrauch" resultiert aus den o.g. Drosselwiderständen des Systems.
Es sei an dieser Stelle betont, dass der Energieverbrauch einer Hydraulik(Flügelzellen)pumpe nicht mit dem Wirkungsgrad einer Flügelzellenpumpe verwechselt werden darf. So geht aus Gleichung (14) hervor, dass die Antriebsleistung einer Hydraulikpumpe grundsätzlich über die Druckdifferenz und/oder den Volumenstrom geändert werden kann, ohne hierbei zwangsläufig den Wirkungsgrad zu verändern (vgl. auch Bild 3.27). Um ein Verständnis für die Leistungsanforderung an das Lenksystem zu bekommen, wurde von **Karch et al. [40]** eine Häufigkeitsverteilung der sog. relativen Zahnstangenleistung –das Produkt aus Zahnstangengeschwindigkeit und Zahnstangenkraft, bezogen auf die Maximalleistung– in vier verschiedenen Fahrzyklen ermittelt, siehe Bild 3.29.

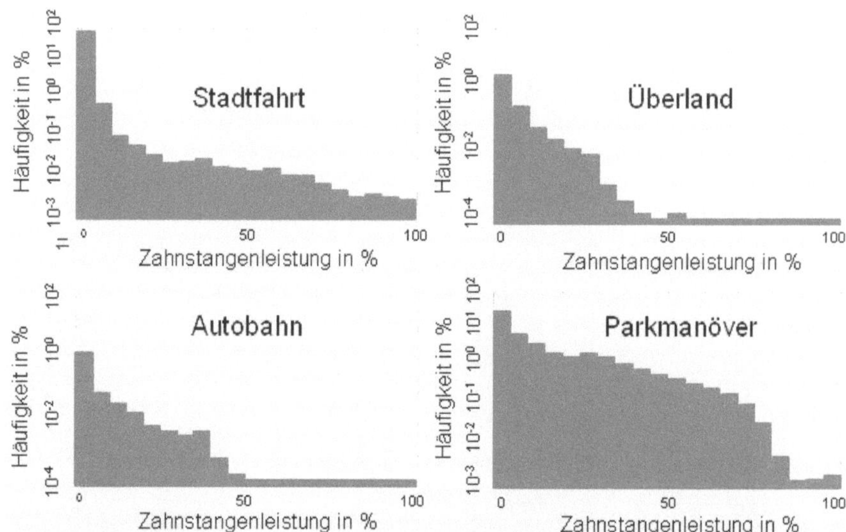

Bild 3.29: Häufigkeitsverteilung der Zahnstangenleistung bei verschiedenen Fahrzyklen, [40]

Der Zyklus Stadtfahrt wird durch eher häufige Lenkbewegungen charakterisiert, während für die Zyklen Überlandfahrt sowie Autobahnfahrt wenige Lenkbewegungen zu verzeichnen sind. Festzustellen bleibt, dass nahezu alle Lenkbewegungen bei Lenkleistungen unter 50% stattfinden. Lediglich das Parkmanöver (kein Fahrzyklus im eigentlichen Sinn) zeigt deutliche Anteile größer 50%, entsprechend der Lenkungsauslegung. Bild 3.29 sowie die folgende Tabelle 3.8 basieren auf Messungen an einem Fahrzeug der oberen Mittelklasse mit konventioneller hydraulischer Lenkung bei sportiver Fahrweise. Das qualitative Ergebnis ist auch auf andere Fahrzeugsegmente übertragbar.

Zyklus	Häufigkeit Zahnstangenleistung < 5%
Stadtfahrt	96,50%
Überland	98,50%
Autobahn	99,80%

Tabelle 3.8: Lenkungskennwerte der Fahrzyklen aus Bild 3.29, [40]

Die aus der Häufigkeitsverteilung ermittelten Werte zeigen, dass nur selten eine nennenswerte Lenkungsleistung angefordert wird.

In den relevanten Fahrzyklen liegt der Anteil geringer Zahnstangen-leistung (< 5 %) bei über 95%, bezogen auf den gesamten Zyklus. Es soll an dieser Stelle explizit erwähnt werden, dass bei dieser Messreihe unterschiedliche Fahrzyklen, nicht aber unterschiedliche Lenkungs-systeme verglichen wurden. Somit lässt sich unabhängig von der Art der Lenkung festhalten, dass der „Energieverbrauch" durch den eigentlichen Lenkvorgang eher gering ist. Dagegen ist die Energieaufnahme in den Zeiten, in denen zwar gefahren, jedoch nicht gelenkt wird (> 95%) von erheblichem Einfluss. Aus Sicht des Kraftstoffverbrauchs bleibt festzuhalten, dass das Lenksystem für die überwiegenden Stand-By-Phasen auf niedrige Verluste, d.h. auf geringe Leistungsaufnahmen zu optimieren ist. Führende Hersteller von Lenkungssystemen ([8], [40]), geben den **Verbrauchsanteil** der rein **hydraulischen Lenkung mit ca. 0,30-0,35 Liter/100 km** am **Gesamtverbrauch** des Fahrzeugs an.

3.4.4.3 Elektro-hydraulische Lenkung (Electro Hydraulic Power Steering)

Die Elektro-hydraulische-Lenkung (EHPS) fand ihren Einzug in den PKW–Sektor in den 1990er-Jahren, vorwiegend bei Fahrzeugen euro-päischer Hersteller. Bei der EHPS handelt es sich um ein motor-unabhängiges, elektrohydraulisches Lenksystem. Von der elektrohydrau-lischen Versorgungseinheit abgesehen, entsprechen alle übrigen Systemkomponenten der EHPS denen einer konventionellen Hydraulik-lenkung. Sämtliche Bauteile der EHPS sind als Kompakteinheit mit dem Lenkgetriebe auf dem Vorderachskörper befestigt, Bild 3.30.

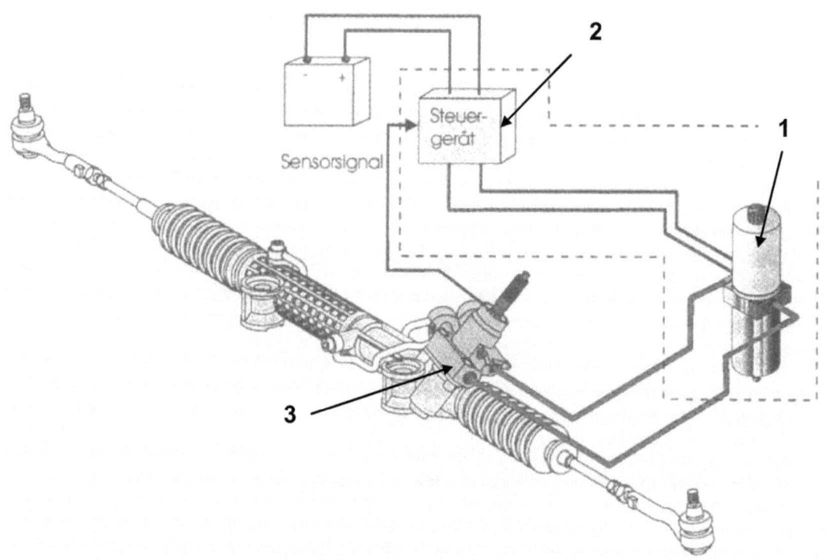

Bild 3.30: Komponenten einer EHPS, [25]

Die EHPS besteht aus den folgenden Bauteilen:

1.)   Elektrohydraulische Versorgungseinheit mit Ausgleichsbehälter
2.)   Steuergerät
3.)   Lenkgetriebe und Zahnstange

Obwohl es sich bei der EHPS nach wie vor um ein hydraulisches System handelt, welches die bereits genannten Nachteile hinsichtlich Gewicht, Einbausituation, Wartung sowie möglicher Umwelteinflüsse nach sich zieht, hat die EHPS doch den entscheidenden Vorteil, dass der erforderliche Volumenstrom für das hydraulische Lenkungssystem völlig entkoppelt vom Verbrennungsmotor erzeugt wird. Die Hydraulikeinheit unterliegt somit nicht der Drehzahlspreizung des Verbrennungsmotors und kann deshalb bedarfsgerecht ausgelegt werden. Daraus resultiert ein deutlicher Verbrauchsvorteil.

Weitere Vorteile der EHPS:
• Obwohl die Versorgungseinheit einen gewissen Bauraum benötigt, existieren mehrere Freiheitsgrade bei der Anordnung, insbesondere im Hinblick auf ein günstiges Crashverhalten.

• Lenkunterstützung auch dann möglich, wenn der Verbrennungsmotor abgestellt ist (abhängig von der Stromaufnahme).

• Die Versorgungseinheit erzeugt nur den Volumenstrom, der für das zu Grunde liegende Manöver erforderlich ist. Die EHPS ist somit bedarfsgeregelt. Eine Verlustregelung wie bei der rein hydraulischen Lenkung findet nicht statt. Neben dem Verbrauchsvorteil resultieren aus der bedarfsgerechten Regelung niedrigere Temperaturen der Hydraulikflüssigkeit, weshalb in den meisten Anwendungsfällen auf eine zusätzliche Ölkühlung verzichtet werden kann.

Zur Funktion der EHPS:
Innerhalb der Versorgungseinheit befindet sich eine druckkompensierte Außenzahnradpumpe, die von einem bürstenlosen Elektromotor angetrieben wird.

Fasse et al. [25] nennen einen **Gesamtwirkungsgrad von η_{ges} > 92%** für die Außenzahnradpumpe im kompletten Einsatzbereich der EHPS sowie einen **Wirkungsgrad von $\eta_{E\text{-}Motor}$ = 80%** für den Elektromotor. Die Steuerelektronik der EHPS unterteilt sich in eine Motor sowie eine Systemsteuerung und ist integraler Bestandteil der hydraulischen Versorgungseinheit. Die Komponente Motorsteuerung regelt die Spannungsversorgung des Elektromotors sowie die Drehzahlregelung und die Temperaturüberwachung. In der Systemsteuerung befindet sich die Logik für die Umschaltung zwischen dem Bereitschafts (= Stand–by) Modus sowie dem Arbeitsmodus (= aktive Lenkunterstützung). Bei einem typischen Mittelklassefahrzeug beträgt die durchschnittliche **Leistungsaufnahme im Stand–by Betrieb ca. 35 Watt**, entsprechend einer Stromaufnahme von ca. 3 Ampere. Bild 3.31 zeigt die Stromaufnahme als Funktion des geregelten Volumenstroms bei einem konstantem Systemdruck von p=2 bar im nicht gelenkten Zustand. Die Systemspannung beträgt 13,5 Volt, die Temperatur der Hydraulikflüssigkeit 50°C.

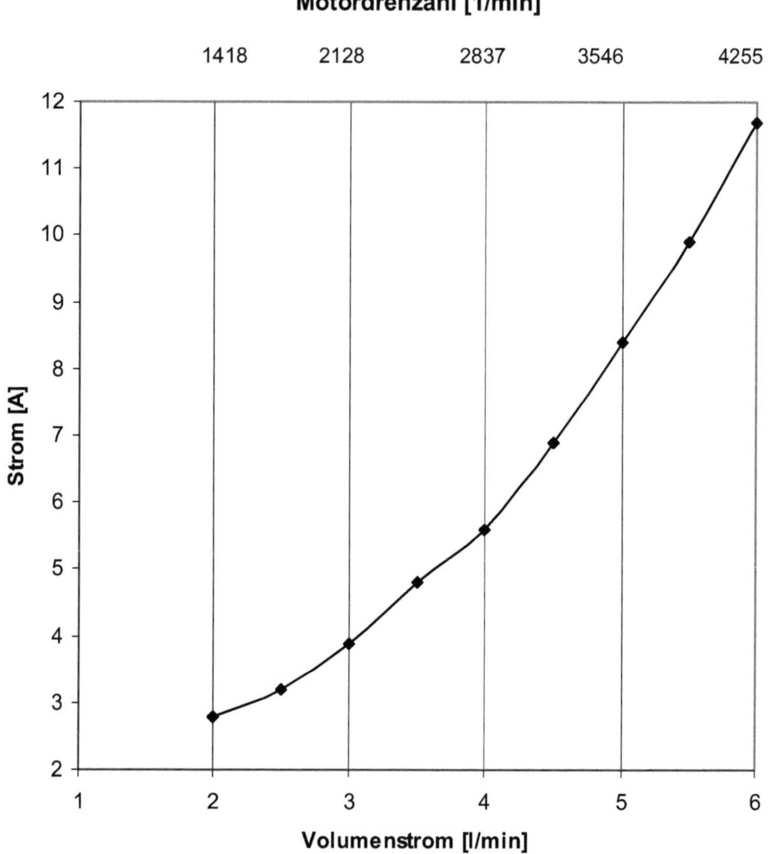

Bild 3.31: Stromaufnahme vs. Volumenstrom bei p= konstant im nicht gelenkten Zustand, [5]

Im Arbeitsmodus kann die Stromaufnahme kurzfristig auf einen Maximalwert von 75 Ampere ansteigen. Die EHPS verfügt über einige systemspezifische Sicherheitsfunktionen, auf die im Rahmen dieser Arbeit jedoch nicht näher eingegangen werden. Bei einem Totalsausfall der Steuerelektronik arbeitet das System weiter wie eine manuelle Lenkung, d.h. mit entsprechend höherem Kraftaufwand.

Gessat [30] gibt bei der Verwendung einer EHPS in einem Mittelklassefahrzeug mit 1,6 Liter Hubraum einen **Verbrauchsvorteil** von bis zu **0,3 Liter/100 km** an, verglichen mit einer konventionellen Hydrauliklenkung und bezogen auf den NEFZ.

Das entspricht nahezu einer kompletten Kompensation des Verbrauchsanteils einer hydraulischen Lenkung.

Dyer [20] hat die Frage aufgeworfen, wie es trotz einer schlechteren Wirkungsgradkette bei der Verwendung einer EHPS zu einer Verbrauchseinsparung kommen kann? Aus diesem Grund wurden Fahrzyklen nachgefahren, die ein kundennahes Fahrverhalten repräsentieren. Die Fahrprofile umfassten Stadtfahrten mit einer Länge von 8 km mit häufigen Lenkzyklen, bis hin zu Überlandfahrten mit einer Länge bis zu 500 km und wenigen Lenkzyklen. Die Basismessungen erfolgten an einem Fahrzeug mit konventioneller Hydrauliklenkung.

Für die Messungen mit der EHPS (wie auch der EPS, siehe Kapitel 3.4.4.4) wurden im Anschluss die identischen Fahrzyklen nachgefahren und die ermittelten Leistungswerte zu den Werten der Basismessung ins Verhältnis gesetzt und grafisch bewertet. Die Wirkungsgradkette stellt sich bei der EHPS wie folgt dar: Antrieb des Generators über den Riementrieb $\Rightarrow$ Generator $\Rightarrow$ Elektrohydraulische Versorgungseinheit.

Dyer nennt hierfür die folgenden Wirkungsgrade: Riementrieb= 0.9, Generator= 0.5, EHPS-Versorgungseinheit= 0.6. Somit ergibt sich der Gesamtwirkungsgrad der Kette zu $\eta_{ges} = 0{,}9 \times 0{,}5 \times 0{,}6 = 0{,}27$.

Angenommen, die EHPS liefert den exakt gleichen Volumenstrom wie eine vergleichbare konventionelle Hydraulikpumpe, dann stellt sich erst ab einer Fahrzeuggeschwindigkeit von 60-70 km/h das gleiche Energieverbrauchsniveau ein. Im Geschwindigkeitsbereich < 60 km/h ergeben sich deutlich höhere werte für die EHPS, siehe Bild 3.32.

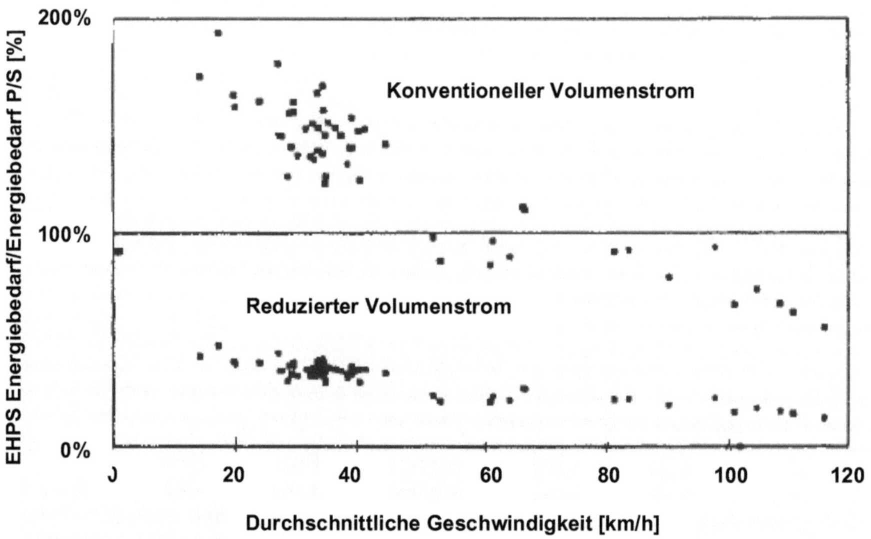

Bild 3.32: Energieverbrauch P/S vs. EHPS, [20]

Dieser Sachverhalt resultiert allein aus der schlechteren Wirkungs-gradkette. Der Vorteil der EHPS ergibt sich somit aus der bedarfs-gerechten, d.h. der volumenstromgeregelten Systemauslegung. Insbesondere im „nicht gelenkten Zyklus" lassen sich durch die elektro-hydraulische Versorgungseinheit Volumenströme realisieren, die bis zu 75% unter den Werten einer konventionellen Hydrauliklenkung liegen, bei äquivalenten Systemdrücken.

Beispiel: Vgl. Bild 3.31. Bei einem Systemdruck von p= 2 bar und einer Stromaufnahme von 4 Ampere stellt sich ein Volumenstrom von nur 3 Liter/min ein, entsprechend einer Drehzahl des Elektromotors von ca. 2100 1/min. Aus der Druck-Lenkmoment-Kennlinie, vgl. Bild 3.28, folgt im nicht gelenkten Zustand und identischem Systemdruck ein Wert von ca. 6 Liter/min, bei Verwendung einer rein hydraulischen Lenkung. Für den gleichen Volumenstrom würde sich für die EHPS nach Bild 3.31 eine Stromaufnahme von ca. 11,7 Ampere ergeben, bei einer Motordrehzahl von ca. 4255 1/min.

Da die EHPS aber mit einem Volumenstrom von nur 3 Liter/min auskommt, ohne Nachteile gegenüber der Hydrauliklenkung in Kauf nehmen zu müssen, reduziert sich der Stromverbrauch, resp. die Energieaufnahme um ca. 66%, wie die nachfolgende Rechnung zeigt.

Rechnung:

1.) Stromaufnahme bei $\dot{Q}_1$ = 6 Liter/min und p= 2 bar $\Rightarrow$ I$_1$= 11,7 A

2.) Stromaufnahme bei $\dot{Q}_2$ = 3 Liter/min und p= 2 bar $\Rightarrow$ I$_2$= 4 A

3.) Einsparung: $\dfrac{\Delta I}{I_1} = \dfrac{I_1 - I_2}{I_1} = \left(\dfrac{11,7A - 4A}{11,7A} \right) \cdot 100\% = 65,8\%$

3.4.4.4 Elektrische Lenkung (Electric Power Steering)

Bei der elektrischen Lenkung (EPS) handelt es sich um ein rein elektromechanisches Lenksystem, ohne hydraulische Komponenten. Die erforderliche Zahnstangenkraft wird von einem Elektromotor erzeugt und über ein Lenkgetriebe auf die Zahnstange übertragen. Der Einsatz der EPS begann in der zweiten Hälfte der 1990er Jahre. Bild 3.33 zeigt die Bauteile der EPS:

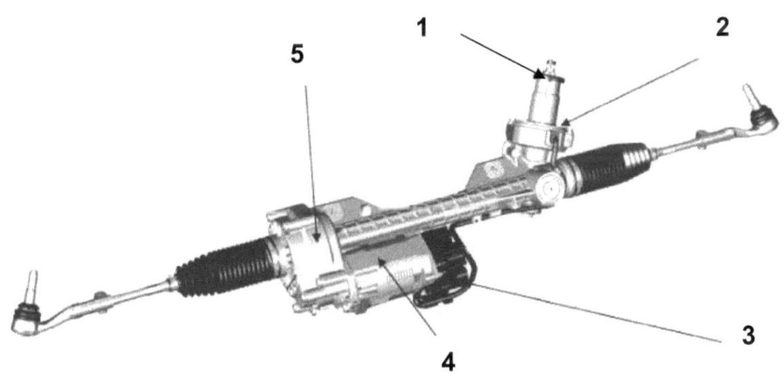

Bild 3.33: Bauteile des EPS in der Übersicht, [40]

1.)   Lenkspindel
2.)   Drehmomentsensor

3.)   EPS–Steuergerät
4.)   Elektromotor
5.)   Lenkgetriebe mit Schneckengetriebe und Rutschkupplung

Die wesentlichen Vorteile der EPS gegenüber der hydraulischen Lenkung sind:

• Wegfall aller hydraulischen Komponenten
• Zahlreiche Freiheitsgrade bei der Positionierung des Elektromotors
• Kostenreduzierung durch weniger Bauteile
• Kürzere Rüstzeiten bei der (End)Montage. Nach [8] sind Einsparungen von € 3.- bis € 6,50 pro Fahrzeug realisierbar
• Gewichtsersparnis.

Zur Funktion der EPS:
Drehbewegungen des Lenkrades werden von einem an der Lenkspindel angebrachten Drehmomentsensor erfasst, in Spannungssignale umgewandelt und an das EPS eigene Steuergerät weitergeleitet. Der Drehmomentsensor besteht aus einem Spannungsteiler (= Potentiometer) mit je einem Haupt und einem Nebenkreis. Die Signale der beiden Kreise werden permanent überwacht und miteinander abgeglichen, d.h. sie sind redundant. Bei Signalabweichungen beider Signale voneinander, die außerhalb eines festgelegten Toleranzbereiches liegen, greift die Fehlererkennung ein und das EPS-Steuergerät schaltet das System ab. Die Lenkung funktioniert dann weiterhin als rein mechanische Lenkung (= Fail Safe) mit entsprechend größerem Kraftaufwand. Das EPS-Steuergerät wird über einen Wegstreckenzähler mit dem Wert der aktuellen Fahrzeuggeschwindigkeit sowie –aus Referenzgründen– vom Motorsteuergerät mit dem aktuellen Wert der Motordrehzahl versorgt. Im EPS-Steuergerät wird das erforderliche Moment zur Lenkunterstützung berechnet, vom Elektromotor erzeugt und durch ein Schneckengetriebe mit Rutschkupplung an das Lenkgetriebe übertragen. Die Rutschkupplung schützt das Schneckengetriebe vor zu hohen Drehmomentgradienten, die bspw. durch ein zu schnelles Lenken gegen den mechanischen Anschlag oder durch Bordsteinberührungen entstehen können. Um die o.g. Fail Safe Funktion zu gewährleisten, ist das Schneckengetriebe nicht selbsthemmend ausgeführt. Bei deaktivierter EPS wird der Elektromotor von der dann manuell arbeitenden Lenkung mitgeschleppt, wodurch die Lenkfähigkeit erhalten bleibt. Die Höhe des übertragenen Lenkmoments wird durch den vom EPS-Steuergerät eingespeisten Motorstrom bestimmt.

Das EPS–Steuergerät hat die erforderlichen Daten für die geschwindig-keitsabhängige Lenkkraftunterstützung in einem dreidimensionalen Kennfeld abgelegt. Die Bedatung des Kennfeldes erfolgt so, dass zum Rangieren und zum Parkieren des Fahrzeugs eine hohe Lenkunter-stützung anliegt, bei hohen Geschwindigkeiten hingegen eine niedrige Lenkunterstützung erfolgt. Es handelt sich bei der EPS, analog zur EHPS, ebenfalls um ein „Power on Demand", d.h. ein bedarfsgeregeltes System. Beecham [8] und Karch [40] geben einen Wert zur **Kraftstoffeinsparung** von **0,2-0,5 Liter/100 km** am **Gesamtverbrauch** bei Verwendung eine EPS an, verglichen mit einer rein hydraulischen Lenkung. Der Grund dafür liegt in der sehr geringen Leistungsaufnahme der EPS im nicht gelenkten Zustand. Da die EPS tatsächlich nur dann elektrische Leistung in nennenswerter Höhe aufnimmt, wenn sie benötigt wird, lassen sich Reduzierungen bei der Leistungsaufnahme von mehr als 95% realisieren, vgl. Bild 3.34.

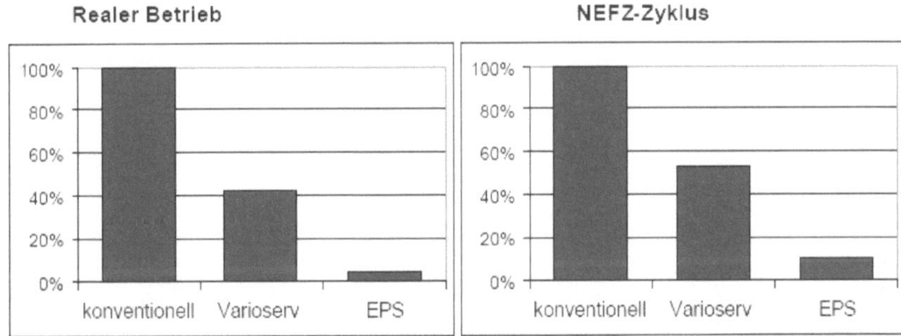

Bild 3.34: Leistungsvergleich von Lenksystemen im Realfahrzyklus sowie im NEFZ, [40]

Die ermittelten Leistungskennwerte einer konventionellen Hydraulik-lenkung dienten als Maßstab für den Vergleich im Bild 3.34. Es wurden zur Leistungsermittlung dieselben Fahrzyklen abgefahren, die auch zur Ermittlung der Häufigkeitsverteilung (= Zahnstangenleistung) in Bild 3.29 herangezogen wurden. Parallel dazu erfolgte ein Vergleich der Lenkungssysteme im NEFZ (Bild 3.34, rechts). Basierend auf diesen Messungen wird die durchschnittliche Leitungsaufnahme der EPS von Karch, et al. [40] mit 25 Watt angegeben. Anmerkung: Die „Varioserv" wird im Kapitel Optimierung erörtert.

Analog zur EHPS ist Dyer in [20] auch der Frage nachgegangen, wie es zu einer Energieeinsparung bei der EPS kommen kann, verglichen mit einer konventionellen Hydrauliklenkung. Der Gesamtwirkungsrad fällt bei der EPS besser aus und errechnet sich aus Riementrieb 0,9 $\Rightarrow$ Generator 0,5 $\Rightarrow$ EPS-Einheit 0,81 zu $\eta_{ges} = 0,9 \times 0,5 \times 0,81 = 0,365$.

Auch Dyer führt die erhebliche Leistungseinsparung der EPS auf das bedarfsgeregelte System zurück und konnte dies anhand von Messungen auch nachweisen, Bild 3.35.

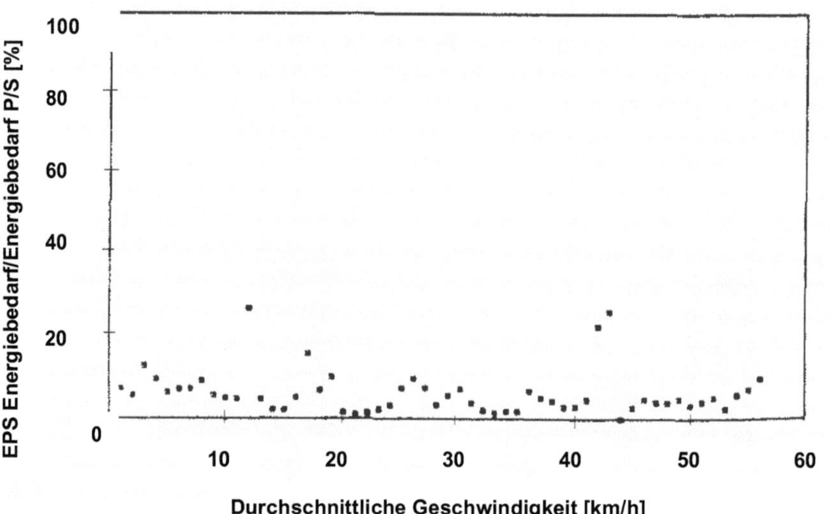

Bild 3.35: Energieverbrauch P/S vs. EPS, [20]

Die Werte in Bild 3.35 korrelieren sehr gut mit den Daten aus Bild 3.34.

Boulouchi et al. [14] haben eine Fahrzeugflotte nach US EPA Standard vermessen, siehe Tabelle 3.9.

Vehicle	Average City/Highway Driving Schedule (MPG) (3)	Estimated MPG Saved with ESTEER$_{TM}$ (1)	Average City/Highway Driving Schedule (l/100km)	Estimated L/100km Saved with ESTEER$_{TM}$ (1)
1,5 L 5-speed manual	32	0,84	7,35	0,19
1,5 L automatic	34	0,94	6,92	0,18
2,0 L 5-speed manual	33	0,89	7,13	0,18
1,9 L automatic	31	0,8	7,59	0,19
3,1 L automatic	24	0,51	9,8	0,2
2,2 L 5-speed manual	27	0,63	8,71	0,19
3,8 L automatic	24	0,51	9,8	0,2
4,6 L automatic	21	0,41	11,2	0,21

Tabelle 3.9: Vermessene Fahrzeugflotte, [14]

Die durchschnittliche **Kraftstoffeinsparung** am Gesamtverbrauch lag bei **0,2 Liter/100 km** und wurde mit einem EPS-System der 1. Generation erzielt. Gemessen wurde im direkten Vergleich zur rein hydraulischen Lenkung.

<u>Anwendungsbereich und Grenzen der EPS:</u>
Dem Spannungsbereich von 11-16 Volt entsprechend ist bei der gegenwärtigen Bordnetzarchitektur ein maximaler Batteriestrom von ca. 85 Ampere zulässig. Die für die Lenkvorrichtung und damit insbesondere für den Elektromotor zur Verfügung stehende elektrische Energie ist somit auf eine Größenordnung von max. 1 kW begrenzt.

Das ist der Grund, weshalb die EPS bis dato nur im Kleinwagen/Kompakt-Segment sowie im Mittelklassesegment Einzug gehalten hat, da mit steigender Achslast auf der Vorderachse (= Oberklasse-Segment) ein Strombedarf > 85 Ampere erforderlich wird.

Fazit: Der primäre Ansatz zur **Optimierung** ist der, den Energieverbrauch der Lenkung im „nicht gelenkten" Fahrzyklus zu senken. Dies wurde in jüngster Zeit durch den Einsatz bedarfsgeregelter Systeme wie der EHPS sowie der EPS möglich. Das durchschnittliche **Einsparpotenzial** einer **EHPS/EPS** am Gesamtverbrauch beträgt **0,3 Liter/100 km**, verglichen mit einer konventionellen Hydrauliklenkung. Aufgrund der begrenzten Leistung des 12 Volt Bordnetzes können bis dato nur Fahrzeugsegmente bis zur Mittelklasse mit einer EHPS/EPS ausgestattet werden. Es bleibt abzuwarten, ob durch entsprechende Modifikationen oder mit einer künftigen Bordnetzarchitektur (36 V oder 42 V) auch die Fahrzeuge im Oberklasse-Segment bzw. im Nutzfahrzeugbereich erreicht werden können?

3.4.5 Klimaanlage

Die zunehmende „Komfortisierung" im Automobilbau in den vergangenen 10-15 Jahren hat dazu geführt, dass heute selbst Fahrzeuge im Kleinwagen/Kompaktwagen-Segment mit Klimaanlagen (engl. Air Conditioning) ausgestattet sind. Mit dem Komfortmerkmal der Fahrzeuginnenraum Klimatisierung sind außerdem noch die folgenden Sicherheitsmerkmale verbunden:

• ein behagliches Innenraumklima, welches das allg. Wohlbefinden verbessert und zu schneller Ermüdung, insbesondere bei hohen Außentemperaturen, entgegenwirkt.
• bei hoher Luftfeuchtigkeit verhindert die Klimaanlage durch Trocknung der feuchten Luft in Verbindung mit der Fahrzeugheizung das Beschlagen der Scheiben.
• vereiste Scheiben werden durch die Defrosterfunktion schneller eisfrei.

Das Herzstück der Klimaanlage ist der vom Verbrennungsmotor angetriebene Klimakompressor. Der Antrieb des Kompressors erfolgt über den Keilrippenriemen des Motors. Über eine Magnetkupplung auf der Antriebswelle des Kompressors kann dieser zu oder abgeschaltet werden.

Der Wirkungsgrad des Kompressors wird von Heyl [37] mit $\eta_{Kompressor}$ = 75% angegeben. Der Kompressor hat die Aufgabe, dass entspannte Kältemittel (R134a) vom Ausgangszustand (2- 4 bar) auf den Arbeitsdruck (max. 25 bar) zu verdichten. Das Kältemittel wird dadurch erhitzt und gelangt nachfolgend in den Kondensator. Im Kondensator wird das erhitzte Kältemittel isobar abgekühlt, indem die vom Kompressor zugeführte Energie sowie die im Verdampfer aufgenommene Wärmemenge an die Umgebungsluft abgeführt wird. Im nachgeschalteten Expansionsventil erfolgt eine adiabate Entspannung des Kältemittels auf den Verdampfereingangsdruck, welches anschließend dem Verdampfer zugeführt wird. Dort verdampft das Kältemittel isobar, indem der in den Fahrzeuginnenraum einströmenden Frischluft Wärme entzogen wird. Durch diesen Vorgang kühlt sich die Luft im Innenraum ab. Das gasförmig und leicht überhitzte Kältemittel wird vom Kompressor angesaugt und verdichtet, der Kreislauf beginnt erneut. Im Bild 3.36 wird der prinzipielle Aufbau einer Klimaanlage gezeigt, Bild 3.37 zeigt den Kreisprozess der Kälteanlage.

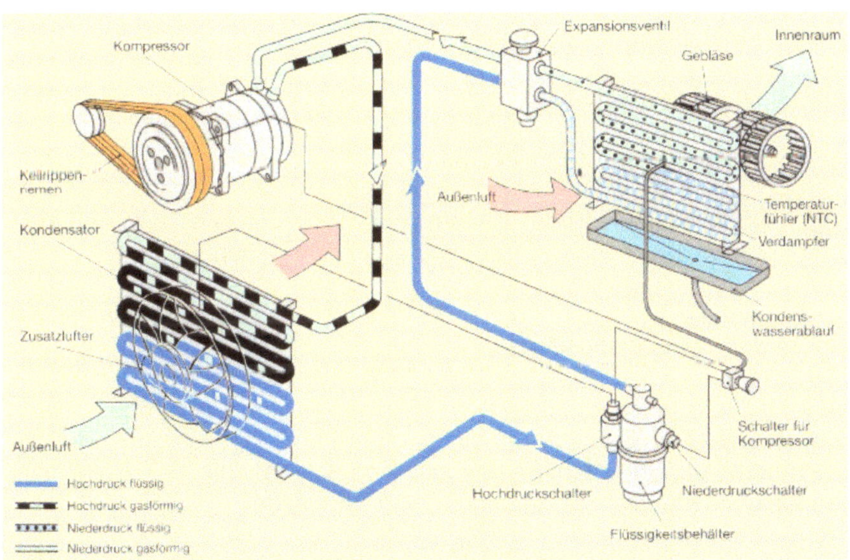

Bild 3.36: Kältemittelkreislauf und Komponenten einer Klimaanlage, [29]

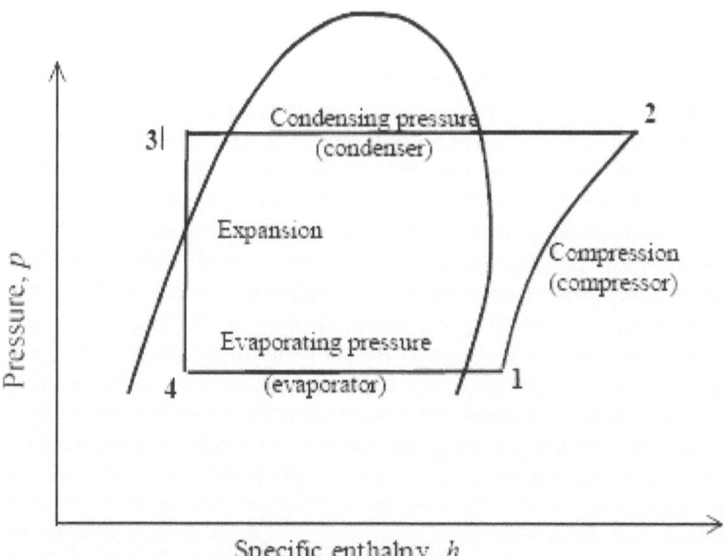

Bild 3.37: Kreisprozess einer R134-a Klimaanlage, [82]

Der Kälteprozess im Detail:

_1⇒2:_ Verdichten des Kältemittels.

_2⇒3:_ Isobare Abkühlung des Kältemittels im Kondensator, d.h. Abführen der im Kompressor sowie im Verdampfer aufgenommenen Wärme.

_3⇒4:_ Adiabate Entspannung des Kältemittels im Expansionsventil auf den Verdampfereingangsdruck.

_4⇒1:_ Isobare Verdampfung des Kältemittels im Verdampfer durch Wärmeaufnahme. Die Wärme für den Verdampfungsvorgang wird der einströmenden Luft entzogen, die sich dadurch abkühlt. Das Kältemittel wird nachfolgend vom Kompressor wieder angesaugt.

Es handelt sich auch bei der Klimaanlage wieder um die bereits bekannte Worst Case Auslegung nach Kapitel 3.1, da die Maximalleistung auch im Niedriglastbereich des Verbrennungsmotors (= Leerlauf) bereitgestellt werden muss. Das entscheidende Kriterium ist die schnelle Abkühlung eines in der prallen Sonne stehenden und somit max. aufgeheizten Fahrzeugs auf eine gewünschte Innenraumtemperatur, die deutlich unter der Außentemperatur liegt. Im durchschnittlichen Mittel hingegen, d.h. im Alltagsbetrieb, überwiegen mittlere Außentemperaturen. Somit ist das Leistungsvermögen der Klimaanlage größer als der Kältebedarf.

Klimakompressoren unterscheiden sich nach ihrer Bauart in solche mit fixem Hubvolumen und solche mit variablem Hubvolumen. Bei Kompressoren mit fixem Hubvolumen erfolgt die Regelung der Kälteleistung durch periodisches Zu- und Abschalten der Magnetkupplung, dem sog. Taktbetrieb. Die Anpassung der Kälteleistung bei variablen Kompressoren erfolgt durch Veränderung des Hubvolumens, resp. der Fördermenge bei annähernd konstantem Saugdruck. Zum Einsatz kommen überwiegend Taumelscheibenkompressoren, die je nach Ausführung über 3 bis 10 Kolben verfügen, denen jeweils ein federbelastetes Ansaug- und Auslassventil zugeordnet wird. Die Ventile öffnen während des Ansaugens und schließen während der Verdichtungsphase des Kältemittels selbsttätig. Die Hubkolben werden von einer Taumelscheibe betätigt, die mit der Antriebswelle verbunden ist. Bild 3.38 zeigt einen variablen Kompressor mit Taumelscheibe.

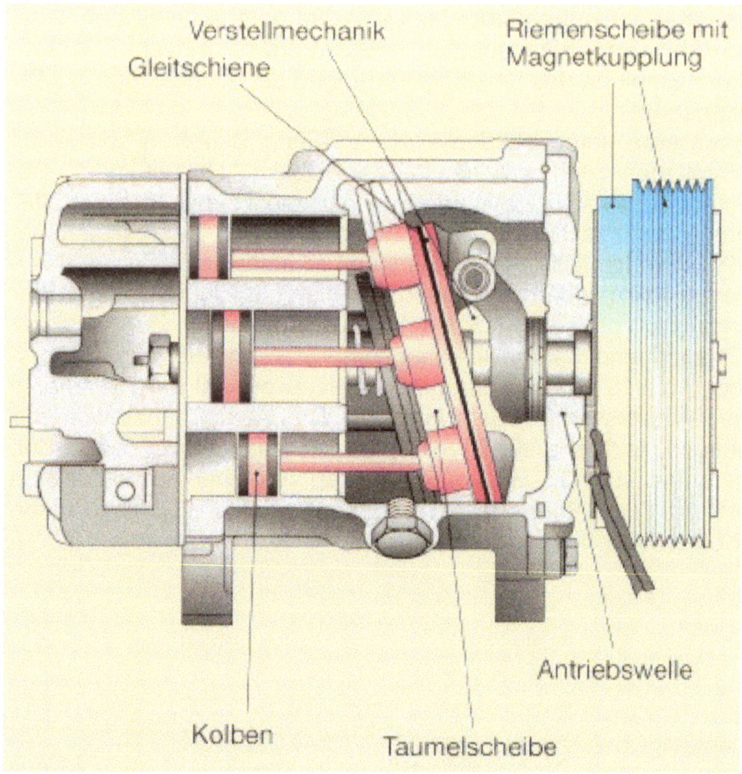

Bild 3.38: Taumelscheibenkompressor, [29]

Die Leistungsregelung erfolgt in Abhängigkeit der nachfolgenden
Parameter

- gewählte Innenraumtemperatur
- Umgebungstemperatur
- Motordrehzahl
- Sonneneinstrahlung

durch eine entsprechende Änderung der Winkelstellung der
Taumelscheibe, wodurch es zu einer Änderung des Hubraumes kommt.
Bild 3.39 zeigt die Antriebsleistung bzw. das Antriebsdrehmoment eines
ungeregelten Klimakompressors, wie er in [62] vermessen wurde.

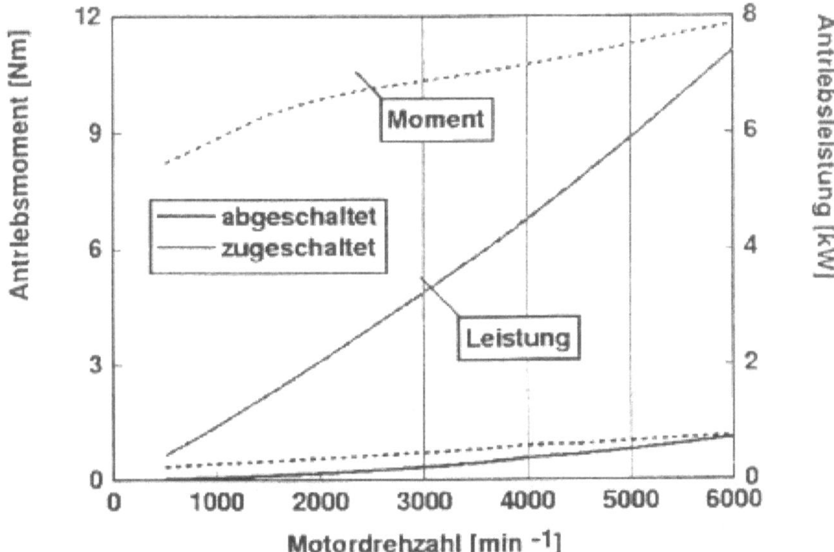

Bild 3.39: Erforderliche Antriebsleistung eines ungeregelten Klimakompressors, [62]

Das im abgeschalteten Zustand des Kompressors gemessene Moment dient zur Überwindung der Lagerreibung des Kompressors bzw. der Antriebsscheibe. Die Abbildung zeigt, dass die Antriebsleistung des Kompressors im eingeschalteten Zustand auf bis zu 7,5 kW ansteigen kann. Ergänzend hierzu zeigt Bild 3.40 das erforderliche Antriebsmoment eines variablen Klimakompressors nach Bild 3.38 als Funktion der Antriebsdrehzahl sowie der Druckverhältnisse im Kompressor.

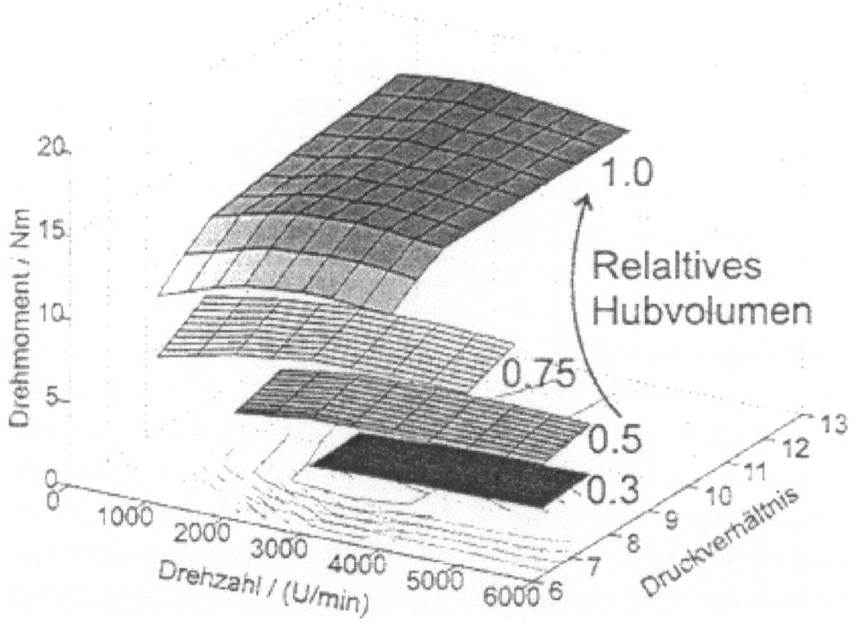

Bild 3.40: Kennfeld eines variablen Klimakompressors, [61]

Das Diagramm zeigt einen erheblichen Einfluss des relativen Hubvolumens auf die erforderliche Antriebsleistung. Obwohl der Klimakompressor mit variablem Hubvolumen entsprechende Ansätze zur Verbrauchsreduzierung zeigt wäre es gänzlich falsch, nur den Kraftstoffverbrauchsanteil des Klimakompressors zu betrachten. Beispielsweise kommt es durch den Kondensatorlüfter, resp. das Verdampfergebläse zu einer wechselseitigen Beeinflussung zwischen der Leistungsaufnahme des Klimakompressors und dem Gesamtsystem der Klimaanlage, in Abhängigkeit der jeweiligen Umgebungsbedingungen. So kann es durchaus vorkommen, dass der Verbrauchsanteil durch die elektrische Leistungsaufnahme des Kondensatorlüfters sowie des Gebläsemotors hinter dem Verdampfer den Verbrauchsanteil des Kompressors übersteigt. Es erscheint somit zweckmäßiger, eine ganzheitliche Betrachtung des Kältekreislaufs anzustellen. Im Kapitel Optimierung wird deshalb näher darauf eingegangen.

An dieser Stelle soll, analog zu den bereits betrachteten Neben-aggregaten, der Kraftstoffverbrauchsanteil der Klimaanlage am Gesamt-verbrauch dargestellt werden.

Wallentowitz [76] hat u.a. Messungen zum Einfluss der Klimaanlage auf den Kraftstoffverbrauch durchgeführt. Zu diesem Zweck wurde ein Fahrzeug der oberen Mittelklasse mit einem Durchflussmessgerät ausgestattet und bei definierten Bedingungen auf einem dynamischen Antriebsstrangprüfstand vermessen, mit den folgenden Ergebnissen.

Fahrzyklus	ohne Verbraucher	mit Klimaanlage	Mehrverbrauch
90 km/h konstant	7,89 Liter/100 km	8,94 Liter/100 km	1,05 Liter/100 km
120 km/h konstant	9,80 Liter/100 km	10,75 Liter/100 km	0,95 Liter/100 km
NEFZ	10,95 Liter/100 km	12,43 Liter/100 km	1,48 Liter/100 km
US FTP-75	12,77 Liter/100 km	13,68 Liter/100 km	0,91 Liter/100 km

Tabelle 3.10: Verbrauch vs. Klimaanlagenbetrieb bei unterschiedlichen Fahrzyklen, [76]

Der größte Verbrauchsnachteil ergibt sich somit im NEFZ. Die Werte geben jedoch nur einen Momentanzustand wieder und sind deshalb mit Bezug auf die Einsatzhäufigkeit im Jahresmittel zu relativieren, wie nach-folgend beschrieben.

Taxis-Reischl [70] sowie **Kampf, et al. [71]** haben sich ausführlich mit dem Einfluss der Klimaanlage auf den Kraftstoffverbrauch beschäftigt. Die erforderliche Kälteleistung einer Klimaanlage hängt entscheidend von den folgenden Faktoren ab:

- der aktuellen Umgebungstemperatur (= Außentemperatur).
- der Sonnenintensität, d.h. der Sonneneinstrahlung.
- sowie der relativen Luftfeuchtigkeit.

Bild 3.41 zeigt den Zusammenhang zwischen der gewünschten Kälte-leistung sowie der erforderlichen Verdichterleistung in Abhängigkeit der Außentemperatur.

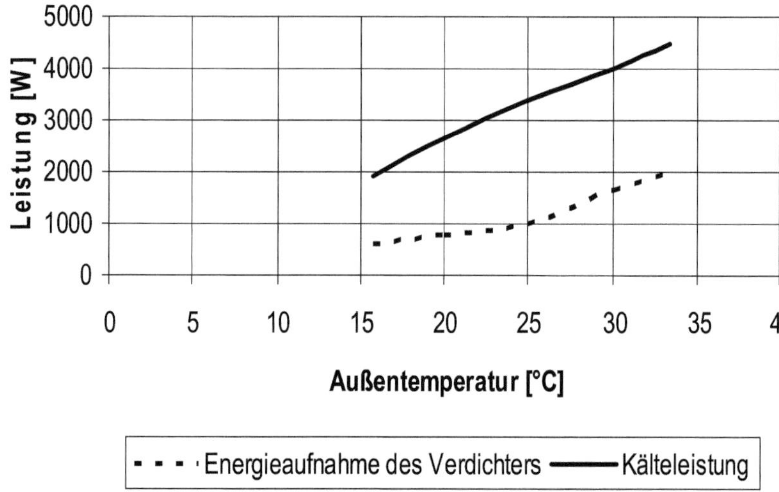

Bild 3.41: Abhängigkeit der Klimaanlagenleistung von der Außentemperatur, [70]

Das bereits genannte Verfahren nach Willans [55] bietet sich auch zur Berechnung des anteiligen Kraftstoffverbrauchs durch den Klimaanlagenbetrieb an. Es ist nach Ansicht der Autoren in [70] und [71] jedoch nicht zielführend, für die Berechnung des Verbrauchs eine just vorhandene Kompressorantriebsleistung zu bewerten. Da die Klimaanlage nicht zu den Dauerverbrauchern unter den Nebenaggregaten zählt, müssen Lastprofile für den Betrieb der Klimaanlage definiert werden. Diese Lastprofile repräsentieren verschiedene klimatische Bedingungen sowie Fahrzyklen. Der für den Verbrauch bedeutende Faktor Außentemperatur lässt sich aus repräsentativen Wetterdaten als Jahrestemperaturverlauf ermitteln und stellt das Klimaprofil dar. Das Klimaprofil unterteilt sich in 4 Temperaturklassen und gibt für jede Temperaturklasse die Häufigkeit an, mit der die Temperatur innerhalb der Klasse wie oft auftritt. Es versteht sich, dass derartige Klimaprofile immer nur auf Standorte bzw. Regionen bezogen Gültigkeit haben. In [70] wird die Region Rhein-Main bzw. der Standort Frankfurt/Main gewählt. Analog wird bei der Ermittlung der repräsentativen Fahrzyklen vorgegangen. Als Grundlage dient der NEFZ. Der Zyklus wird in vier Geschwindigkeitsklassen unterteilt, die entsprechend ihrer Häufigkeit innerhalb des NEFZ gewichtet dargestellt werden.

In Form einer Matrix ergeben sich daraus 16 Lastpunkte für das Last-profil, wie in Tabelle 3.11 angegeben. Die Flächen der Kreise bilden die Häufigkeiten ab.

Geschwindigkeit	Lufttemperatur (Durchschnitt) Häufigkeit ⟹	5°C 36,3%	15°C 38,0%	25°C 16,4%	35°C 0,8%
110 km/h	8%	•	•	•	·
60 km/h	35%	●	⬤	•	•
30 km/h	30%	●	●	•	·
Leerlauf	27%	●	●	•	·

Tabelle 3.11: Lastprofil für Frankfurt am Main, [42]

Für die Bestimmung einer streckenbezogenen und damit repräsentativen Verbrauchsangabe in Liter/100 km ist es vorab erforderlich, den Jahres-verbrauch der Klimaanlage zu bestimmen.

Beispiel: Bei einer Außentemperatur von 25°C und voller Sonnen-einstrahlung (= 1000 W/m²) benötigt der Antrieb des Kompressors 0,34 Liter Kraftstoff pro Stunde, wenn das Fahrzeug nicht bewegt wird (ein typischer Sommerstau zur Urlaubszeit). Fährt das Fahrzeug hingegen mit einer konstanten Geschwindigkeit von 120 km/h, so entfallen auf den Antrieb des Kompressors 0,37 Liter Kraftstoff pro Stunde. Bezogen auf die Zeit stellt sich für beide Situationen ein nahezu identischer Verbrauchswert ein. Bezieht man den Verbrauch allerdings auf die zurückgelegte Strecke, erhält man das folgende Ergebnis:

Bei einer im Stau zurückgelegten Strecke von 2 km in der Stunde benötigt die Klimaanlage utopische 17 Liter auf 100 km, während auf die Autobahnfahrt lediglich 0,31 Liter/100 km entfallen. Das Beispiel macht deutlich, dass der Einfluss der Fahrzeuggeschwindigkeit auf den Verbrauch der Klimaanlage eher gering ist. Es erscheint somit sinnvoll, vom Verbrauch pro Stunde auszugehen, um dann über die Anzahl der Betriebsstunden auf den mittleren Jahresverbrauch zu schließen. Unter der Annahme einer Jahresfahrleistung von 15000 km und einer durchschnittlichen Geschwindigkeit von 33,6 km/h in NEFZ ergibt sich eine rechnerische Betriebsstundenzahl von 446,5 Stunden. Aus dem noch zu bestimmenden Jahresverbrauch ergibt sich mit der Jahresfahrleistung der streckenbezogene Kraftstoffverbrauchsanteil der Klimaanlage in Liter/100 km.
Nach **Kemle et al. [42]** kann der Jahresverbrauch basierend auf der o.g. Matrix auf 2 Arten ermittelt werden.

a.) Ein Fahrzeug kann bei den 4 Durchschnittsgeschwindigkeiten des Lastprofils im Klimawindkanal gefahren und dabei der Verbrauchsanteil im NEFZ bei einer eingestellten Innenraumtemperatur von 22°C (= Behaglichkeitstemperatur) ermittelt werden. Bei dieser Methode wird der Verbrauch direkt aus dem Fahrzyklus bestimmt (Vergleich Klimaanlage an/aus).

b.) Anhand der 16 Lastpunkte kann der Kältemittelkreislauf auf einem Systemprüfstand für jeden Lastpunkt separat untersucht werden. Hierbei wird die Antriebsleistung des Kompressors ermittelt.

Methode a.) ist sehr aufwendig, da in jedem Fall ein Fahrzeug sowie eine Prüfzelle zur Verfügung stehen muss. Die Ergebnisse einer solchen Messung sind zwar ausgesprochen genau, dafür aber auch entsprechend kostspielig.
Für Methode b.) gilt: Mit Gleichung (10) bzw. (11) lässt sich aus den Werten der gemessenen Kompressorantriebsleistung der Verbrauch ΔB sowie der Verbrauchsanteil ΔC ermitteln.

Unter Berücksichtigung der jährlichen Betriebsstundenzahl und bezogen auf die Jahresfahrleistung ergibt sich nach [42] ein **Verbrauchsanteil** von **0,5 Liter/100 km** am Gesamtverbrauch. Aus den Messungen von [70] resultiert ein **Verbrauchsanteil** von **0,62 Liter/100 km** am Gesamtverbrauch.

Es sei noch erwähnt, dass in den o.g. Verbrauchsanteilen sowohl der Gewichtseinfluss der Klimaanlage wie auch der elektrische Leistungsbedarf für den Kondensatorlüfter sowie das Verdampfergebläse mit eingerechnet sind.

Fazit: Das **Gesamtsystem Klimaanlage** zeigt einen erheblichen Einfluss auf den **Kraftstoffverbrauch** des Fahrzeugs in der Größenordnung von **0,5 l/100km bis 0,62 l/100km am Gesamtverbrauch**, der sich anhand der Nutzungshäufigkeit im durchschnittlichen Jahresmittel ergibt. Aus den Untersuchungen geht eindeutig hervor, dass der Kompressor der Klimaanlage nicht allein das Optimierungspotenzial darstellt. Vielmehr ist das gesamte System zu optimieren.

3.4.6 Vakuumpumpe

Vakuumpumpen kommen üblicherweise als Flügelzellenpumpen zur Anwendung, deren Einsatzspektrum sich zwischenzeitlich nicht mehr nur auf den Dieselmotor beziehen. Ottomotoren mit Benzindirekteinspritzung setzen sich zunehmend durch und die damit einhergehenden Brennverfahren ermöglichen einen nahezu entdrosselten Motorbetrieb. Aufgrund der i.d.R. fehlenden Drosselklappe steht dem Bremskraftverstärker, dem Abgasturbolader sowie ggf. pneumatisch betätigten Drallklappen kein ausreichendes Unterdruckangebot mehr zur Verfügung, so dass auch hier der Einsatz einer Vakuumpumpe erforderlich wird. Wie bereits angedeutet, ist es die Aufgabe der Vakuumpumpe, ein ausreichendes Unterdruckangebot für den Bremskraftverstärker sowie weitere Nebenverbraucher zur Verfügung zu stellen. Vakuumpumpen werden üblicherweise an den Zylinderkopf angeflanscht und formschlüssig mit der Nockenwelle verbunden. Vereinzelt finden sich Vakuumpumpen auch an Generatoren.
Über den anteiligen Kraftstoffverbrauch von Vakuumpumpen am Gesamtverbrauch liegen nur wenige Daten vor. So gibt **Schoberth [64]** an, dass gängige, am **Zylinderkopf montierte**, Vakuumpumpen im Motorbetrieb eine von der Last/Drehzahl des Verbrennungsmotors nahezu unabhängige **Leistungsaufnahme** haben, die in der Größenordnung von **80-100 Watt** liegt. Lediglich im vakuumtypischen Lastfall, d.h. Motorstart, Bremsvorgang (= Evakuieren des Unterdrucksystems) kann die **Leistungsaufnahme** der Vakuumpumpe **kurzzeitig** auf bis auf **250 Watt** ansteigen.

Bild 3.42 zeigt eine typische Flügelzellenvakuumpumpe, wie sie heute in Gebrauch ist.

Bild 3.42: Flügelzellenvakuumpumpe

Anandakumaran et al. [2] geben für am **Generator montierte** Vakuumpumpen eine gemittelte **Leistungsaufnahme** von **193 Watt** (P_{min}= 49 Watt, P_{max}= 273 Watt) an.

Fazit: Der Einfluss der Vakuumpumpe ist somit als gering einzustufen.

3.4.7 Luftpresser

Im NFZ–Sektor mit einem zulässigen Gesamtgewicht > 7,5 Tonnen kommt als zusätzliches Nebenaggregat der Luftpresser zum Einsatz. Der Luftpresser hat die Aufgabe, die Druckluftversorgung der im NFZ üblicherweise vorhandenen Druckluftbremsanlage sicherzustellen. Beim Luftpresser handelt es sich um eine Ein bzw. Zweizylinderkolbenpumpe, deren Antrieb entweder über einen Riementrieb oder direkt über Zahnräder erfolgt.

Das Befüllen bzw. Entleeren der Zylinder erfolgt selbsttätig über Plattenventile. Bild 3.43 zeigt einen typischen Luftpresser aus dem NFZ–Bereich.

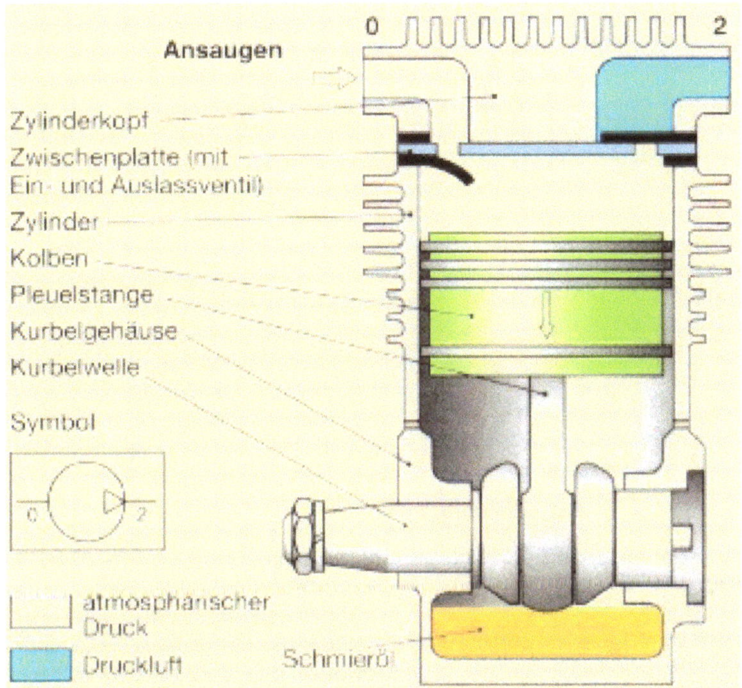

Bild 3.43: Luftpresser, [29]

Der Betrieb des Luftpressers unterscheidet sich in den beiden Betriebsarten belastet sowie unbelastet. Belastet ist der Luftpresser immer dann, wenn der Druckluftbehälter der Druckluftbremsanlage befüllt wird. Ist der Behälter ausreichend befüllt (Systemdruck= 8 bar-14 bar), wird der Luftpresser auf Nulllast geschaltet und fördert gegen die Atmosphäre. Da der Kompressor aber nach wie vor starr mit dem Verbrennungsmotor verbunden ist, lässt sich auch im unbelasteten Fall eine Schleppleistung verzeichnen, siehe Bild 3.44.

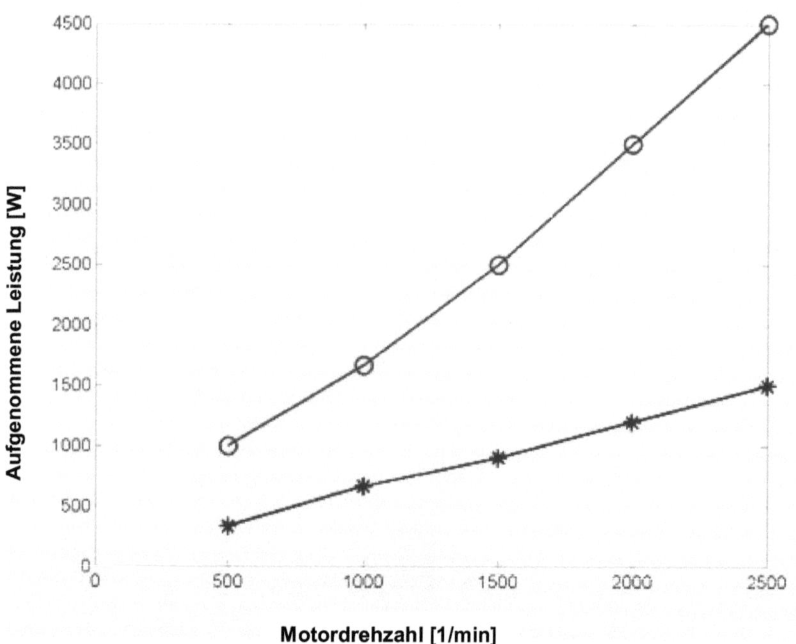

Bild: 3.44: Antriebsleistung und Schleppleistung eines Luftpressers, Kreis = Antriebsleistung (Volllast); Stern = Schleppleistung (unbelastet), [36]

Hendricks et al. [36] verweisen darauf, dass die durchschnittlich aufzubringende Antriebsleistung bei Fahrzeugen im Überlandbetrieb (= Autobahn) bei 2,3 kW und bei Fahrzeugen im urbanen (= städtischen) Betrieb aufgrund häufiger Bremsmanöver bei 3,5 kW liegt.

Voss [74] ist im Rahmen seiner Untersuchungen zu dem Ergebnis gekommen, dass der Luftpresser des Linienbusses eine durchschnittliche Leistungsaufnahme von 1,10 kW hat. 50,5% der Gesamtzeit arbeitet der Luftpresser bei Nulllast, verursacht jedoch durch sein Schleppmoment eine Verlustleistung. Obwohl es keinen definierten Fahrzyklus für Nutzfahrzeuge gibt, soll dennoch anhand von Gleichung (11) der Verbrauchsanteil des Luftpressers im unbelasteten Zustand berechnet werden. Als Durchschnittsgeschwindigkeit sei der Wert des NEFZ angenommen. Nach Bild 3.44 ergibt sich bei einer Motordrehzahl von 2500 1/min eine Schleppleistung von ca. 1,5 kW. Es folgt:

$$\Delta C = \left(\frac{K_{Diesel} \cdot P_{Schlepp}}{v_{NEFZ}} \right) \cdot 100 = \left(\frac{0,199l \cdot 1,5kWh}{33,6kWhkm} \right) \cdot 100 = 0,89l \, / \, 100km$$

Geht man ferner von einem reinen Überlandbetrieb (Fernverkehr) aus, so ergibt sich mit einer Durchschnittsgeschwindigkeit von v= 85 km/h der Wert für ΔC zu:

$$\Delta C = \left(\frac{K_{Diesel} \cdot P_{Schlepp}}{v_{NEFZ}} \right) \cdot 100 = \left(\frac{0,199l \cdot 1,5kWh}{85kWhkm} \right) \cdot 100 = 0,35l \, / \, 100km$$

Legt man einen gemittelten Wert von **0,62 Liter/100 km** zu Grunde, so entspricht dieser Wert nach [81] einem Verbrauchsanteil am Gesamt-verbrauch von ca. 2%. Da der Luftpresser zu den Dauerverbrauchern gehört, ist von einem realistischen Wert auszugehen.

Fazit: Der Luftpresser stellt einen typischen Verbraucher im Bereich der Nebenaggregate dar, der im unbelasteten Zustand –aufgrund der starren Kopplung an den Verbrennungsmotor– ein nicht unerhebliches Schlepp-moment bzw. eine Verlustleistung erzeugt. Somit bietet der Luftpresser ein gutes Potenzial im Rahmen der Optimierung.

3.4.8 Generator

Während die im Fahrzeug verbaute Batterie die Strom und Spannungs-versorgung der eingebauten Verbraucher bei Motorstillstand gewähr-leistet, ist es die Aufgabe des Drehstromgenerators, bei Motorlauf, resp. im Fahrbetrieb alle elektrischen/elektronischen Geräte mit der erforderlichen Energie zu versorgen. Die steigende Anzahl elektrischer/elektronischer Verbraucher durch Steuergeräte für elektronische Systeme sowie Sicherheits und Komfortsysteme im Kfz hat dazu geführt, dass die Anforderungen an die Energieversorgung permanent zunehmen. Allein im Zeitraum von 1980–2000 hat sich die abgegebene Leistung des Generators verdoppelt. Generatoren sollen leistungsstark und effizient sein, jedoch aufgrund der Package-Situation im Motorraum nicht zu groß bauen sowie das Fahrzeuggewicht nicht maßgeblich beeinflussen. Ferner setzen die im Motorbetrieb auftretenden Drehzahlgradienten und Beschleunigungsänderungen verschleißfreie Generatoren bzw. Generatorbauteile voraus. Bild 3.45 zeigt Durch-schnittswerte im Leistungsbedarf elektrischer Verbraucher eines Kfz.

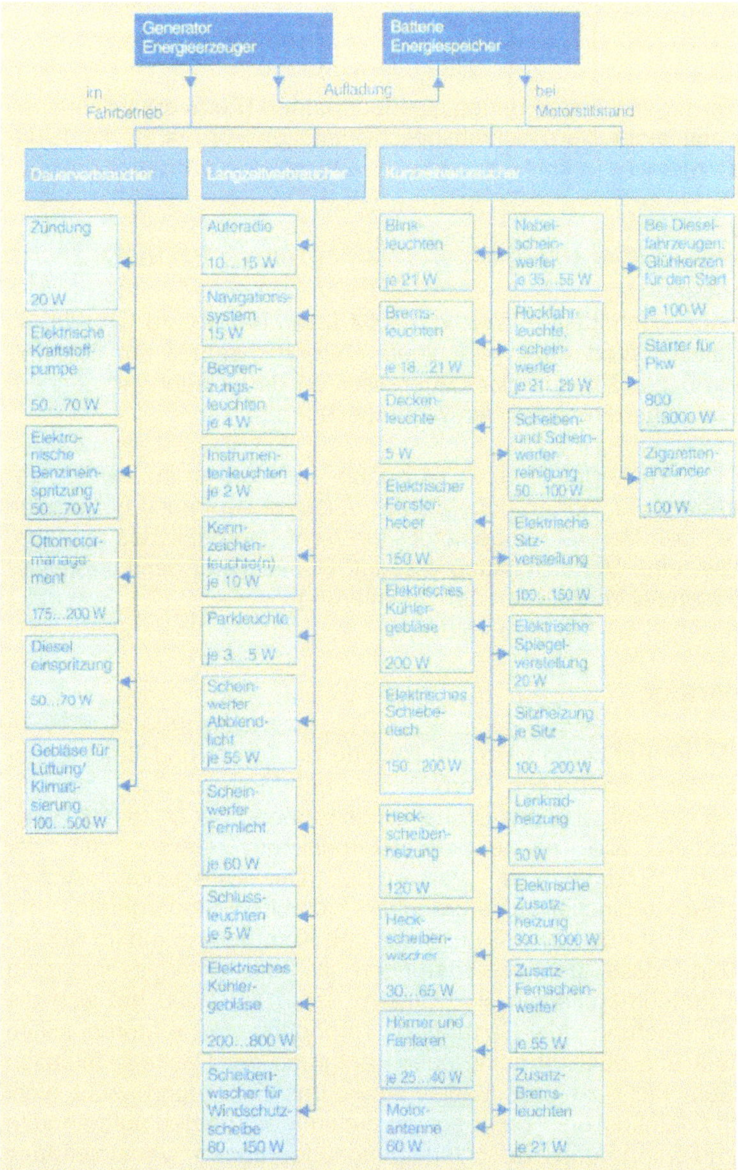

Bild 3.45: Durchschnittliche Leistungswerte elektrischer Verbraucher im Kfz, [50]

Die Nutzung einzelner Verbraucher (bspw. die Klimaanlage im Sommer sowie die heizbare Heckscheibe im Winter) ist jahreszeitlich bedingt. Ferner variiert die Einschaltfrequenz einzelner Verbraucher (z.B. des Lüfters) mit der Temperatur und der Fahrgeschwindigkeit.
Nach **Meyer et al. [50]** wird der Leistungsbedarf des Generators bis zum Jahr 2010 auf ca. 3,5 kW ansteigen, vgl. Bild 3.46.

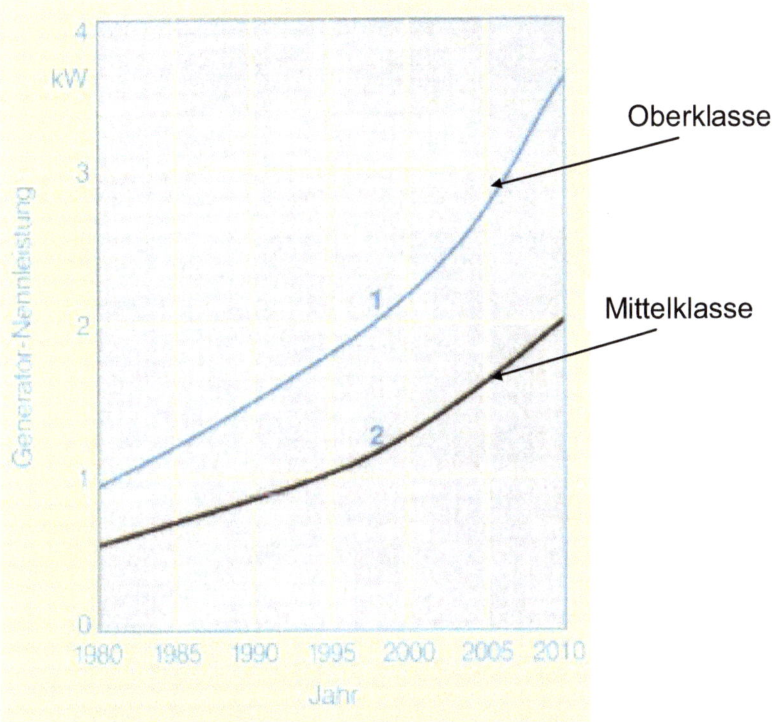

Bild 3.46: Prognostizierter Anstieg der Generatorleistung bis 2010, [50]

Wie bereits erwähnt, ist dies auf die steigende Anzahl elektrischer Verbraucher zurückzuführen. Meyer führt weiter an, dass die sog. Haltepausenanteile im Zeitraum 1970–2000 um ca. 12% zugenommen haben, siehe Bild 3.47.

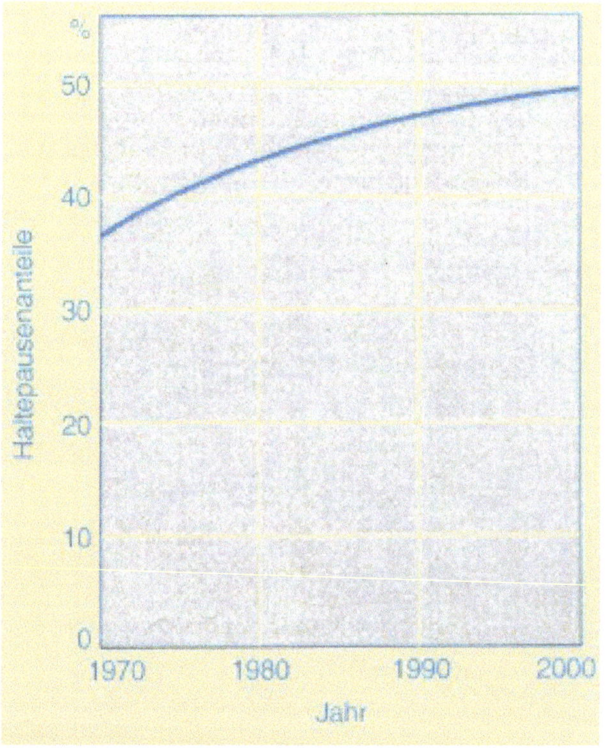

Bild 3.47: Haltepausen, [50]

Unter Haltepausen sind lange Haltezeiten im Leerlaufbetrieb zu verstehen, wie sie sich durch Stadtfahrten bei hoher Verkehrsdichte, langen
Ampelphasen sowie im Stau ergeben. Der Generator muss somit auch
bei niedriger Drehzahl für eine ausgeglichene Ladebilanz sorgen. Aus
diesem Grund gibt der Generator bereits bei Leerlaufdrehzahl ca. ein
Drittel seiner Nennleistung ab, vgl. Bild 3.48.

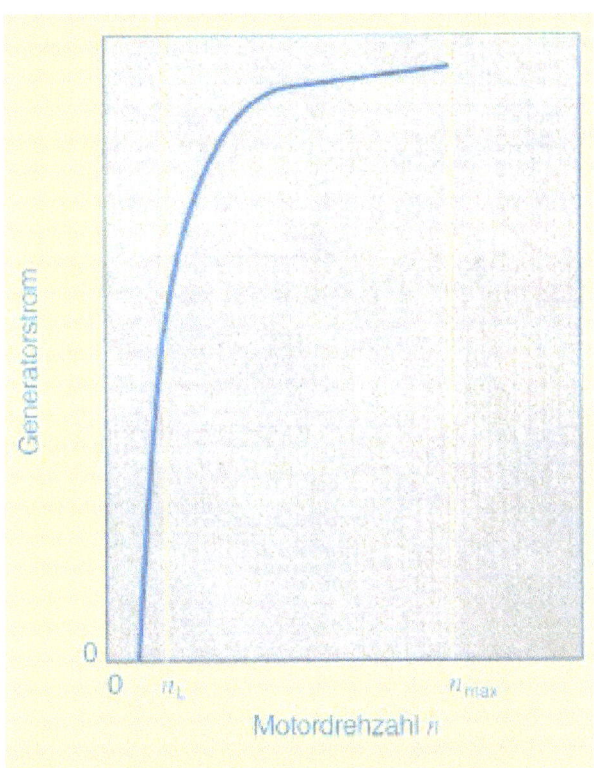

Bild 3.48: Generatorstrom als Fkt. der n_M, [50]

Die erzeugbare Energie pro Kg Masse wird als Ausnutzungsgrad bezeichnet. Der Ausnutzungsgrad erhöht sich mit steigender Drehzahl. Ein möglichst hohes Übersetzungsverhältnis zwischen der Motordrehzahl und der Generatordrehzahl ist deshalb anzustreben. Übliche Werte liegen im PKW-Bereich zwischen 2,2:1 und 3:1, im NFZ–Bereich bis 5:1. Der vom Drehstromgenerator erzeugte Wechselstrom muss zunächst gleichgerichtet werden, da für das Nachladen der Batterie sowie für den Betrieb aller elektrischen/elektronischen Verbraucher im Kfz-Bordnetz nur Gleichstrom zulässig ist. Generatoren heutiger Bauart werden als sog. Kompakt–Generatoren ausgeführt. Der wesentliche Unterschied zum Generator in Topfbauweise besteht darin, dass beim Kompakt-Generator zwei innenliegende Lüfter verbaut sind, während beim Generator in Topf-bauweise ein großes äußeres Lüfterrad zur Kühlung angebracht ist.

Bild 3.49 zeigt einen Schnitt durch einen Kompakt-Generator, der innenliegende Lüfter ist mit 3 gekennzeichnet.

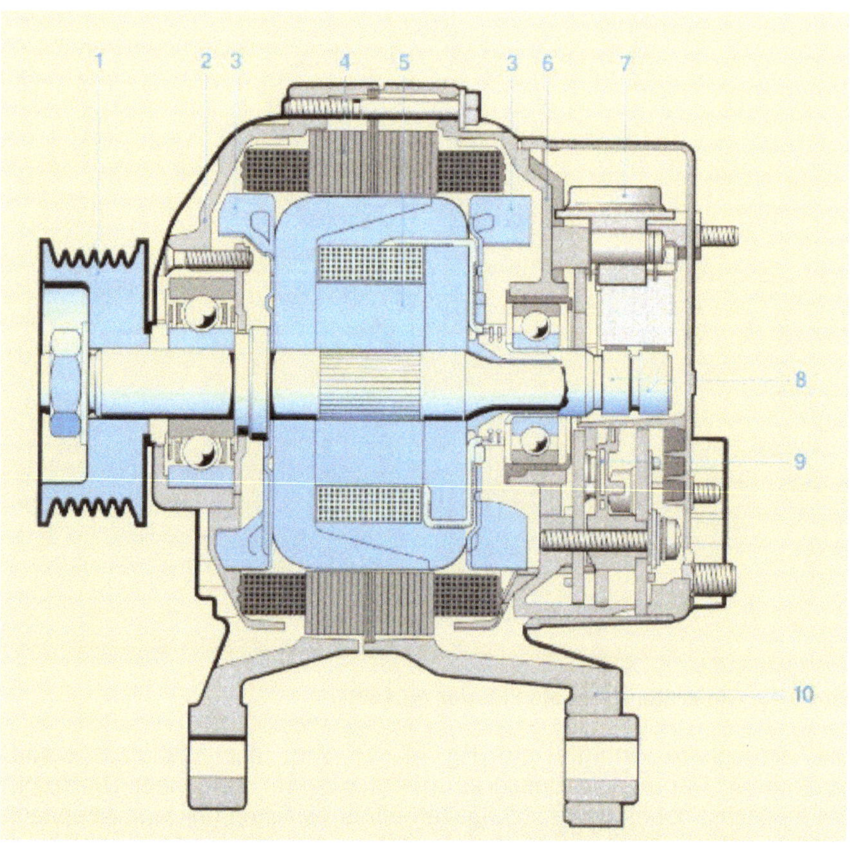

Bild 3.49: Schnitt durch einen luftgekühlten Kompaktgenerator, [50]

Die folgenden Tabellen zeigen das Anwendungsspektrum heutiger
Kompakt–Generatoren und geben die jeweiligen Nennströme für zwei
signifikante Betriebspunkte an. Es wird deutlich, dass unterschiedliche
Einsatzzwecke auch unterschiedliche Nennströme erforderlich machen.

Baureihe	Baugrößen	Polzahl	Verwendung
Topf-Generator (LIT)	G1	12	Motorrad
	K1, N1	12	Pkw, Nkw, Schlepper
	N3	12	Langstrecken-Lkw, Baumaschinen
	T1	16	Busse
Compact-Generator (LIC)	GC, KC, NC	12	Pkw, Nkw, Schlepper, Motorrad
Compact-Generator Baureihe B (LIC-B)	GCB1, GCB2, KCB1, KCB2, NCB1, NCB2	12	Pkw, Nkw, Schlepper, Langstrecken-Lkw
Compact-Generator Baureihe E und P (LI-E und LI-P)	E4, E6, E8, E10 und P4, P6, P8, P10	12	Pkw, Nkw, Langstrecken-Lkw
Compact-Generator Baureihe L (LI-L)	NCB2	12	Langstrecken-Lkw, Baumaschinen
Compact-Generator Baureihe X (LI-X)	C, M, H	16	Pkw, Nkw
Sonderbauformen	T3	14	Sonderfahrzeuge
	U2	4, 6	Sonderfahrzeuge, Schiffe

Tabelle 3.12: Einsatzzweck luftgekühlter Generatoren, [50]

Baureihe	Baugröße	Nennstrom bei 1800 min⁻¹ A	Nennstrom bei 6000 min⁻¹ A
LIC	GC	37	70
	KC	50	90
	NC (*104 mm)	70	120
	NC (*112 mm)	90	150
LIC-B	GCB1	22	55
	GCB2	37	70
	KCB1	50	90
	KCB2	60	105
	NCB1	70	120
	NCB2	90	160
LI-E	E4	50	110
	E6	65	120
	E8	80	150
	E10	90	200
LI-P	P4	55	95
	P6	70	110
	P8	80	130
	P10	110	180
LI-X	C	95	150
	M	115	180
	H	135	220

Tabelle 3.13: 14 Volt Kompakt-Generatoren mit Angabe der Nennströme bei verschiedenen Drehzahlen, [50]

Bild 3.50 zeigt einen flüssigkeitsgekühlten Kompakt–Generator im Schnitt, Markierung 6 zeigt den Kühlwassermantel.

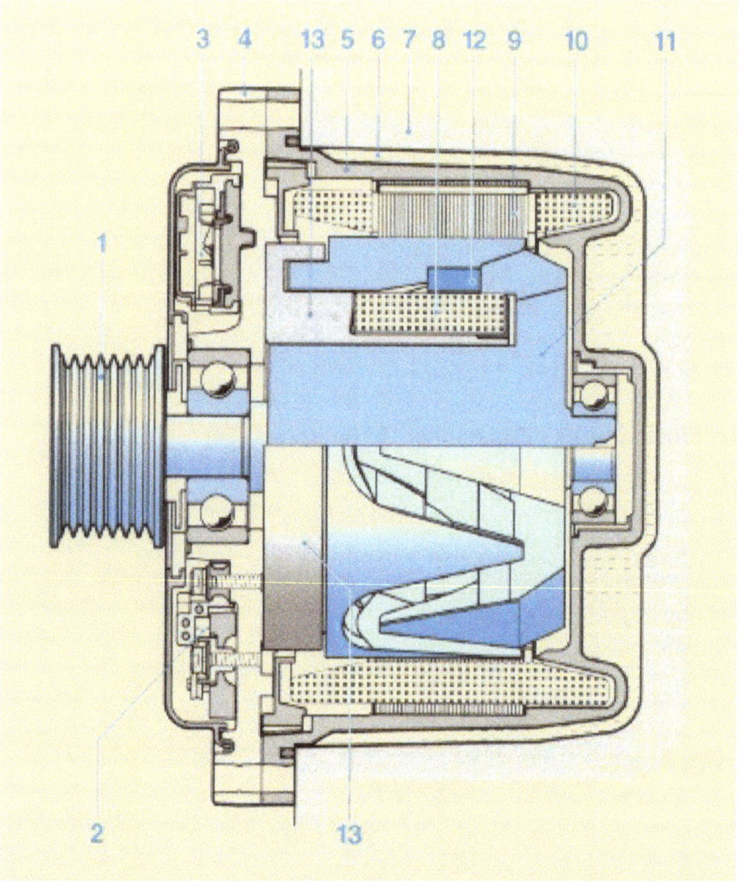

Bild 3.50: Schnitt durch einen flüssigkeitsgekühlten Kompaktgenerator, [50]

Der Vorteil gegenüber luftgekühlten Generatoren liegt in einer deutlichen Geräuschreduzierung, insbesondere bei hoher Generatorlast (= hoher Stromabgabe). Der Generator ist hierbei integraler Bestandteil des Kühlmittelkreislaufs. Die Vorteile des Kühlmittels Wasser gegenüber der Luft sind:

• Eine um den Faktor 4 höhere spezifische Wärmekapazität des Kühlwassers

• die Dichte des Kühlwassers ist ca. um den Faktor 1000 größer

• daraus resultiert ein geringerer erforderlicher Volumenstrom des Kühlmediums

Der durchschnittliche **Wirkungsgrad** heutiger **luftgekühlter sowie wassergekühlter** Generatoren liegt bei **ca. 65%**.

Wie bereits erwähnt, muss der Generator bereits im Leerlauf rund ein Drittel seiner Maximallast abgeben können. Es ist somit zu erwarten, dass auch das Wirkungsgradmaximum in diesem Bereich liegt und dass der Wirkungsgrad eines Generators mit steigender Drehzahl fällt. Bild 3.51 zeigt das typische Generatorkennfeld eines luftgekühlten Kompaktgenerators, Bild 3.52 zeigt die unterschiedliche Wirkungsgradabnahme zwischen luftgekühlten und flüssigkeitsgekühlten Generatoren.

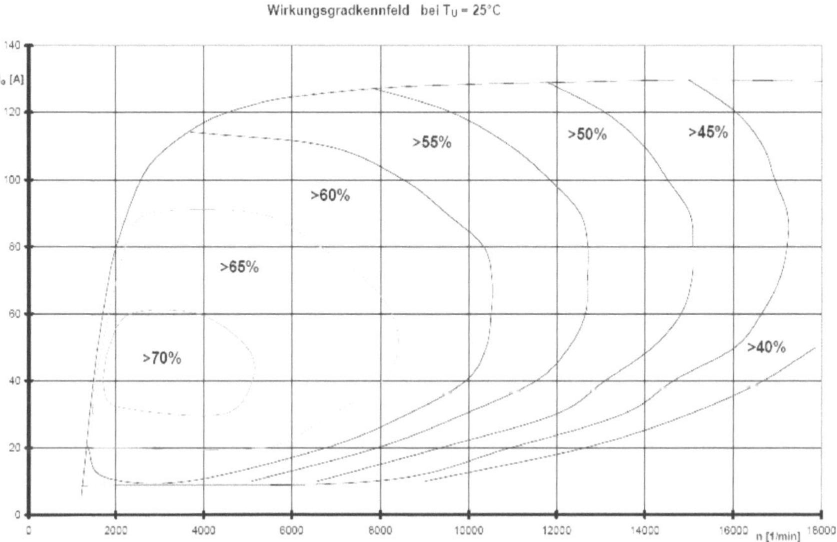

Bild 3.51: Wirkungsgradkennfeld eines luftgekühlten Kompaktgenerators, [50]

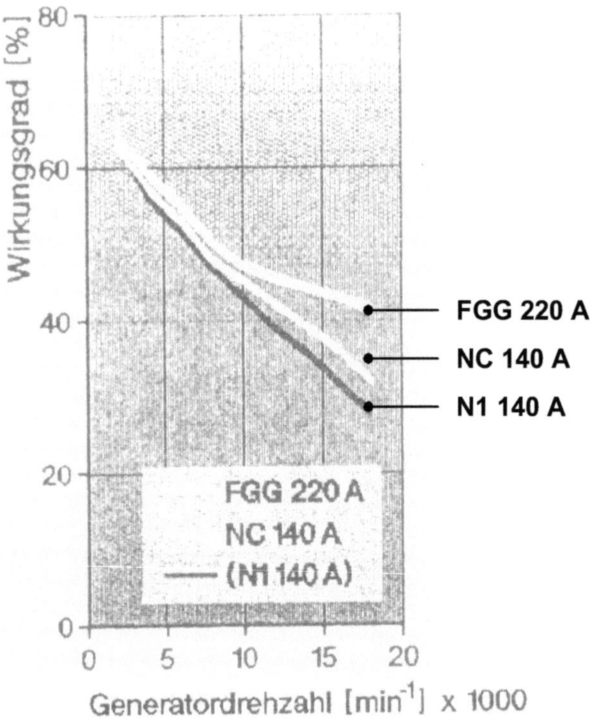

Bild 3.52: Wirkungsgradabnahme luftgekühlter (NC 140 A, N1 140 A) und flüssigkeitsgekühlter (FGG 220 A) Generatoren im Vergleich, [47]

Das Wirkungsgradkennfeld in Bild 3.51 macht deutlich, dass der Generator für den Teillastbereich des Verbrennungsmotors optimiert ist, da es sich hierbei um den überwiegend im praktischen Betrieb auftretenden sowie den verbrauchsgünstigsten Lastfall handelt. Der mittlere Wirkungsgrad liegt in diesem Bereich bei 60-65% und fällt im oberen Drehzahlbereich schnell ab. Der maximale Wirkungsgrad von „nur" 70% sowie die starke Wirkungsgradabnahme bei höheren Drehzahlen lassen vermuten, dass der Generator stark verlustbehaftet ist. Bild 3.52 zeigt, dass beide Generatorbauarten nahezu den gleichen maximalen Wirkungsgrad vorweisen, die Wirkungsgradabnahme des flüssigkeitsgekühlten Generators (FGG 220A) über die Drehzahl jedoch geringer ausfällt. Da der Keilrippenriemenantrieb des Generators mit einem Wirkungsgrad von ca. 0,9 als ausgesprochen effizient gilt, müssen die Verluste vom Generator selbst verursacht werden.

Das nachfolgende Bild 3.53 zeigt die wesentlichen Verlustquellen eines luftgekühlten Generators.

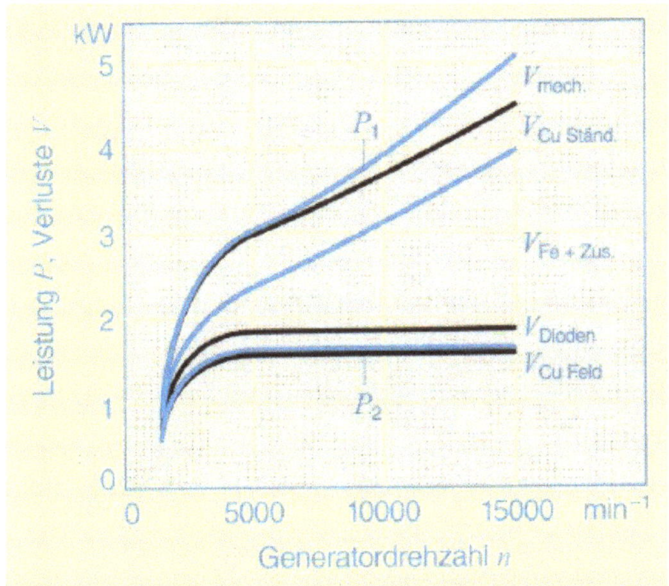

Bild 3.53: Aufteilung der Verluste bei Drehstromgeneratoren, [50]

Der größte Anteil entfällt auf die mechanischen Verluste, d.h. den Reibungsverlusten in der Lagerung des Generators (Wälzlager) sowie an den Schleifkontakten, ferner durch die Luftreibung von Läufer und Lüfter. Insbesondere die Verluste des Lüfters steigen bei zunehmender Drehzahl überproportional an. Die Kühlung ist jedoch zwingend erforderlich, da die zahlreichen Verluste zum Aufheizen der Generatorkomponenten führen. Auch die Eisenverluste steigen überproportional mit der Drehzahl an, sie werden durch den permanenten Wechsel des magnetischen Flusses (Feldes) im Eisen des Generatorständers sowie des Läufers hervorgerufen (Hysterese sowie Wirbelstromeffekte). Die Kupferverluste charakterisieren die ohmschen Verluste in den Ständerwicklungen. Sie stehen im direkten Verhältnis zur Ausnutzung des Generators und steigen mit größer werdender Generatorlast. Die Diodenverluste entstehen durch die bereits erwähnte Gleichrichtung, der „Cu-Feld"-Anteil stellt die Erregerverluste dar. Beide Verluste sind nahezu vernachlässigbar.

P_1 in Bild 3.53 steht für die aufgenommene Leistung, P_2 für die abgegebene Leistung. Bild 3.54 zeigt die Kennlinie der Antriebsleistung des
Generators, d.h. der vom Verbrennungsmotor abgezweigten Leistung
noch einmal etwas deutlicher. Zusammen mit der abgegeben Leistung
kann damit der Wirkungsgrad betriebspunktabhängig bestimmt werden.
Die blaue Kennlinie stellt die Stromkennlinie dar, auf die an dieser Stelle
nicht näher eingegangen werden soll.
In einer Studie zur elektrischen Bordnetzarchitektur von **Ehlers [21]** wird
das elektrische Leistungsäquivalent, d.h. der Zusammenhang zwischen
dem Kraftstoffverbrauchsanteil eines Verbrennungsmotors und der
Leistungsaufnahme durch **elektrische Nebenaggregate,** definiert.
Es gilt demnach, dass aus einer mittleren elektrischen Leistung von 1 kW
im Bordnetz eines PKW ein Kraftstoffverbrauchsanteil von

$\Rightarrow$ durchschnittlich 1,7 Liter/100 km bei Ottomotoren sowie
$\Rightarrow$ durchschnittlich 1,5 Liter bei Dieselmotoren resultiert.

Die voneinander abweichenden Werte ergeben sich u.a. aus dem unterschiedlichen Motorwirkungsgrad zwischen Diesel und Ottomotor.
Bezogen auf 100 W elektrische Leistung wird heute vielfach ein Wert von
0,10-0,15 Liter/100 km genannt. Mit dem Zusammenhang aus Bild 3.1
folgt, dass auf 40 W elektrische Leistung ein CO_2-Ausstoß von 1 g
CO_2/km entfällt, gültig für beide Arbeitsverfahren (Otto/Diesel).
Bolenz et al. [12] geben den **Kraftstoffverbrauchsanteil** des
Generators am **Gesamtverbrauch** mit bis zu **1 Liter/100 km** an, bei
einer durchschnittlichen Leistungsabgabe von 800 W im Jahresmittel.

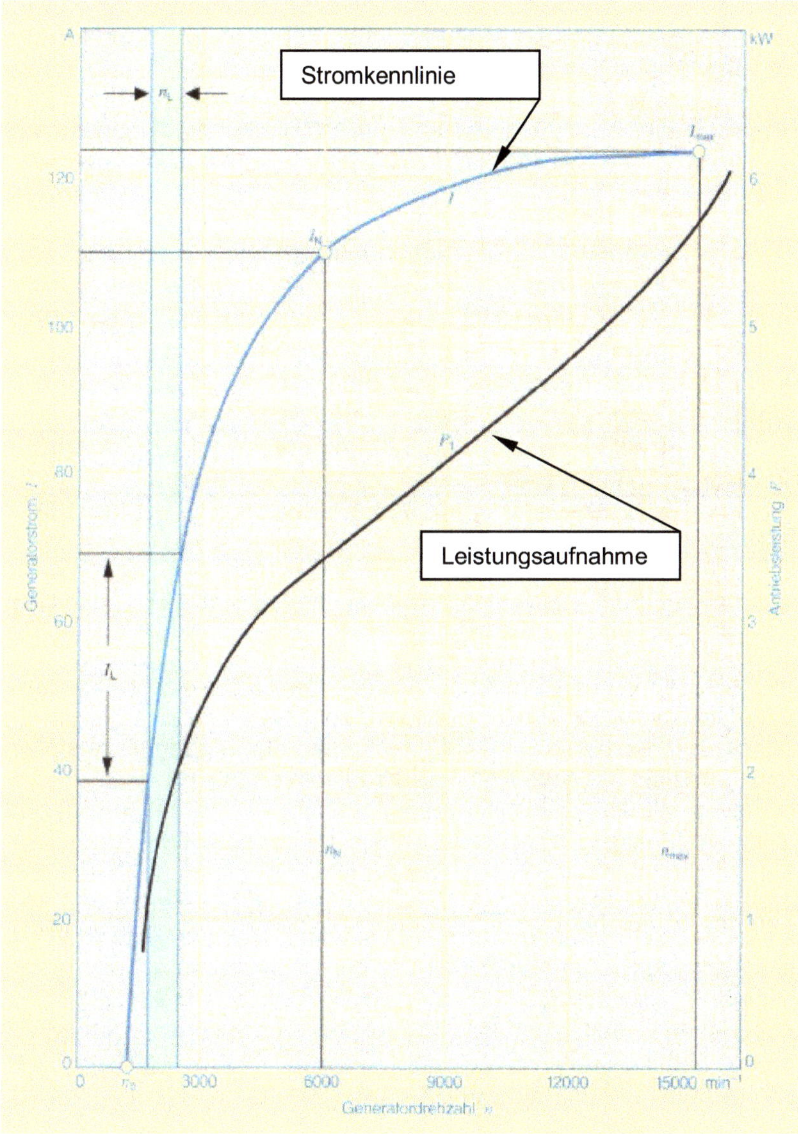

Bild 3.54: Kennlinie der aufgenommenen Leistung eines Drehstrom-generators, [50]

Analog zur Klimaanlage hat **Wallentowitz [76]** auch Messungen zum Einfluss des Generators auf den Kraftstoffverbrauch durchgeführt. Zu diesem Zweck wurde ein Fahrzeug der oberen Mittelklasse mit einem Durchflussmessgerät ausgestattet und bei definierten Bedingungen auf einem dynamischen Antriebsstrangprüfstand vermessen, mit den folgenden Ergebnissen.

Fahrzyklus	ohne Verbraucher	mit Generatorlast (80 A)	Mehrverbrauch
90 km/h konstant	7,89 Liter/100 km	8,71 Liter/100 km	0,82 Liter/100 km
120 km/h konstant	9,80 Liter/100 km	10,27 Liter/100 km	0,47 Liter/100 km
NEFZ	10,95 Liter/100 km	12,62 Liter/100 km	1,67 Liter/100 km
US FTP-75	12,77 Liter/100 km	15,01 Liter/100 km	2,24 Liter/100 km

Tabelle 3.14: Verbrauch vs. Generatorlast bei unterschiedlichen Fahrzyklen, [76]

Bezüglich der ermittelten Werte ist anzumerken, dass die angegebene Generatorlast von 80A als Maximalwert zu verstehen ist. Die durchschnittliche Bordnetzbelastung im Alltagsbetrieb dürfte geringer ausfallen und damit auch der absolute Anteil am Kraftstoffverbrauch.
In Verbindung mit den im Kapitel 3.2 aufgeführten Gleichungen (10) und (11) soll der Einfluss einer elektrischen Lastaufschaltung an einem Beispiel durchgerechnet werden. Eine Lastaufschaltung von ΔI= 50A entspricht in einem 12 Volt Bordnetz einer Leistungssteigerung von ΔP= 600 Watt. Die Leistungssteigerung wird i.a. vom Generator gedeckt.
Zu berücksichtigen ist in jedem Fall der durchschnittliche Wirkungsgrad des Generators, der mit η_{Gen} = 0,60 in die Berechnung eingeht. Bei einer angenommenen Durchschnittsgeschwindigkeit von 33,6 km/h im NEFZ und einem Mehrverbrauchsfaktor von K= 0,256 l/kWh ergibt sich der streckenbezogene (Mehr)Verbrauch nach Gleichung (11) pro 100 km zu:

$$\Delta C = \frac{\Delta B}{v} = \left(\frac{K_{Otto} \cdot \Delta P_{elektr}}{v \cdot \eta_{Gen}} \right) \cdot 100 = \left(\frac{0,256l \cdot 0,6kWh}{33,6kWhkm \cdot 0,6} \right) \cdot 100 = 0,76 \ \text{l/100 km}$$

Der (Mehr)Verbrauchsanteil als Folge einer zusätzlichen elektrischen Belastung ergibt sich somit aus der Wechselwirkung zwischen dem Wirkungsgrad des Verbrennungsmotors und des Generatorwirkungsgrades in Verbindung mit der durchschnittlichen Geschwindigkeit.

Fazit: Ähnlich wie das Gesamtsystem Klimaanlage ist dem Generator ein erheblicher Kraftstoffverbrauchsanteil am Gesamtverbrauch zuzuschreiben.

Die ermittelten Werte schwanken zwischen 0,76 l/100km bis 2,24 l/100km, je nach Fahrzyklus und Lastaufschaltung. Der **Durchschnittswert** wird mit **1 l/100 km** am Gesamtverbrauch angenommen.

Während die Optimierungsansätze bei der Klimaanlage am Gesamtsystem angreifen, sind mögliche Optimierungen am Generator auf das Bauteil selbst bzw. auf den Antrieb des Generators beschränkt.

3.5 Zusammenfassung

Die Analyse zum Stand der Technik gängiger Nebenaggregate hat das Potenzial aufgezeigt, das im Rahmen von Optimierungsmaßnahmen in mögliche Verbrauchseinsparungen umgesetzt werden kann. Den größten Einfluss auf den Kraftstoffverbrauch, resp. den CO_2-Ausstoß zeigen demnach der Generator, die Klimaanlage sowie das Lenkungssystem.

• Der Anteil des **Generators** am Kraftstoffverbrauch ist primär abhängig von der aufgeschalteten Last. Hohe elektrische Lasten im Bordnetz des Kfz führen zu steigenden Verbrauchsanteilen. Ein wesentlicher Nachteil des Generators ist der stark abnehmende Wirkungsgrad bei zunehmender Motordrehzahl. Es muss also das Ziel der Optimierung sein,

→ den Generator durch bauteilspezifische Maßnahmen im Wirkungsgrad zu verbessern,

→ den Generator nach Möglichkeit immer im optimalen Wirkungsgradbereich zu betreiben

→ bzw. den Generator in den Bereichen zu deaktivieren, in denen der Betrieb nicht zwingend erforderlich ist.

• Untersuchungen zur **Klimaanlage** haben gezeigt, dass der Kompressor als Herzstück der Kälteanlage zwar den größten Anteil hinsichtlich des Kraftstoffverbrauchs ausmacht, eine Reduzierung der Antriebsleistung des Kompressors jedoch nur bei einer ganzheitlichen Betrachtung der Klimaanlage und unter Berücksichtigung der Nutzungshäufigkeit im Jahresmittel realistische Einsparungen erwarten lässt.

• Als sehr effektiv haben sich in der jüngsten Vergangenheit **Lenkungs-systeme** erwiesen, die ihre Leistung bedarfsgerecht (= on demand) zur Verfügung stellen. In diesem Zusammenhang sind die EHPS sowie die EPS zu nennen. Das größte Potenzial zur Verbraucheinsparung erschließt sich bei der Lenkung durch die Optimierung des Systems im **nicht gelenkten** Zustand, da dieser Bereich den größten Anteil in der Nutzung sowie im Verbrauch einer Lenkung ausmacht. Es muss das Ziel der Optimierung sein, bedarfsgeregelte Systeme weiter zu verbessern und insbesondere solchen Fahrzeugsegmenten zugänglich zu machen, die bis heute nicht davon profitieren konnten (NFZ–Sektor, Oberklasse, SUV).

Geringere Einsparungen sind bei der Optimierung des **Motor-kühlsystems (Kühlmittelpumpe, Lüfter)** zu erwarten, die in erster Linie ein intelligentes Thermomanagement voraussetzen.

Die **Vakuumpumpe** zeigt einen kaum messbaren Einfluss auf den Kraft-stoffverbrauch, wird jedoch im Kapitel Optimierung mit aufgeführt.

Der **Luftpresser** zeigt Potenzial hinsichtlich einer Reduzierung des Schleppmoments im unbelasteten Zustand.

In der nachfolgenden Tabelle 3.15 werden die jeweiligen Verbrauchs-anteile noch einmal übersichtlich dargestellt. Die Werte beziehen sich primär auf den PKW. Abweichungen werden mit Fußnoten erklärt.

	Verbrauchsanteil am Gesamtverbrauch	
	Liter/100 km	g CO_2/km
Generator	$\varnothing$ 1,0	23,6 (Otto) / 26,5 (Diesel)
Klimaanlage	max. 0,62	14,2 (Otto) / 15,9 (Diesel)
Lenkungssystem	max. 0,35	8,3 (Otto) / 9,3 (Diesel)
Kühlmittelpumpe	1%[1]	1%[1]
Lüfter	2,5-6% (NFZ)[2]	19,9-47,7(NFZ/Diesel)[2]
Vakuumpumpe	vernachlässigbar	/
Luftpresser	$\varnothing$ 0,62 (NFZ)[3]	16,4[3] (Diesel/NFZ)

Tabelle 3.15: Recherchierte Verbrauchsanteile gängiger Nebenaggregate.

[1] Der anteilige Verbrauch der **Kühlmittelpumpe** am **Gesamtverbrauch** fällt mit max. **1%** im **NEFZ** für PKW sowie **1%** für **NFZ** sehr gering aus.
Das mögliche Optimierungspotenzial für den PKW-Sektor bezieht sich u.a. auf das Zusammenwirken der Kühlmittelpumpe mit einem funktionierenden Thermomanagement und wird im Kapitel "Optimierung" beschrieben. Für den NFZ-Bereich ergeben sich Möglichkeiten durch eine elektromagnetische Zu und Abschaltung der Kühlmittelpumpe.

[2] In Abhängigkeit der Einsatzbedingungen ergeben sich für den Viskolüfter im NFZ–Sektor überschlägige **Verbrauchsanteile** von **2,5%** bis **6%** vom **Gesamtverbrauch**, entsprechend 0,75 Liter/100 km bis 1,8 Liter/100 km, wenn ein Durchschnittsverbrauch von ca. 30 Liter/100 km für eine Zugmaschine mit Auflieger (40 Tonnen zGG) bzw. ein Reisebus zu Grunde gelegt wird **[81]**. Der Anteil des **(Visko)Lüfters** am **Gesamtverbrauch** im **PKW** ist mit **0,2%** im **NEFZ** als vernachlässigbar zu betrachten. Elektrisch angetriebene Lüfter werden im Rahmen der Optimierung über das Thermomanagement berücksichtigt.

[3] Für den Luftpresser konnte anhand der gegebenen Leistungsdaten eine Überschlagsrechnung zum Verbrauchsanteil durchgeführt werden. Der berechnete Wert von **0,62 Liter/100 km** stellt einen Anhaltswert dar, der sich als Durchschnitt aus den ermittelten Werten bei v= 33,6 km/h (= NEFZ) und v=85 km/h (= Fernverkehr) ergibt und somit einen Anteil von ca. **2%** vom **Gesamtverbrauch** ausmacht.

4 Optimierung von Nebenaggregaten

Das Kapitel zum Stand der Technik hat den Einfluss der wesentlichen Nebenaggregate auf den Kraftstoffverbrauch, resp. auf die CO_2–Emissionen gezeigt. Im nachfolgenden Kapitel zur Optimierung soll der Versuch unternommen werden, für jedes einzelne Nebenaggregat Möglichkeiten aufzuzeigen, den Kraftstoffverbrauch und damit den Ausstoß an CO_2 nachhaltig zu senken.

Optimierung bedeutet in erster Linie die Reduzierung der Leistungsaufnahme einzelner Nebenaggregate bzw. ein intelligentes Management der Nebenaggregate im Verbund. Durch die Reduzierung der aufgenommenen Leistung lässt sich entweder der Kraftstoffverbrauchsanteil der Nebenaggregate senken oder die Fahrleistungen verbessern. Es versteht sich, dass die Optimierung der Bauteile nicht zu Lasten der Sicherheit, Zuverlässigkeit oder zu Einbußen beim Komfort führen darf.
Im wesentlichen kommen für die Reduzierung der Leistungsaufnahme zwei Konzepte in Frage:

• *Die Optimierung des Wirkungsgrades*
Bei der Wirkungsgradoptimierung eines Nebenaggregats liegt der Fokus auf der Energiewandlung. Dabei wird nicht betrachtet, ob die gewandelte Energie aktuell benötigt wird. Somit können Optimierungen am Nebenaggregat selbst vorgenommen oder –da der Verlust in der Regel proportional mit der Drehzahl ansteigt– das Nebenaggregat immer im wirkungsgradoptimierten Drehzahlbereich betrieben werden, beispielsweise durch ein Zwischengetriebe. Insbesondere bei Dauerverbrauchern stellt diese Maßnahme eine wirkungsvolle Strategie dar.

• *Die Orientierung am jeweiligen Bedarf des Nebenaggregates*
Hilfsenergie wird ausschließlich nur dann erzeugt, wenn sie auch benötigt wird. Bei dieser Art der Optimierung wird die unnötige „Erzeugung" von Energie durch eine bedarfsgerechte Anpassung vermeiden, beispielsweise durch Elektrifizierung von Nebenaggregaten (elektrische Kühlmittelpumpe, EPS, EHPS) oder schlicht durch das Zu– und Abschalten eines Nebenaggregats über eine Kupplungsvorrichtung.

4.1 Ergebnisse vorangegangener Arbeiten

Aumeyer [4] hat in einem Vortrag zur Technologieentwicklung im Kfz mit Schwerpunkt CO_2 eine Auswahl von optimierenden Maßnahmen wie folgt vorgestellt:

- Generator mit intelligenter Regelung $\Rightarrow$ - 4% CO_2
- Thermomanagement im Fahrzeugkühlsystem $\Rightarrow$ - 3%-5% CO_2
- Bedarfsgerechter Antrieb der Nebenaggregate $\Rightarrow$ **- X%** CO_2

Als Basis diente ein typisches Mittelklassefahrzeug mit 2 Liter Hubraum, Ottomotor mit Saugrohreinspritzung, Fahrzeuggesamtmasse: 1,6 Tonnen; Jahreslaufleistung 15.000 km und einem CO_2 Ausstoß von 183 g/km. Die möglichen Einsparungen beziehen sich auf den NEFZ.

Ferner wurden Beispiele für sinnvolle Kombinationen der o.g. Maßnahmen aufgezeigt.

- Intelligent geregelter Generator, Thermomanagement, Start-Stopp
$$\Rightarrow \textbf{167 g/km (–16 g/km)}$$

- DI-Otto, Turbolader, Downsizing, intelligenter Generator, variable Ventilsteuerung, Start/Stopp $\Rightarrow$ **143 g/km (-40 g/km)**

- Diesel anstatt Otto, Thermomanagement, intelligenter Generator, Downsizing, Start/Stopp $\Rightarrow$ **130 g/km (-53 g/km)**

Bild 4.1 gibt einen Überblick dieser Maßnahmenpakete. Die qualitative Darstellung zeigt die mögliche Kraftstoffeinsparung über einen Zeitraum von 3 Jahren (Amortisation) als Funktion der kalkulierten Mehrkosten. Als Parameter dienen verschiedene Maßnahmen unter Angabe der erwarteten CO_2-Emissionen.

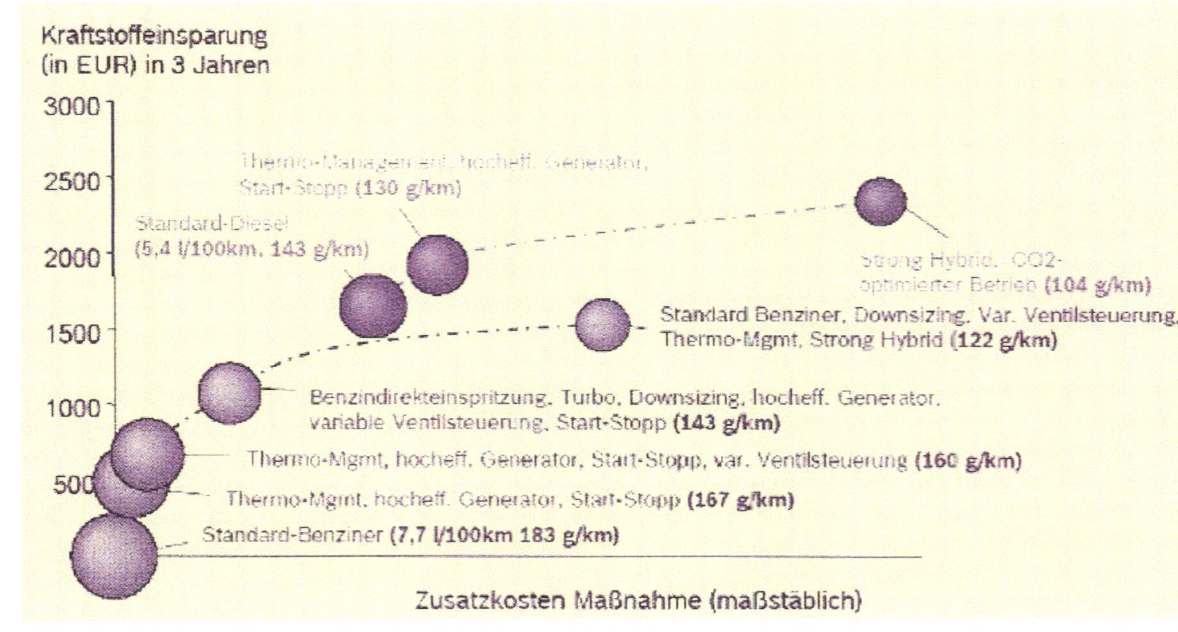

Bild 4.1: Mögliche Maßnahmen zur Verbrauchsreduzierung, bezogen auf einen Standard-Benziner sowie einen Standard-Diesel im NEFZ, [19]

Graf et al. [31] haben im Rahmen einer Analyse **elektrischer Komponenten** im Bordnetz eines Kfz die Verbraucher untersucht, die ein realistisches Einsparpotenzial bieten. Die nachfolgende Tabelle zeigt einen Überblick möglicher Potenziale, bezogen auf den NEFZ:

Elektrisches Bauteil	CO_2-Reduktion [g/km]
PWM-Ansteuerung für Glühbirnen	0,8
LED anstatt Glühbirnen	1,2
Optimierung von Steuergeräten hinsichtlich des erforderlichen Strombedarfs	1,2
PWM-Ansteuerung der Krfst-Pumpe	1,9
Optimierung des A/C-Lüfters	1,9
Optimierung des Generators (nur MOSFET)	3,5
EPS vs. Hydr. Lenkung	5,9
Elektr. Kühlmittelpumpe (Thermomanagement)	7,1
Summe aller Maßnahmen	$\Sigma = 23{,}5$

Tabelle 4.1: Ermittelte Einsparpotenziale nach Graf, [31]

Das Gesamteinsparpotenzial beläuft sich kumulativ auf 23,5 g CO_2/km. Bezogen auf die Lebensdauer des Fahrzeugs resultiert daraus lt. Graf eine Einsparung von 3,5 Tonnen CO_2. Die herstellerseitigen Kosten für die o.g. Maßnahmen werden ca. €400,- pro Fahrzeug angegeben.

In einer vom **Air Resources Board** des US-Bundesstaates Kalifornien vorgelegten Studie **[66]** zur Reduzierung von Treibhausgasen wird u.a. das Potenzial einzelner Nebenaggregate zur Reduzierung von CO_2-Emissionen aufgezeigt. Die nachfolgende Tabelle 4.2 zeigt das mögliche Einsparpotenzial der Nebenaggregate, die im Rahmen dieser Arbeit von Interesse sind. Basis war eine Erhebung aus dem Jahr 2002 an repräsentativen Fahrzeugen einzelner Segmente in Nordamerika. Zur Ermittlung des prozentualen Einsparpotenzials diente eine rechnerische Simulation.

	Fahrzeugsegment				
	Klein-wagen	Ober-klasse	Mini-van	Leichtes NFZ	Schweres NFZ
Erhebung 2002, CO_2-Emissionen in [g/km]	181,1	214,2	245,7	276,4	318
Mögliche Technologien, Einsatz bis 2012	CO_2-Reduzierungspotenzial bezogen auf 2002				
EPS	-1%	/	/	/	-1%
EHPS	-1%	/	/	/	-1%
Generator mit verbessertem Wirkungsgrad	-1%	/	/	/	0%
Elektrifizierte Nebenaggregate (Kühlmittelpumpe, Thermo-management)	-3%	/	/	/	-2%
Klima-kompressoren mit variablem Hubverhältnis	-10%	-9%	-7%	-9%	/

Tabelle 4.2: Mögliches Einsparpotenzial beim Einsatz neuer Technologien pro Fahrzeugsegment, [66]

Es sei an dieser Stelle noch einmal an die Zusammenhänge aus Kapitel 3 erinnert:

⇒ **Kraftstoffverbrauch vs. CO_2-Emissionen.**

1 Liter Benzin/100 km ⇔	23,6 g CO_2/km
1 Liter Diesel /100 km ⇔	26,5 g CO_2/km

⇒ **Elektrisches Mehrverbrauchsäquivalent nach Ehlers [21].**

100 W el. Leistung	⇔	**0,1 l/100km**
40 W el. Leistung	⇔	**1 g CO_2/km**

4.2 Kostenbetrachtung

Die Einführung technischer Innovationen macht dann Sinn, wenn sie für den Anwender ein gutes Kosten/Nutzen-Verhältnis vorweisen. Aus diesem Grund sind die in diesem Kapitel besprochenen Optimierungsmaßnahmen an Nebenaggregaten auch unter dem Fokus der voraussichtlich entstehenden Kosten zu betrachten. In der bereits erwähnten Studie [66] des Air Resources Board zur Reduzierung von Treibhausgasen wird auf eine Methode verwiesen, entstehende Kosten dem Nutzen innovativer Technologien gegenüberzustellen. Die Kosten berechnen sich aus den nachfolgenden Parametern:

• durch die Entwicklung der Technologie bzw. des Technologiepakets entstandene Kosten
• die durchschnittliche Fahrzeugnutzungsdauer sowie
• den finanziellen Vorteil für den Endverbraucher durch die Technologie

bezogen auf die gesamte Fahrzeuglebensdauer. Auf diese Art und Weise wird eine ökonomische Abschätzung möglich.

Von den Autoren der Studie wurden diese Kosten zusammengefasst und mit dem Begriff Retail Price Equivalent (= Verkaufspreis-Äquivalent) beschrieben. In diesem Preis sind außerdem das Marketing, der Profit sowie die Herstellung berücksichtigt, vgl. Tabelle 4.3.

	Fahrzeugsegment				
	Kleinwagen	Ober-klasse	Mini-van	Leichtes-NFZ	Schweres-NFZ
Modifizierte Neben-aggregate	Retail Price Equivalent (€)				
Elektrische Kühlmittel-pumpe	45,00	45,00	45,00	45,00	45,00
EPS	25,00	25,00	25,00	25,00	/
EHPS	/	/	/	/	40,00
Generator mit verbessertem Wirkungs-grad	40,00	40,00	40,00	40,00	40,00
Verbesserte Klimaanlage	60,00	60,00	60,00	60,00	60,00

Tabelle 4.3: Prognostizierte Kosten für den Einsatz neuer Technologien je Fahrzeugsegment, [66]

Unabhängig von Tabelle 4.3 wurde versucht, für jedes Nebenaggregat *aktuelle* Preisdaten zu recherchieren. Sofern diese Werte verfügbar waren, werden sie bei der Besprechung der zu optimierenden Neben-aggregate aufgeführt.

4.3 Optimierung des Kühlsystems

Aus den Ergebnissen der Recherche zum Stand der Technik konnte abgeleitet werden, dass die Kühlmittelpumpe im PKW und im NFZ sowie der Lüfter im PKW jeweils nur ein geringes Einsparpotenzial bieten. Im folgenden Kapitel wird gezeigt, dass durch eine elektrische Kühlmittel-pumpe in Verbindung mit einer intelligenten Regelung dennoch eine deutliche Reduzierung des Kraftstoffverbrauchs erzielt werden kann. Ferner werden Maßnahmen vorgestellt, mechanische Kühlmittelpumpen im Detail zu verbessern bzw. unveränderte Serienpumpen durch Zu– und Abschaltung bedarforientiert zu regeln.

Mögliche Modifikationen am Lüfter sowie daraus resultierende Verbrauchsvorteile für den NFZ-Bereich schließen das Kapitel ab.

4.3.1 Thermomanagement

Motorkühlkreisläufe werden für die max. erforderliche Wärmeabfuhr des Verbrennungsmotors im $M_{d,max}$-Punkt ausgelegt (vgl. Worst-Case Szenario in Kapitel 3.4.2.) **Rocklage [56]** gibt an, dass dieser Betriebspunkt allerdings nur während 3-5% der gesamten Betriebszeit erreicht wird, das Kühlsystem gilt somit als „überkühlt".

Nach **Chanfreau et al. [15]** lässt ein bedarfsgeregeltes Kühlsystem (= intelligentes Thermomanagement) ein **Kraftstoffverbrauchs–Einsparpotenzial von 3%-5% im NEFZ** erwarten.
Ein Beispiel: Heutige DI-Diesel, resp. DI-Otto-Motore stellen insbesondere während der Warmlaufphase nur eine sehr begrenzte Wärmemenge für den Fahrzeuginnenraum zur Verfügung, wodurch sich beispielsweise die Zeit zum Defrosten der Frontscheibe sowie zum Aufheizen des Innenraums verlängert. Andererseits sollte dem Motor während dieser Phase so wenig Wärme wie möglich entzogen werden, um die Warmlaufphase und damit den Verbrauchsanteil nicht unnötig zu erhöhen. Es ist also eine **Teilaufgabe** des Thermomanagements, diesem Zielkonflikt durch Kontrolle und Priorisierung gerecht zu werden. Durch eine **dauerhafte Anhebung** der **Kühlmitteltemperatur** im **Teillastbereich** sowie durch reduzierte hydraulische Verluste im kompletten hydraulischen Kreislauf sind Kraftstoffeinsparungen in der o.g. Größenordnung zu realisieren. Das Optimierungspotenzial im Bereich der Kühlung beschränkt sich somit nicht ausschließlich auf die Optimierung der Kühlmittelpumpe. Analog zur Klimaanlage ist eine ganzheitliche Betrachtung des Kühlsystems vorzunehmen. Chanfreau et al. haben ein solches System unter dem Namen THEMIS (= Thermal Management Intelligent System) oder allg. Thermomanagement vorgestellt. Das System ermöglicht eine optimierte Kühlung durch bedarfsgerechte Regelung von Stoff und Wärmeströmen und besteht aus den folgenden Komponenten:
⇒ **Elektronisch geregeltes Thermostat** mit einer durchschnittlichen elektrischen Leistungsaufnahme von 15 Watt und einem Druckverlust von 50 mbar, bei einem Durchsatz von 6000 Liter/Stunde.

⇒ **Drehzahlgeregelter Elektrolüfter**, geeignet für Motorkühlung und Klimaanlage.

⇒ **Elektrische 12 V Kühlmittelpumpe**, **200 W Leistungsaufnahme**.

⇒ Einer in das **Motor-Management** eingebundenen Softwarestruktur, die betriebspunktabhängig die optimale Kühlungsstrategie wählt und hierbei die Sensorik des Motor-Managements (Saugrohrdruckfühler, Motordrehzahl, Geschwindigkeitssignal) nutzt.

Um repräsentative Aussagen zum Einsparpotenzial treffen zu können, wurden 3 Fahrzeuge der Kompaktklasse (Mercedes A-Klasse, 1,6 Liter, 100 PS, **7,2 l/100 km** und **172 g CO_2/km** im NEFZ) mit unterschiedlichen Systemen wie folgt ausgestattet:

• **Fahrzeug 1.)** mit THEMIS.

• **Fahrzeug 2.)** wie Fahrzeug 1.), jedoch mit einer konventionellen (= mechanischen) Kühlmittelpumpe, sog. System Coolmaster.

• **Fahrzeug 3.)** Produktionsstand.

Zur Verbrauchsermittlung wurden Feld Tests sowie Messungen im Windkanal durchgeführt. Im NEFZ wurden mit THEMIS **Einsparungen** in der Größenordnung von bis zu **4%** gemessen. **Das entspricht einer Einsparung von 0,29 l/100km,** bezogen auf die gemessenen Fahrzeuge. Da die Verbrauchseinsparungen im wesentlichen aus einer Anhebung der Kühlmitteltemperatur resultieren, soll nachfolgend näher darauf eingegangen werden. Bild 4.2 zeigt den spezifischen Kraftstoffverbrauch in Abhängigkeit der Kühlmitteltemperatur für verschiedene Betriebspunkte des Motors.

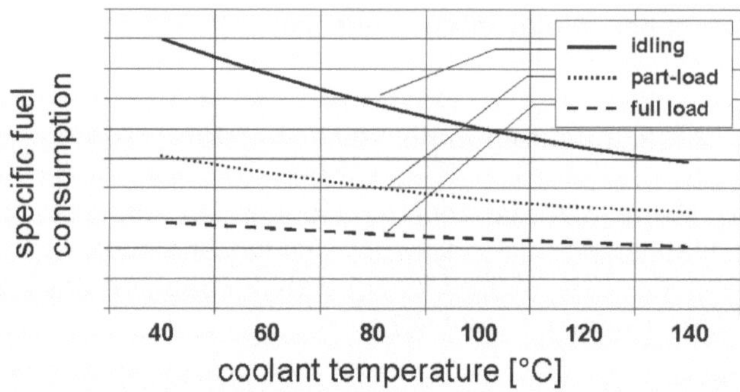

**Bild 4.2: Einfluss der Kühlmitteltemperatur auf den spezifischen Kraftstoff-
verbrauch in Abhängigkeit bestimmter Betriebszustände, [56]**

Dem Diagramm ist zu entnehmen, dass insbesondere im **Leerlauf** sowie
im **Teillastbereich** der Verbrauch bei steigender Kühlmitteltemperatur
sinkt, während im Volllastbereich kaum Änderungen festzustellen sind.
Der Ansatz des Thermomanagements ist also der, in diesen beiden
Bereichen die Kühlmitteltemperatur **dauerhaft** um $\Delta T= 10°K$ bis $20°K$
anzuheben. Es ist allgemein bekannt, dass ein nicht unerheblicher Anteil
des Kraftstoffverbrauchs zu Lasten der Kaltstart bzw. der Warmlaufphase
des Motors geht. Gründe hierfür liegen in der erhöhten Motorreibung
durch kaltes, zähflüssiges Motoröl (= erhöhter Reibmitteldruck) sowie in
der schlechten Gemischaufbereitung. *Durch die schnellere Motor-
erwärmung lassen sich höhere Temperaturen des Kühlmittels
erreichen, welche zu einem schnelleren Anstieg der Öltemperatur
und somit zu einer Reduzierung des Reibmitteldrucks führen.
Ferner trägt eine dauerhafte Erhöhung der Kühlmitteltemperatur
nachhaltig zur Senkung des Reibmitteldrucks bei.*
Vergleicht man den NEFZ mit einem Realfahrzyklus nach Bild 4.3 so
lässt sich festhalten, dass beide Zyklen einen hohen Anteil an Teillast
bzw. Niedriglastpunkten (= Stadtfahrt) aufweisen und eine **permanente**
Anhebung der Kühlmitteltemperatur in diesen Bereichen Einsparungen
erwarten lassen.

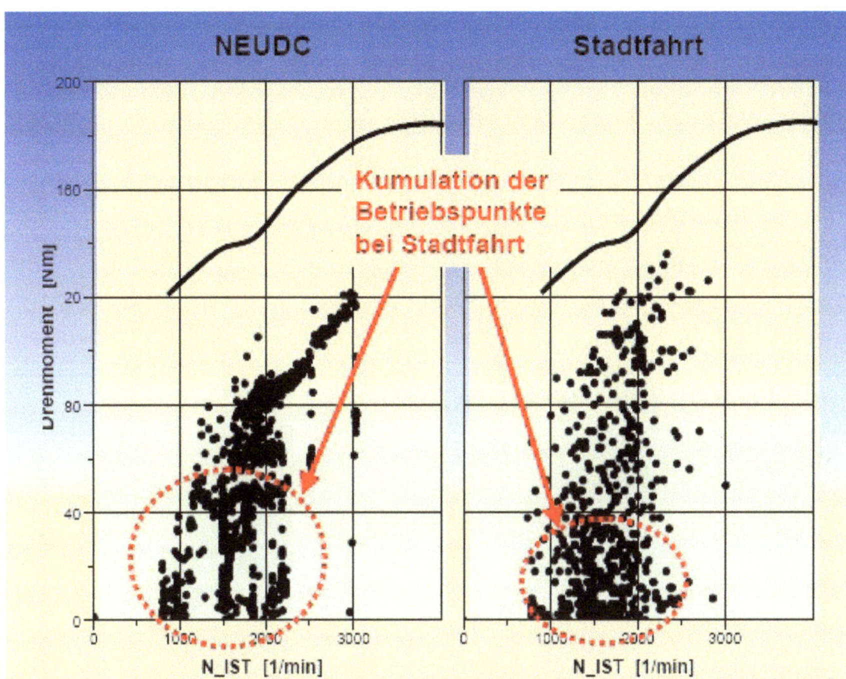

Bild 4.3: Häufigkeitsverteilung von Betriebspunkten im NEFZ sowie in einem Realfahrzyklus, [23]

Chanfreau macht deutlich, dass die Einsparungen bezüglich des Kraftstoffverbrauchs im wesentlichen durch die Anhebung der Kühlmitteltemperatur im Teillastbereich in Verbindung mit dem elektronischen Thermostat erzielt wurden, nicht aber durch den alleinigen Einsatz der elektrischen Kühlmittelpumpe. Im direkten Vergleich der untersuchten Systeme hinsichtlich des Kraftstoffverbrauchs zeigte sich kein signifikanter Unterschied zwischen THEMIS (mit elektrischer Kühlmittelpumpe) sowie dem ansonsten identischen System mit mechanischer Kühlmittelpumpe, von den Autoren als Coolmaster bezeichnet. Entscheidend ist somit die Regelungsstrategie, d.h. das Thermomanagement.

Eifler [23] berichtet in seinem Vortrag zum „intelligenten Nebenaggregate–Management" u.a. über ein Thermomanagementsystem, bei dem die wirkungsvollste Maßnahme zur Reduzierung der Pumpenantriebsleistung die zeitweilige Abschaltung der Kühlmittelpumpe ist.

Eine mögliche Abschaltung der Kühlmittelpumpe ist allen anderen Konzepten zur bedarfsgerechten Anpassung der Pumpendrehzahl deutlich überlegen, da im komplett abgeschalteten Zustand keine Wirkungsgradkette berücksichtigt werden muss. Voraussetzung für diese Regelungsstrategie ist eine sichere Erfassung der Motorkerntemperatur, um einer Überhitzung des Motors entgegenzuwirken. Ein solches Thermomanagementsystem wurde appliziert und auf einem dynamischen Motorenprüfstand dem simulierten Stadtfahrprofil nach Bild 4.3 unterzogen. Erwartungsgemäß zeigte sich ein sehr viel besseres Aufheizverhalten des Motors. Im Zuge mehrerer Wiederholversuche zur statistischen Absicherung der Ergebnisse konnte ein **Verbrauchsvorteil von ca. 4 %** für den Motor mit abschaltbarer, elektrischer Kühlmittelpumpe herausgefahren werden, vgl. Bild 4.4.

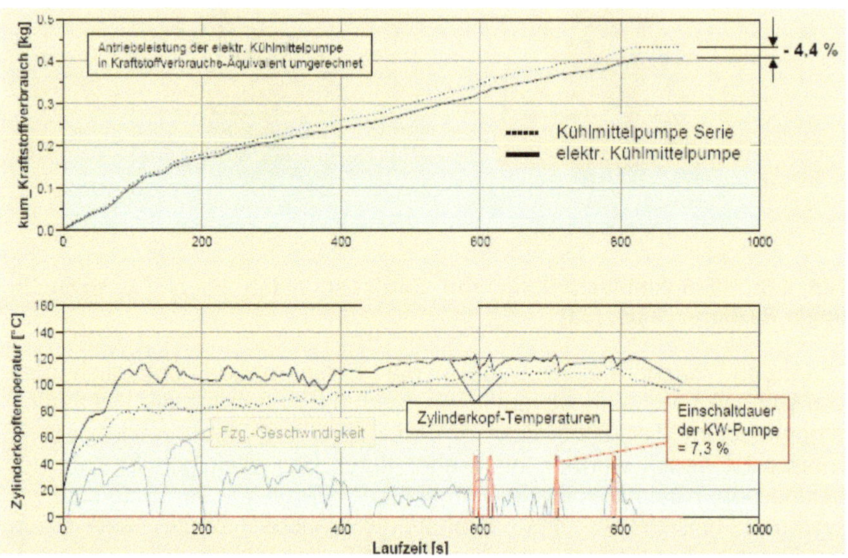

Bild 4.4: Verbrauchseinsparung im simulierten Stadtfahrzyklus mit abschaltbarer Kühlmittelpumpe, [23]

Die geringe Einschaltdauer der elektrisch angetriebenen Kühlmittelpumpe von nur 7,3% im gesamten Zyklus zeigt die Bedeutung der Kühlkreisabschaltung. Konzepte, die den Kühlkreis nur bedarfsorientiert drosseln und nicht abschalten, nutzen diesen Vorteil nicht voll aus.

Es wird auch hier deutlich, dass eine elektrisch angetriebene Kühlmittel-pumpe allein nicht den gewünschten Einspareffekt bringen wird. Vielmehr ist eine funktionierende Regelungsstrategie in Form eines Thermo-managements erforderlich.

4.3.2 Modifizierte Kühlmittelpumpen

<u>4.3.2.1 Elektrische Kühlmittelpumpen</u>

Die Tatsache, dass mechanische und mit dem Verbrennungsmotor starr verbundene Kühlmittelpumpen als deutlich überdimensioniert gelten, führte bei einem Fahrzeughersteller (BMW) bereits zum Einsatz einer elektrisch angetriebenen Pumpe. **Genster [28]** beziffert das **Einsparpotenzial im NEFZ auf 3%-5%** beim Einsatz einer elektrischen Kühlmittelpumpe in Verbindung mit einem intelligenten Thermo-management, vgl. Chanfreau [15]. Neben der bedarfsgeregelten Kühlung ermöglicht der Einsatz einer solchen Pumpe zusätzliche Freiheitsgrade bei der Anordnung im Motorraum. Zur Anwendung kommen bürstenlose Elektromotoren (EC-Motor) nach dem Konzept des Spaltrohrmotors, siehe Bild 4.5.

Bild 4.5: Elektrische Kühlmittelpumpe, [28]

Das Schnittbild zeigt die drei Module Hydraulik, EC-Motor sowie die Elektronik (von links nach rechts). Es handelt sich hierbei um einen sog. Nassläufermotor mit einer trockenen Statorwicklung. Die Abdichtung der Statorwicklung gegen die Kühlflüssigkeit im Rotorraum erfolgt durch korrosionsbeständige, dünnwandige und zylindrische Rohre, sog. Spaltrohre. Der Spaltrohrmotor bildet mit der Pumpe ein wellendichtungs- loses Aggregat und gilt somit als besonders betriebssicher und verschleißfrei. Die Lebensdauer wird lediglich durch die Standzeit der Läuferlagerung begrenzt. Die im Elektronikmodul integrierte Leistungs und Steuerelektronik erfasst die Stellung des Rotors im EC-Motor und bestromt –je nach Lage des Rotors– die Ständerwicklungen. Die Regelung erfolgt durch das Motor-Managementsystem. Durch die Entkopplung der Kühlmittelfördermenge vom Antrieb des Motors ist somit eine bedarfsgerechte Kühlung möglich. So kann beispielsweise bei hoher Motorlast, niedrigen Drehzahlen und hohen Außentemperaturen eine ent- sprechend hohe Kühlleistung bereitgestellt werden, ohne dafür bei hoher Drehzahl eine unnötig hohe Leistungsaufnahme der Kühlmittelpumpe in Kauf nehmen zu müssen.

Die Kühlmittelpumpe mit einer Masse von 2 kg hat eine maximale elektrische Leistungsaufnahme von 200 Watt und kann im PKW-Bereich für Motoren mit einer Nutzleistung bis zu 200 kW eingesetzt werden. Ferner erlaubt die Entkopplung vom Antrieb des Verbrennungsmotors einen gezielten Nachlauf zur Vermeidung sog. „Hot Spots".

Der **Wirkungsgrad** elektrischer Kühlmittelpumpen wurde von Rocklage et al. [56] untersucht und mit einem Wert von **60%-65%** angegeben. Diese Werte sind jedoch unter dem Einfluss der elektrischen Wirkungsgradkette wie folgt zu relativieren.

Berücksichtigt man den durchschnittlichen Wirkungsgrad eines modernen Generators von η_{Gen} = 0,6, dann resultieren daraus Wirkungsgrade von η_{Kette} = 0,6 x 0,6= 0,36 (**= 36%**) bis η_{Kette} = 0,6 x 0,65= 0,39 (**= 39%**). Bezogen auf die Kühlmittelpumpe als Bauteil ergeben sich somit in etwa die gleichen Werte wie bei einer mechanisch angetriebenen Kühlmittelpumpe konventioneller Bauart, vgl. Bild 3.15. Genster hingegen nennt für die in Bild 4.5 gezeigte elektrische Kühlmittelpumpe einen max. Gesamtwirkungsgrad von η_{Kette} = 0,45 (**= 45,6%**). Bild 4.6 zeigt den Wirkungsgradverlauf dieser elektrischen Kühlmittelpumpe.

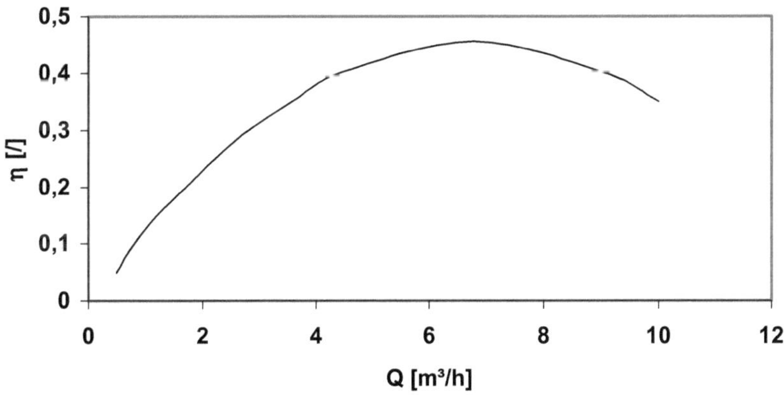

Bild 4.6: Wirkungsgrad der elektrischen Kühlmittelpumpe, [28]

Es ist davon auszugehen, dass der Wirkungsgradnachteil gegenüber einer mechanischen Kühlmittelpumpe durch eine angepasste Drehzahlregelung überkompensiert wird, was wiederum ein funktionierendes Thermomanagement voraussetzt.

Nach Angaben des Herstellers belaufen sich die zusätzlichen Produktkosten dieser elektrischen (Serien) Kühlmittelpumpe auf **€50,- bis €80,-**
Es bleibt festzuhalten, dass durch den Einsatz einer **elektrischen Kühlmittelpumpe** in Verbindung mit einem intelligenten Thermomanagement eine **Reduzierung** des **Kraftstoffverbrauchs** von max. **5%** im **NEFZ** umsetzbar ist.

Bezogen auf den Standard-Benziner sowie den Standard-Diesel aus Kapitel 4.1 ergeben sich daraus mögliche Verbrauchseinsparungen von:

⇒ **Standard-Benziner:**   **0,39 l/100km**
⇒ **Standard-Diesel:**   **0,27 l/100 km**

Fulton [27] beschreibt in seiner Patentschrift ebenfalls eine elektrisch angetriebene Kühlmittelpumpe. Der Autor weißt darauf hin, dass es für eine Vielzahl von Elektromotoren charakteristisch sei, zur Erzielung guter Wirkungsgrade eine konstante Drehzahl zu halten, auch bei variablen Lastbedingungen. Generell stellt dies auch eine Pumpencharakteristik dar, die so ausgelegt sein sollte, bei variablen Betriebsbedingungen immer mit einer konstanten Drehzahl zu laufen. Fulton beschreibt in seiner Erfindung eine Pumpe mit Elektromotor, welche bei **konstanter Drehzahl** einen regulierbaren Kühlmittelfluss bei unterschiedlichen Betriebsverhältnissen gewährleistet. Die an die verschiedenen Motorbetriebsbedingungen angepassten Kühlmittelvolumenströme werden durch verstellbare Leitschaufeln am Pumpeneintritt realisiert. Die Leitschaufeln werden, in Abhängigkeit von einem Kühlmitteltemperatursignal, entsprechend der erforderlichen Kühlleistung des Verbrennungsmotors verstellt und haben somit die Aufgabe, den Kühlmittelvolumenstrom durch den Pumpenläufer wahlweise zu erhöhen oder zu vermindern. Hierbei können die Leitschaufeln rein mechanisch über ein thermostatisch betätigtes Element in Verbindung mit einem Gestänge verstellt werden oder alternativ dazu in elektromechanischer Form durch einen Elektromotor und Gestänge. Die Veränderung der Durchflussmenge durch die Verstellung der Leitschaufeln erfolgt in etwa linear proportional, analog zum Verhalten konventioneller Wachsthermostate im Kühlsystem. Nach Ansicht des Autors ist es somit möglich, auf ein elektronisch geregeltes Thermostat zu verzichten. Bild 4.7 zeigt den Schnitt durch eine mögliche Pumpenausführung.

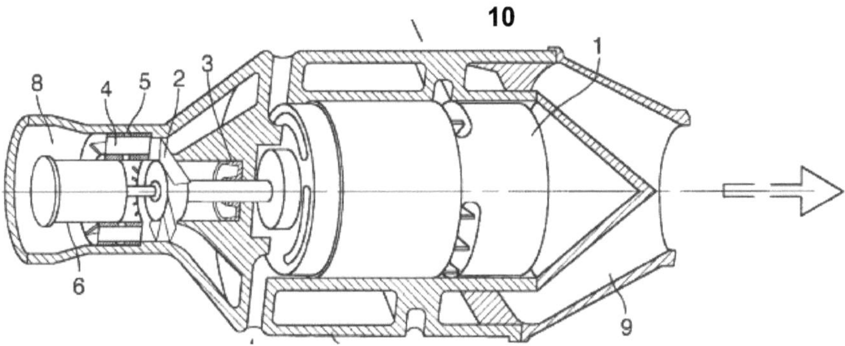

Bild 4.7: Schnitt durch eine mögliche Ausführung der Pumpe, [27]

Der Elektromotor (1) läuft mit konstant hoher Drehzahl (ca. 10.000 1/min) und treibt den Läufer (2) an. Eine Dichtung (3) sorgt für die notwendige Abdichtung zwischen dem Elektromotor und dem Pumpengehäuse (10). Die ringförmig angeordneten und verstellbaren Leitschaufeln (4) steuern den Volumenstrom vom Eintritt (8) in die Öffnung des Läufers (2), welcher wiederum die Flüssigkeit durch den Mantelraum des Gehäuses zum Austritt (9) fördert. Die Winkelverstellung der Leitschaufeln (4) korreliert mit dem Grad der Verstellung des Leitschaufel-Gestänge-Führungsrings (5), der durch das thermostatisch verbundene Element (6) bewegt wird. Änderungen in der Kühlmitteltemperatur bewirken ein Ausdehnen bzw. ein Zusammenziehen des Elements (6), was zu einer entsprechenden Änderung des Verstellweges führt. Eine Feder zwingt das Element (6) in seine Ausgangsposition zurück. Bild 4.8 zeigt eine gebaute Pumpe. Das Bauteil (27) stellt den Läufer dar, Bauteil (32) zeigt die Leitschaufeln. Bei Interesse an dem Verstellmechanismus sei auf die Patentschrift verwiesen. Bild 4.9 zeigt den Leistungsvergleich zwischen einer konventionellen Kühlmittelpumpe sowie der hier vorgestellten Bauart.

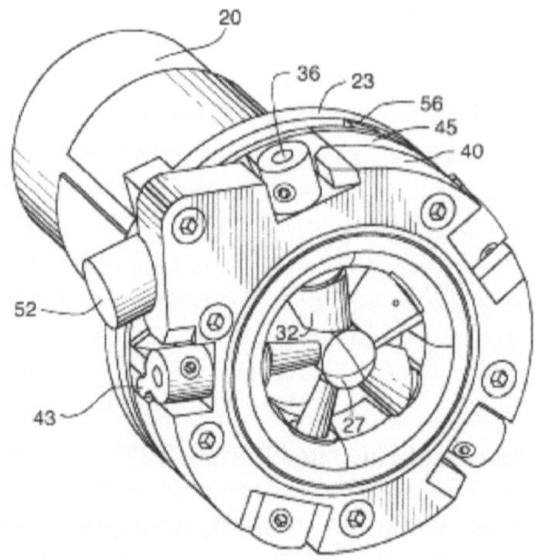

Bild 4.8: Beispiel einer gebauten Pumpe, [27]

– – – – Leistungsbedarf herkömmlicher Pumpen [W]

————— Leistungsbedarf einer Pumpe nach Fulton[W]

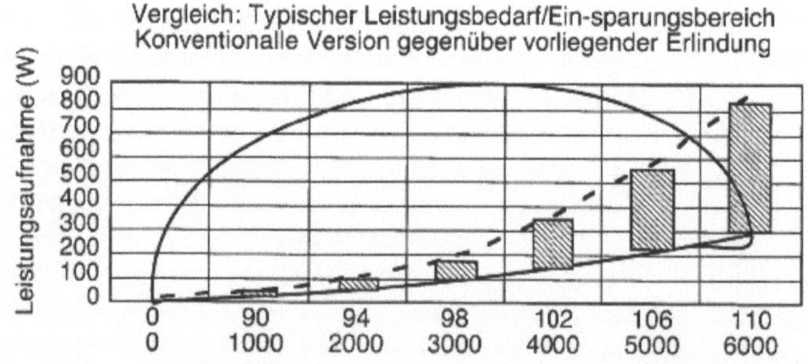

Bild 4.9: Leistungsvergleich der vorliegenden erfindungsgemäßen Bauart mit einer konventionellen Kühlmittelpumpe, [27]

Bild 4.9 ist zu entnehmen, dass mit der elektrischen Kühlmittelpumpe nach Fulton im Hochdrehzahlbereich enorme Einsparungen in der Leistungsaufnahme der Pumpe möglich sind. Im häufig angefahrenen Teillastbereich des Motors (bis 3000 1/min) hingegen fallen die Einsparungen jedoch recht gering aus. In einem betriebstypischen Lastpunkt von 4000 1/min ergibt sich eine Reduzierung der Antriebsleistung von ca. 200 W. Betrachtet man diesen stationären Betriebspunkt unter Berücksichtigung von Gleichung (11), so lassen sich die folgenden **Einsparungen** bezüglich des **Kraftstoffverbrauchs** im **NEFZ** berechnen.

Ottomotor:

$$\Delta C = \left(\frac{K_{Otto} \cdot \Delta P_{Pumpe}}{v} \right) \cdot 100 = \left(\frac{0{,}256 \dfrac{l}{kWh} \cdot 0{,}2 kW}{33{,}6 km/h} \right) \cdot 100 = 0{,}15 l / 100 km$$

Dieselmotor:

$$\Delta C = \left(\frac{K_{Diesel} \cdot \Delta P_{Pumpe}}{v} \right) \cdot 100 = \left(\frac{0{,}199 \dfrac{l}{kWh} \cdot 0{,}2 kW}{33{,}6 km/h} \right) \cdot 100 = 0{,}12 l / 100 km$$

Angaben zu möglichen Kosten konnten nicht ermittelt werden.
Abschließend betrachtet können der elektrischen Kühlmittelpumpe die folgenden, funktionalen Vorteile zugesprochen werden·

• die elektrische Kühlmittelpumpe ist eine einfache Lösung zur No Flow Strategie, d.h. stehendes Kühlwasser (auch als Null-Leckage bekannt) und ermöglicht somit primär eine schnellere Erwärmung des Motors sowie durch intelligentes Zu– und Abschalten eine Anhebung der Kühlmitteltemperatur.
• Pumpennachlauf möglich bei Motor „aus" zur Vermeidung von Hitzenestern („Hot Spots").
• Regelung der Durchflussmenge vs. Motorlast unabhängig von der Motordrehzahl.
• ferner besteht durch die elektrische Kühlmittelpumpe die Möglichkeit, weitere Systeme (AGR-Kühler, etc.) bedarfsgerecht zu versorgen.

Voraussetzung für eine wirksame Umsetzung der genannten Vorteile ist eine Regelungsstrategie in Form eines Thermomanagements.

4.3.2.2 Kühlmittelpumpenantrieb

Der Einsatz eines elektromagnetischen Antriebs der mechanischen Kühlmittelpumpe im NFZ-Sektor (Heavy Duty) wurde von **Krafft et al. [46]** vorgeschlagen. Hierbei treibt eine in die Riemenscheibe integrierte und elektromagnetisch betätigte Reibschaltkupplung die mechanische Kühlmittelpumpe an. Die Reibschaltkupplung kann wahlweise mit dem Pumpenschaft oder mit dem Pumpengehäuse verbunden werden, siehe Bild 4.10.

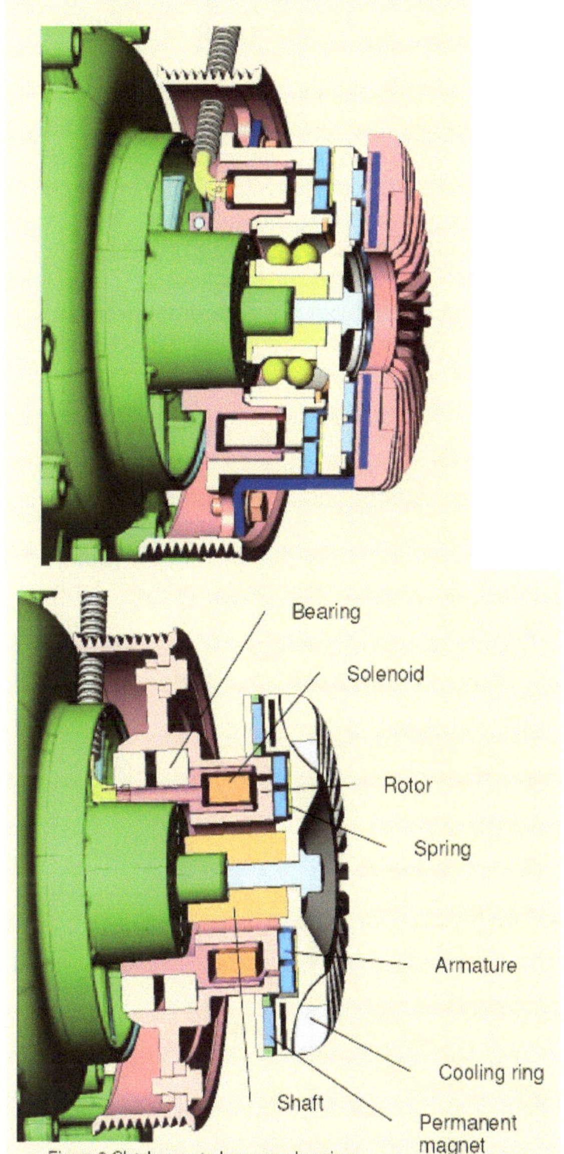

**Bild 4.10: Montage auf der Pumpenwelle (oben), Montage auf dem Pumpen-
gehäuse (unten), [46]**

Der Betrieb der Kühlmittelpumpe lässt sich in 2 Betriebsarten unterteilen:

• *Modus 1, der indirekte Antrieb:* Die Reibschaltkupplung befindet sich nicht im Eingriff. In diesem Fall ist die Pumpendrehzahl geringer als die Drehzahl der Riemenscheibe. Eine Wirbelstromkupplung zwischen der Riemenscheibe und der Pumpe sorgt für einen Mitlauf der Pumpe (entsprechend 50% der Riemenscheibendrehzahl). Dieser Modus erfordert keine elektrische Leistung und erfüllt die Fail Safe Forderung.

• *Modus 2, der direkte Antrieb:* Die Drehzahl der Pumpe entspricht der Drehzahl der Riemenscheibe. Beide Bauteile werden über ein elektromagnetisches Schaltventil miteinander verbunden.

Untersuchungen von Krafft haben ergeben, dass die Pumpe im überwiegenden Teil des Betriebes mit geringer Drehzahl laufen kann, entsprechend Modus 1. Bei langer Autobahnfahrt unter konstanten Bedingungen reduziert sich die Einschaltzeit der elektromagnetisch betätigten Kühlmittelpumpe auf weniger als 15% der gesamten Motorlaufzeit. Testläufe unter sog. Hot Climate Conditions (= heiße Klimazonen) und inklusive Bergfahrten führten zu Einschaltzeiten von maximal 60%. Die elektromagnetisch angetriebene Kühlmittelpumpe ist im Modus 1 in der Lage, die Antriebsleistung um bis zu 3,5 kW zu reduzieren, siehe Bild 4.11.

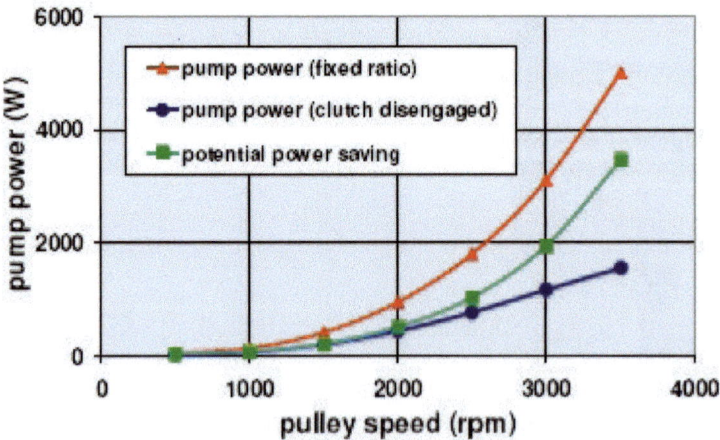

Bild 4.11: Einsparpotenzial durch Einsatz einer elektromagnetischen Kupplung zum Antrieb der Kühlmittelpumpe, [46]

Bild 4.12 zeigt die elektromagnetische Kupplung in eine Riemenscheibe integriert.

Bild 4.12: Elektromagnetische Kupplung, integriert in eine Riemenscheibe, [46]

Bild 4.13 zeigt das Kompaktmodul Riemenscheibe und Kühlmittelpumpe.

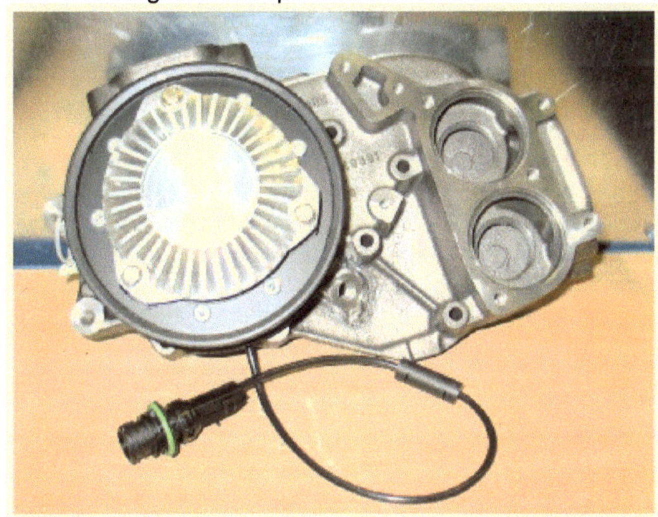

Bild 4.13: Kompaktmodul, [46]

In Abhängigkeit der klimatischen wie auch der Fahrbedingungen erschließt sich nach Krafft ein **Kraftstoffeinsparpotenzial** von **0,5-1,0%, bezogen auf den Gesamtverbrauch.** Dieser Wert entspricht nahezu einer kompletten Kompensation des Verbrauchsanteils der Kühlmittelpumpe im NFZ, vgl. Kapitel 3.4.2. Ausgehend von einem durchschnittlichen Kraftstoffverbrauch von ca. 30 Liter/100 km für einen 40 Tonnen Schwerlastzug [81] ergibt sich eine mögliche **Einsparung** von max. **0,3 Liter/100 km**. Die elektromagnetische Kupplung eignet sich ebenfalls für die Anwendung im PKW–Bereich. Da die Leistungsaufnahme einer mechanischen Kühlmittelpumpe im PKW jedoch deutlich geringer ist als im NFZ, wird die erzielbare Kraftstoffeinsparung vermutlich auch geringer ausfallen. Voraussichtliche Kosten für die elektromagnetische Kupplung konnten nicht ermittelt werden. Jedoch gaben die Autoren auf Nachfrage an, dass die Reibschaltkupplung die Kosten der Kühlmittelpumpe nicht übersteigen sollte und eine Amortisation innerhalb eines Betriebsjahres zu erwarten sei. Diesbezügliche Recherchen haben ergeben, dass für eine Kühlmittelpumpe im NFZ Kosten von ca. € 280,- zu veranschlagen sind.

Neben den bereits betrachteten Alternativen der elektrischen Kühlmittelpumpe sowie der elektromagnetisch angesteuerten Kühlmittelpumpe, steht mit der von **Namuduri et al. [51]** vorgeschlagenen magnetorheologischen Fluidkupplung (= MRF-Kupplung) eine weitere Variante zur Verfügung. Das Pumpenantriebssystem besteht aus einer MRF-Kupplung und einer konventionellen Kühlmittelpumpe. Die MRF-Kupplung verfügt über eine Drehmomenteingangsschnittstelle, eine Drehmomentausgangsschnittstelle sowie einer magnetorheologischen Flüssigkeit als übertragendes Element zwischen den beiden Schnittstellen. Die Eingangsschnittstelle ist mit der Riemenscheibe verbunden, entsprechend wird die Ausgangsschnittstelle mit der Kühlmittelpumpe verbunden. Die Regelung der MRF-Kupplung ist idealerweise in das Motor-Management integriert, um eine kontinuierlich variable Drehmomentübertragung von der Eingangsschnittstelle zur Ausgangsschnittstelle zu ermöglichen. Durch diese Maßnahme lässt sich eine variable Drehzahl der Kühlmittelpumpe erzeugen, die wiederum einen variablen Kühlmittelvolumenstrom im Kühlkreislauf realisiert. Die MRF-Kupplung sorgt somit für eine kontinuierlich einstellbare Pumpendrehzahl durch eine Steuerung des übertragenen Drehmoments. Dabei kann die MRF-Kupplung wahlweise Bestandteil der Riemenscheibe oder Teil der Kühlmittelpumpe sein, je nach Art der konstruktiven Ausführung. Bild 4.14 zeigt das Blockdiagramm einer solchen Steuerung.

In Bild 4.15 wird eine mögliche Ausführungsform eines Pumpenantriebs (105) gezeigt, welche die hier beschriebene MRF-Kupplung (160) beinhaltet, die wiederum mit einer Kühlmittelpumpe (165) verbunden ist. Die MRF-Kupplung (160) besteht aus der bereits erwähnten Eingangsschnittstelle (170), dem MRF (180) sowie der Ausgangsschnittstelle (175). Die Eingangsschnittstelle (170) ist mit einer Hilfsantriebswelle (120) verbunden, die Ausgangsschnittstelle (175) wird über eine Zwischenwelle (195) mit der Kühlmittelpumpe (165) verbunden. Die MRF-Kupplung umfasst eine Erregerspule (200), die im Hohlraum (185) angeordnet ist. Im Hohlraum (185) befindet sich das MRF (= magnetorheologisches Fluid, 180). Das MRF (180) kann aus magnetisierbaren Partikeln, wie beispielsweise Carbonyleisenspheroide bestehen, welche in einem viskosen Fluid, z.B. synthetischem Kohlenwasserstofföl, verteilt sind. Im Betriebszustand wird die Erregerspule (200) über ein vom Motor-Management aufbereitetes Signal bestromt und erzeugt damit ein von der Dauer/Höhe des geschalteten Stromes abhängiges und variables Magnetfeld über die Eingangsschnittstelle (170), das MRF (180) sowie die Ausgangsschnittstelle (175). Dadurch wird das MRF (180) aktiviert und gewährleistet eine Drehmomentübertragung von der Eingangsschnittstelle (170) zur Ausgangsschnittstelle (175) und weiter zur Kühlmittelpumpe (165).

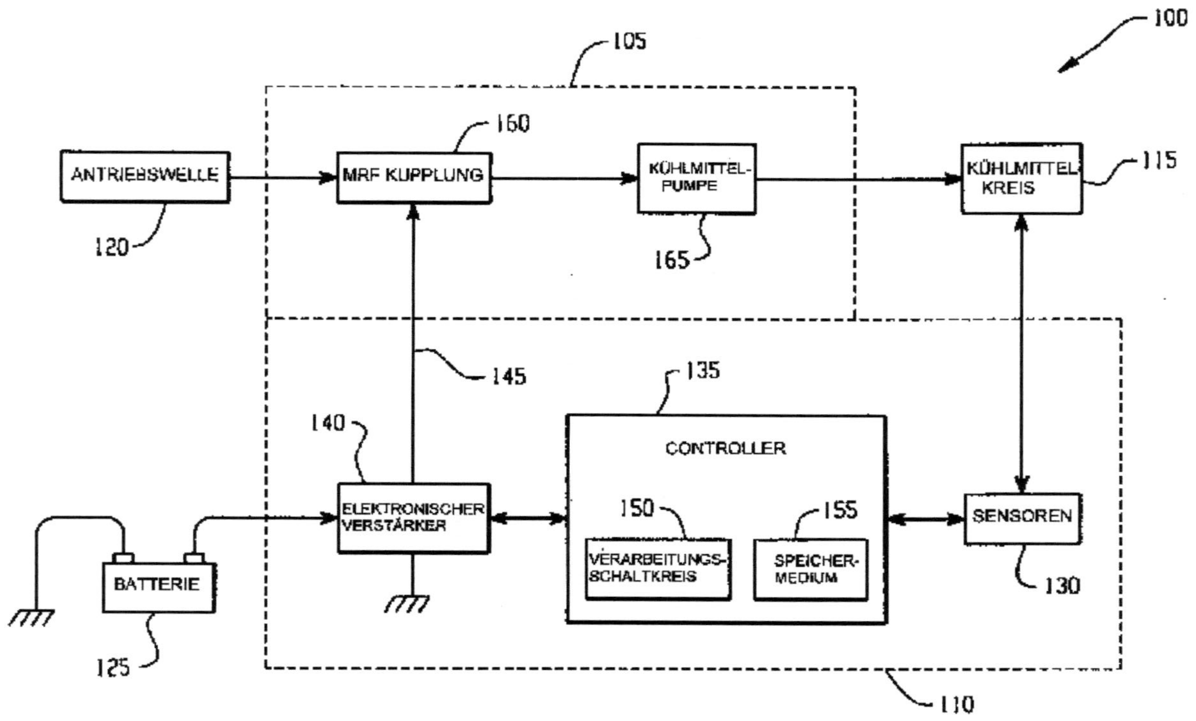

Bild 4.14: Schema des MRF-Systems, [51]

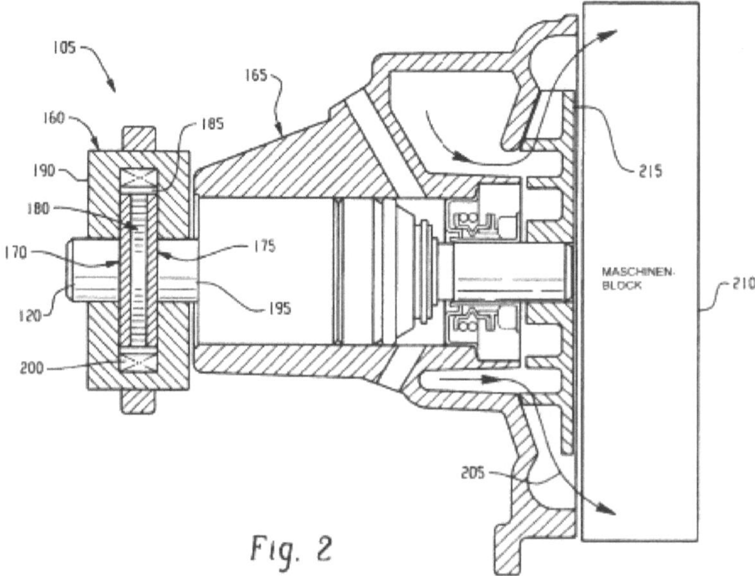

Bild 4.15: Mögliche Anordnung einer MRF-Kupplung, [51]

Bezüglich des Wirkungsgrades sowie möglicher Kraftstoffeinsparpotenziale des MRF-Systems ließen sich die folgenden Informationen in Erfahrung bringen.

Im **Vergleich** zur **mechanischen** Kühlmittelpumpe:

• Das MRF-System hat den annähernd gleichen Wirkungsgrad wie die konventionelle, mechanisch angetriebene Kühlmittelpumpe.
Die „on demand" Funktionalität ermöglicht jedoch einen bedarfsgerechten Antrieb bei niedrigeren, d.h. angepassten Drehzahlen, wodurch sich die Verluste reduzieren lassen.

Im **Vergleich** zur **elektrischen** Kühlmittelpumpe:

• Der Gesamtwirkungsgrad der MRF angetriebenen Kühlmittelpumpe ist vergleichbar mit dem Wirkungsgrad der elektrischen Kühlmittelpumpe, unter Berücksichtigung der elektrischen Wirkungsgradkette.

Die Autoren heben explizit hervor, dass die MRF-Kupplung eine Stromaufnahme von weniger als 5 Ampere bei maximalem Kühlmitteldurchsatz benötigt, während vergleichbare elektrische Kühlmittelpumpen das Bordnetz mit bis zu 100 Ampere bei maximaler Fördermenge belasten.

In Abhängigkeit des Kühlsystems bzw. der zu erbringenden Kühlungsleistung sind durch den Einsatz eines MRF-Systems **Kraftstoffeinsparungen** von **2-3%** im **NEFZ** zu erwarten, <u>ohne</u> dass ein zusätzliches, elektronisch geregeltes Thermostat verwendet werden muss.
Bezogen auf den Standard-Benziner sowie den Standard-Diesel aus Kapitel 4.1 ergeben sich daraus mögliche Verbrauchseinsparungen von:

⇒ **Standard-Benziner:**   **0,23 l/100 km**
⇒ **Standard-Diesel:**   **0,16 l/100 km**

Die **Zusatzkosten** des MRF-Systems werden von den Patentanmeldern mit ca. **€35,-** angegeben.

Lemberger [48] schlägt vor, die Kühlmittelpumpe über ein Reibrad zu bzw. abzuschalten. Bild 4.16 zeigt eine ausgeführte Variante, die seit 2007 in Serie ist.

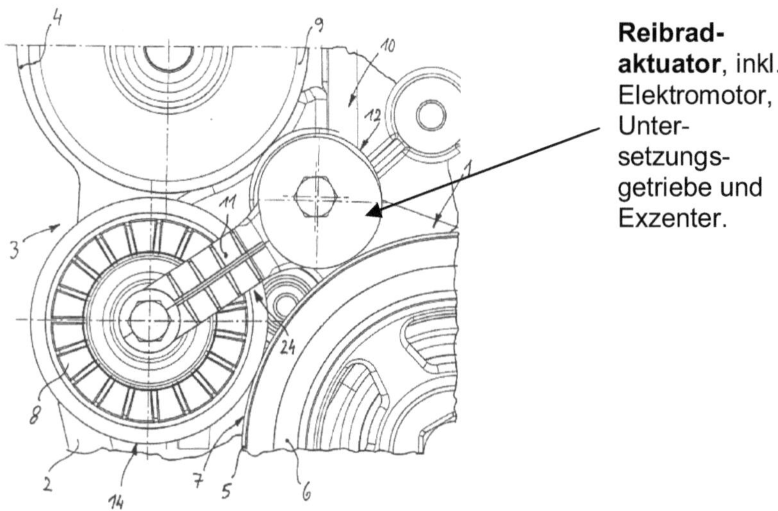

Bild 4.16: Ausgeführter Kühlmittelpumpenantrieb über Reibrad, [48]

Der Reibradaktuator (12) enthält einen Elektromotor und wird über ein PWM Signal vom Motorsteuergerät angesteuert. Im bestromten Zustand wird die Drehbewegung des Elektromotors über ein Untersetzungsgetriebe auf den Exzenter übertragen und die Drehbewegung in eine Hubbewegung des Schwenkarms (11) übersetzt. Der Schwenkarm rückt aus und das Reibrad (8) hebt sich von der Riemenscheibe (9) der Kühlmittelpumpe ab, d.h. die Pumpe wird abgeschaltet. Wird der Stromfluss zum Aktuator unterbrochen, rückt das Reibrad ein und die Kühlmittelpumpe wird angetrieben. Somit ist auch die Fail Safe Forderung erfüllt. Auch diese Form des Kühlkreislaufs setzt ein intelligentes Thermomanagement inkl. Kennfeldthermostat voraus. So wird die Pumpe erst dann zugeschaltet, wenn das Kühlmittel eine Temperatur von 103°C erreicht hat, vgl. Bild 4.17.

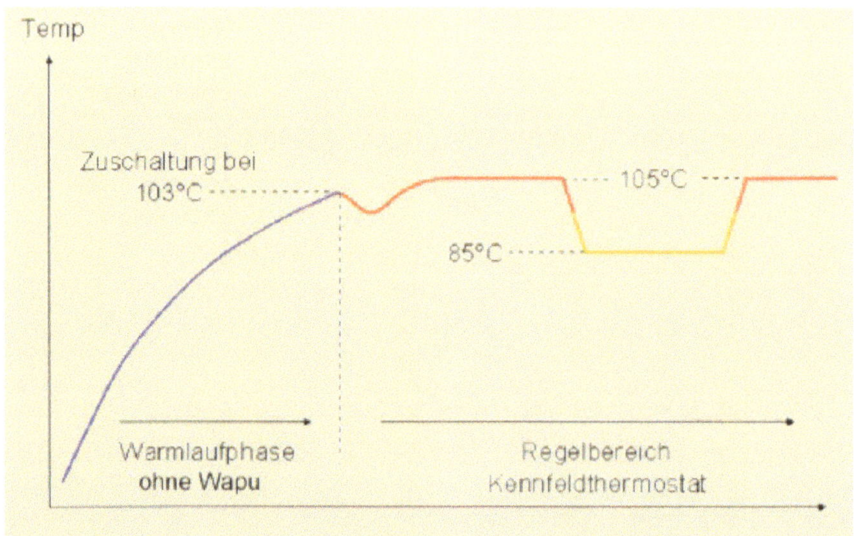

Bild 4.17: Thermomanagement für den Pumpenantrieb, [48]

Die Stromaufnahme des Elektromotors liegt bei ca. 15W. Lemberger gibt eine **Verbrauchseinsparung** für die abschaltbare Kühlmittelpumpe –in Verbindung mit dem Thermomanagement– von ca. **1%** im **NEFZ** an. Der Kostenaufwand für die Variante mit Reibrad wird auf €20,- geschätzt.

4.3.2.3 Konventionelle Kühlmittelpumpen

Deguchi et al. [18] haben nach Möglichkeiten gesucht, den Wirkungsgrad konventioneller, mechanischer Kühlmittelpumpen nachhaltig zu verbessern. Die Autoren bezogen sich bei ihren Forschungen auf die Theorie von Stepanoff, nach der es möglich ist, den Wirkungsgrad von Zentrifugal sowie Axialpumpen auf bis zu 75% zu steigern. Wie bereits aus Kapitel 3.4.2 bekannt, resultieren die Verluste einer Kühlmittelpumpe aus mechanischen Verlusten (Lagerreibung, etc.) sowie hydraulischen Verlusten (Leckagen, Strömungsverluste). Der Ansatz der Autoren war, durch eine deutliche Reduzierung der hydraulischen Verluste den Wirkungsgrad der mechanischen Kühlmittelpumpe zu verbessern.
Bild 4.18 zeigt die qualitative Aufteilung der Verluste.

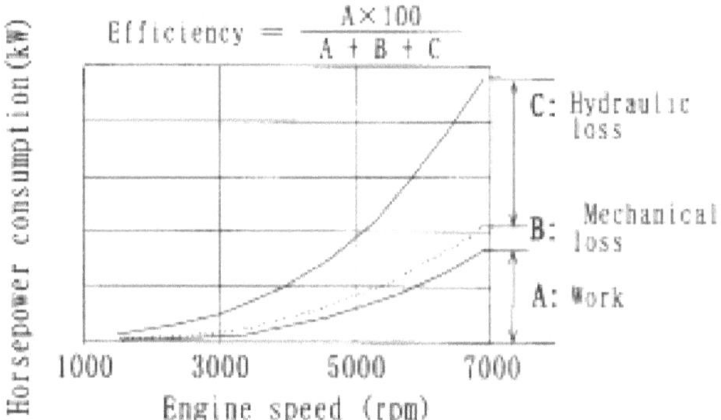

Bild 4.18: Qualitative Aufteilung der Verluste einer mechanischen Kühlmittelpumpe, [18]

Die Optimierung setzt voraus, die o.g. Verlustquellen ihrer Größe nach zu charakterisieren. Zu diesem Zweck wurden die zahlreichen Verlustquellen in einer Art Suchbaum sukzessive zerlegt. Dabei zeigte sich, dass die hydraulischen Verluste den größten Anteil stellen. In einem nächsten Schritt wurden die konstruktiven Parameter ermittelt, die den hydraulischen Verlustanteil erzeugen. In der Summe ergaben sich fünf konstruktive Einflussgrößen auf die hydraulischen Verluste:

• die Querschnittsfläche im Auslassbereich der Pumpe
• der An– bzw. Einströmwinkel des Schaufelrades
• der Innendurchmesser des Schaufelrades
• der Außendurchmesser des Schaufelrades
• die Anzahl der Schaufeln

Diese 5 Konstruktionsmerkmale wurden ferner einer Regressionsanalyse unterzogen, um anschließend jeden konstruktiven Parameter mit einem Faktor gewichten zu können. Die Autoren kamen zu dem Schluss, dass die hydraulischen Verluste im wesentlichen auf die folgenden vier Gründe zurückzuführen sind.

• Der Durchfluss der Pumpe wird durch die Änderung der Strömungsgeschwindigkeit am spiralförmigen Ausfluss behindert.
• Die hydraulischen Verluste steigen mit zunehmender Fördermenge an.

• Strömungsunterbrechungen (= Ablösungen) an den Schaufeln führen zum Anstieg der Verluste.

• Verluste durch saugseitige Kollision der Flüssigkeit mit den Schaufel-rädern der Pumpe.

Eine konstruktive Änderung dieser Einflussgrößen war anzustreben.
Es stellte sich heraus, dass für derartige Änderungen das ursprüngliche Layout (Design und Größe) der Pumpe nicht geändert werden musste. Basierend auf Simulationen zum Strömungsverhalten, Druckverlust, etc. war es möglich, mit den geänderten Konstruktionsmerkmalen der Pumpe einen Prototypen herzustellen. Dieser Prototyp wurde vermessen und die ermittelten Werte mit den Werten der Basispumpe verglichen. Bei unveränderten Abmessungen der Pumpe sowie identischen Volumen-strömen zeigte die modifizierte Pumpe einen Wirkungsgrad, der den Wirkungsgrad der Basispumpe ungefähr um den Faktor 2 übertraf. Gemessen wurde in einem stationären Betriebspunkt bei einer Motor-drehzahl von 4000 1/min.
Es muss an dieser Stelle ausdrücklich erwähnt werden, dass von Deguchi keine Werte für den Wirkungsgrad genannt wurden. Die Autoren machten jedoch deutlich, dass der von Stepanoff genannte Maximalwert des Wirkungsgrades von 75% mit den Erkenntnissen aus dem Forschungsprojekt umsetzbar gewesen wäre, dies hätte jedoch eine Anpassung im Package erforderlich gemacht. Nach Angabe der Autoren befinden sich optimierte Kühlmittelpumpen bereits in Produktion (Hersteller, Nissan).

4.3.3 Modifizierte Lüfter

Während sich im PKW-Sektor der Elektrolüfter flächendeckend durch-gesetzt hat und der Einfluss auf den Kraftstoffverbrauch als verhältnis-mäßig gering eingestuft werden kann, stellt sich der Zusammenhang im Nutzfahrzeugsektor grundlegend anders dar.
Im Bereich schwerer NFZ kommen überwiegend Viskolüfter zum Einsatz, wie sie bereits in Kapitel 3.4.3 ausführlich beschrieben wurden. Eine Möglichkeit zur Verbrauchseinsparung ist mit dem extern geregelten Viskolüfter gegeben, wie er von **Hager et al. [34]** vorgestellt wird. Ein Vergleich des Zu– und Abschaltverhaltens von herkömmlichen Bimetall und extern geregelten Lüfterkupplungen zeigt das Bild 4.19.

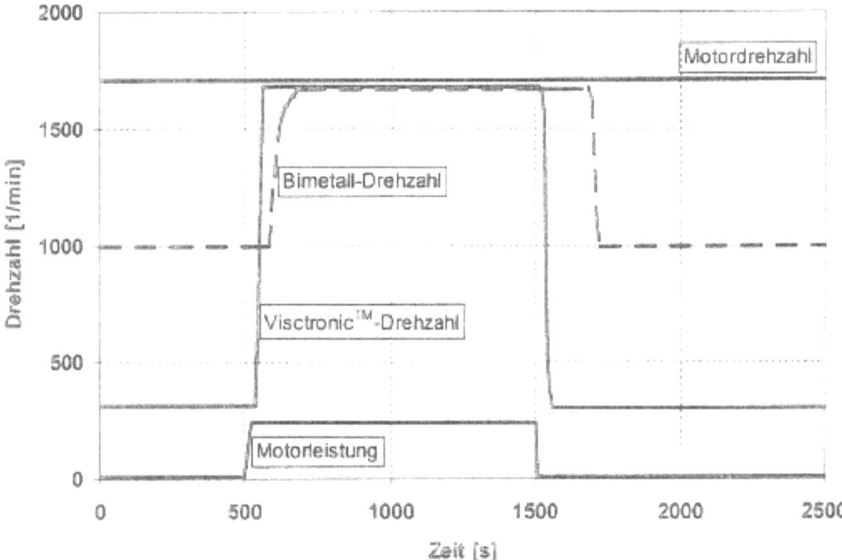

Bild 4.19: Vergleich des Zu und Abschaltverhaltens einer Bimetall sowie einer elektronisch angesteuerten Viskokupplung (Visctronic), [34]

Betrachtet man das Schaltverhalten beider Systeme so fällt auf, dass die über ein Bimetall geregelte Lüfterkupplung deutlich träger reagiert. Dies wiederum bedeutet, dass eine höhere Leerlaufdrehzahl gewählt werden muss, soll bei einem Lastsprung ein Überschwingen der Kühlmitteltemperatur vermieden werden. Dieser Umstand, wie auch das verzögerte Abschalten der Lüfterkupplung, führt zu einem messbaren Kraftstoffmehrverbrauch gegenüber der extern angesteuerten Lüfterkupplung. Nach einer sprunghaften Laständerung verstreicht somit viel Zeit, bis die Lüfterkupplung reagiert. Bei Verwendung einer extern geregelten Lüfterkupplung hingegen kann der Lüfter deutlich schneller auf Laständerungen reagieren. Hager et al. haben in einer Vielzahl von Messungen und ergänzt durch Simulationen den Einfluss unterschiedlicher Viskolüfteransteuerungen auf den Kraftstoffverbrauch untersucht. Hierzu wurde ein Stufenversuch mit einer Dauer von 500 Sekunden sowie ein realistischer Straßenzyklus mit einer Dauer von 3,5 Stunden simuliert. Für den Straßenzyklus stand außerdem ein Prüfstand zur Verfügung.

Um den Nachweis des Einsparpotenzials erbringen zu können, musste die aufgebrachte Lüfterarbeit ermittelt und ausgewertet werden. Der Lüfter wurde hierbei nur im befeuerten Motorbetrieb betrachtet, d.h. Motormoment > 0. Unter Berücksichtigung der Lüfterdrehzahl, der Eingangsdrehzahl der Lüfterkupplung sowie der Lüfterkennwerte konnten die Lüfterleistung und die Lüfterkupplungsleistung bestimmt werden.

$$P_{Lüfter} = n_{Lüfter} \cdot A \cdot (n_{Lüfter}/1000)^B / 9550 \qquad (15)$$

$$P_{Kupplung} = n_{Eingang} \cdot A \cdot (n_{Lüfter}/1000)^B / 9550 \qquad (16)$$

A, B= Lüfterkennwerte, den Herstellerdiagrammen zu entnehmen.
$n_{Lüfter}$ = Lüfterdrehzahl im befeuerten Zustand, ansonsten gleich Null.
$n_{Eingang}$ = Eingangsdrehzahl Lüfterkupplung

Aus dem Verhältnis von Lüfter bzw. Kupplungsarbeit zur effektiven Arbeit des Verbrennungsmotors ergibt sich die relative Lüfterarbeit sowie die relative Kupplungsarbeit zu:

$$W_{Lüfter_{rel}} = \frac{W_{Lüfter}}{W_{Motor}} \cdot 100\% \qquad (17)$$

$$W_{Kupplung_{rel}} = \frac{W_{Kupplung}}{W_{Motor}} \cdot 100\% \qquad (18)$$

$$W_{Motor} = \int P_{Motor}(t) \cdot dt \quad \text{für } P_{Motor} > 0 \qquad (19)$$

P_{Motor} = Effektive Motorleistung, t= Zeit, W_{Motor} = effektive Motorarbeit, $W_{Lüfter, rel}$ = relative Lüfterarbeit, $W_{Kupplung, rel}$ = relative Kupplungsarbeit

Bild 4.20 zeigt den Stufenversuch.

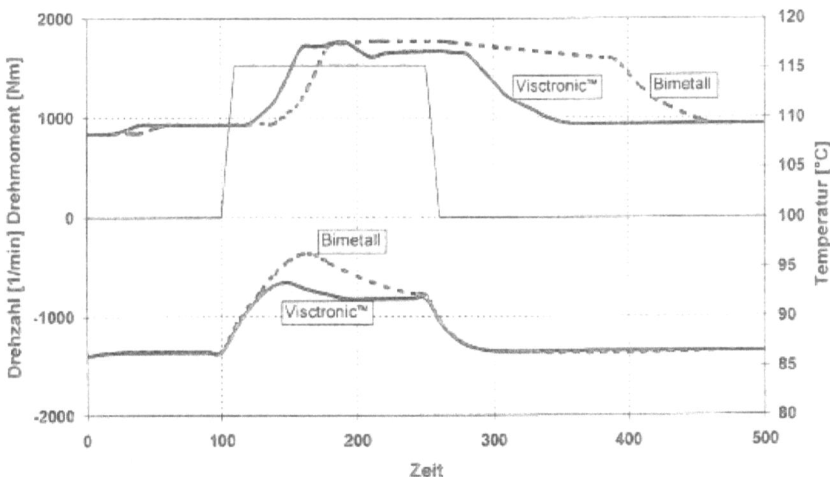

Bild 4.20: Temperatur und Drehzahlverlauf im Stufenversuch, [34]

Bei einer konstanten Motordrehzahl von 930 1/min (= oberer Kurvenverlauf) wird die Last in einem Zeitintervall von 10 Sekunden von Nulllast
auf Volllast erhöht und nach 150 Sekunden wieder auf Nulllast zurück
gefahren. Wie zu erwarten war, fällt die konventionelle Bimetallkupplung
durch ein verzögertes Ansprechen sowohl beim Zuschalten als auch
beim Abschalten auf. Ferner ist dem Bild 4.20 zu entnehmen, dass sich
beim Lastsprung durch das verzögerte Ansprechen auch eine deutlich
erhöhte Kühlmitteltemperatur (= unterer Kurvenverlauf) gegenüber der
extern geregelten (= Visctronic) einstellt. Das bedeutet für die extern
geregelte Lüfterkupplung bei analoger Auslegung zur Bimetallkupplung
eine mögliche Absenkung der Leerlaufdrehzahl, wodurch sich ein zusätzliches Einsparpotenzial ergibt. Bild 4.21 zeigt die relative Lüfter und
Kupplungsarbeit des Stufenversuchs für die Bimetallkupplung sowie für
die extern geregelte Kupplung.

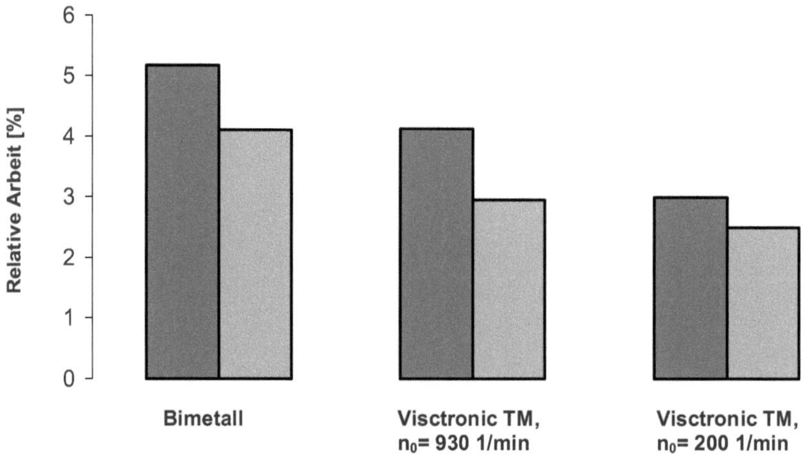

Bild 4.21: Relative Lüfter und Kupplungsarbeit beim Stufenversuch, Kupplung = dunkelgrau, Lüfter = hellgrau, [34]

Zusätzlich wurde die Leerlaufdrehzahl von 930 1/min auf 200 1/min abgesenkt. Wie zu erwarten, ergab sich daraus –bei gleicher Auslegung– eine weitere Einsparung. Die nachfolgende Tabelle 4.4 gibt die ermittelten Werte für die relative Kupplungsarbeit und das daraus resultierende, mögliche Einsparpotenzial an.

Lüfterkupplung	relative Kupplungsarbeit [%]	Einsparung [%]	
Bimetall	5,17		
		1,05	
Visctronic mit n_L= 930 1/min	4,12		2,18
		1,13	
Visctronic mit n_L= 200 1/min	2,99		

Tabelle 4.4: Relative Kupplungsarbeit und mögliches Einsparpotenzial beim Stufenversuch, [34]

Allerdings gilt: Da in einem realen Zyklus ständige Lastwechsel nicht zu erwarten sind, war davon auszugehen, dass die Werte geringer ausfallen werden. Deshalb wurde der o.g. Straßenzyklus im Rahmen einer Simulation nachgefahren. Dazu wurden Motordrehzahl, Motordrehmoment, Fahrgeschwindigkeit und Umgebungstemperatur aus den Prüfstandsmessungen übernommen. Bild 4.22 zeigt die relative Lüfter und Kupplungsarbeit beim simulierten Straßenzyklus.

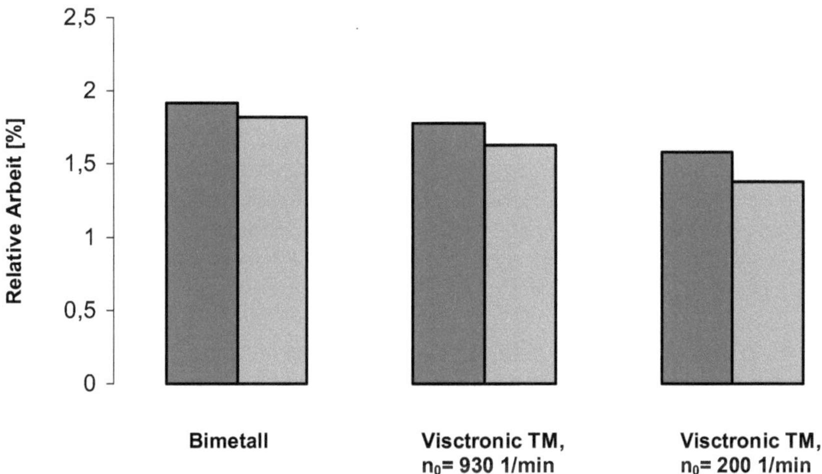

Bild 4.22: Relative Lüfter und Kupplungsarbeit im realen Straßenzyklus, numerisch simuliert, Kupplung = dunkelgrau, Lüfter = hellgrau, [34]

Das Einsparpotenzial fällt im realen Fahrbetrieb deutlich geringer aus, verglichen mit dem Stufenversuch. Tabelle 4.5 zeigt die Ergebnisse.

Lüfterkupplung	relative Kupplungsarbeit [%]	Einsparung [%]	
Bimetall	1,92		
		0,14	
Visctronic mit n_L= 930 1/min	1,78		0,34
		0,2	
Visctronic mit n_L= 200 1/min	1,58		

Tabelle 4.5: Relative Kupplungsarbeit und mögliches Einsparpotenzial beim Straßenzyklus, [34]

Wie Hager weiter anführt, konnten die in Tabelle 4.5 angegebenen Einsparungen aus der Simulation am Prüfstand bestätigt werden. Ferner wird davon ausgegangen, dass bei Verwendung von leistungsstarken Lüftern, die aufgrund ständig steigender Kühlungsleistungen zu erwarten sind, **Einsparungen** von bis zu **1% am Gesamtverbrauch** realistisch erscheinen (abhängig vom Fahrprofil). Ausgehend von einem durchschnittlichen Kraftstoffverbrauch von ca. 30 Liter/100 km für einen 40 Tonnen Schwerlastzug [81] ergibt sich auch hier eine **Einsparung** von max. **0,3 Liter/100 km**.

Von **Bhat et al. [10]** wird ein extern geregelter Viskolüfter für SUV´s und Pick up Trucks vorgeschlagen, bei dem in Abhängigkeit verschiedener Parameter, wie Kühlmitteltemperatur, Öltemperatur des Automatikgetriebes, Außentemperatur, etc. eine bedarfsgerechte Lüfterdrehzahl eingestellt werden kann. Das System ist als closed loop ausgeführt, d.h. die aktuelle Drehzahl des Lüfters wird dem Steuergerät über ein Feedbacksignal zurückgemeldet, so dass über das Steuergerät jederzeit Anpassungen bezüglich der einzustellenden Drehzahl vorgenommen werden können. Bei der extern geregelten Lüftereinheit handelt es sich um ein elektro-hydraulisches Bauteil. Der Lüfterantrieb erfolgt über den Riementrieb des Verbrennungsmotors, die Drehmomentübertragung wird über eine hochviskose Flüssigkeit sichergestellt. Bild 4.23 zeigt das Wirkschema sowie die elektro-hydraulische Einheit. Die Anpassung der Lüfterdrehzahl erfolgt über die Regelung des Ölvolumens durch das Feed valve (= Zulaufventil) in den Zwischenraum zur Drehmomentübertragung. In der hier vorgestellten elektro-hydraulischen Einheit wird das Zulaufventil als Klappenventil ausgeführt und pulsweitenmoduliert über eine Spule (= Magneto) angetaktet. Das Tastverhältnis des PWM–Signals (= control signal) bestimmt über die Öffnungszeit des Klappenventils das Ölvolumen im Zwischenraum und somit das übertragbare Drehmoment (= Lüfterdrehzahl). Bild 4.24 zeigt ein typisches Kontrollschema als Bestandteil des Motor-Managements.

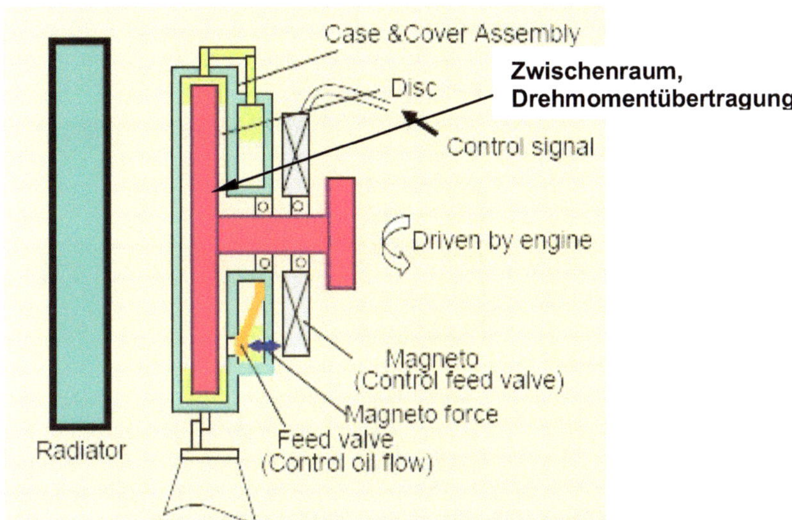

Bild 4.23: Wirkschema (oben), Elektro-hydraulische Einheit (unten), [10]

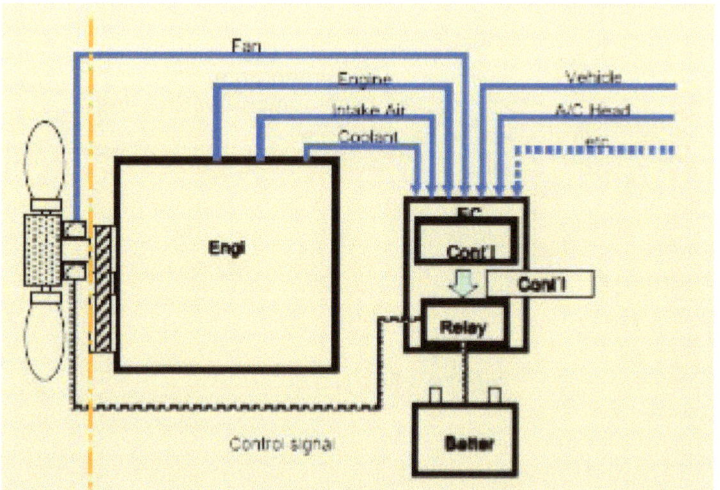

Bild 4.24: Closed loop Strategie des extern geregelten Lüfters, [10]

Bild 4.25 zeigt die markanten Unterschiede hinsichtlich der Antriebsleistung eines Bimetall geregelten Viskolüfters (= Conventional) im Vergleich zum extern geregelten Antrieb (= ECFD).

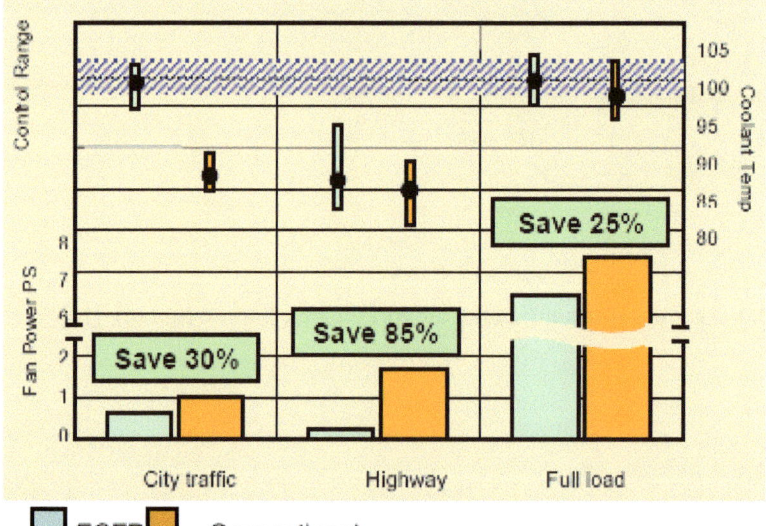

Bild 4.25: Bimetall geregelter Lüfter vs. extern geregelter Lüfter, [10]

Je nach Fahrzyklus sind Einsparungen von 25-85% der ursprünglichen Antriebsleistung realisierbar. Die Kühlmitteltemperatur liegt für den Zyklus Volllast sowie Autobahnfahrt analog zur Bimetallregelung, lediglich im Stadtfahrzyklus ist eine um ca. $\Delta T = 10$ K höhere Kühlmitteltemperatur zu verzeichnen, wodurch sich ein Teil der Einsparungen in diesem Zyklus erklären lässt. Die hier vorgestellte Einheit ist seit 2006 serienreif und wird in Nordamerika in einem SUV (Ford Explorer) verbaut. Anhand der Daten aus Bild 4.25 lässt sich mit Gleichung (11) eine überschlägige Berechnung der möglichen Verbrauchseinsparung vornehmen. Das Beispiel bezieht sich auf ein Fahrzeug mit Dieselmotor. Als Zyklus wird für das City Traffic Profil der FTP75 mit einer Durchschnittsgeschwindigkeit von 34,1 km/h gewählt, für das Highway sowie das Full Load Fahrprofil wird der US-Highway Testzyklus mit einer durchschnittlichen Geschwindigkeit von 77,4 km/h verwendet [13]. Die Angaben in PS aus Bild 4.25 werden direkt als Leistungsangabe in kW übernommen (1 kW= 1,36 PS).

City traffic:

$$\Delta C = \left(\frac{K_{Diesel} \cdot \Delta P_{L\ddot{u}fter}}{v} \right) \cdot 100 = \left(\frac{0{,}199 \frac{l}{kWh} \cdot 0{,}22 kW}{34{,}1 km/h} \right) \cdot 100 = 0{,}13 l/100 km$$

Highway:

$$\Delta C = \left(\frac{K_{Diesel} \cdot \Delta P_{L\ddot{u}fter}}{v} \right) \cdot 100 = \left(\frac{0{,}199 \frac{l}{kWh} \cdot 1 kW}{77{,}4 km/h} \right) \cdot 100 = 0{,}26 l/100 km$$

Full Load:

$$\Delta C = \left(\frac{K_{Diesel} \cdot \Delta P_{L\ddot{u}fter}}{v} \right) \cdot 100 = \left(\frac{0{,}199 \frac{l}{kWh} \cdot 1{,}4 kW}{77{,}4 km/h} \right) \cdot 100 = 0{,}36 l/100 km$$

Die ermittelten Werte sind als grobe Anhaltswerte zu sehen.

Fazit:

• Wie erwähnt, liegt das mögliche **Kraftstoffeinsparpotenzial** bei Einführung einer **elektrischen Kühlmittelpumpe** in Verbindung mit einem **intelligenten Thermomanagement** zur bedarfsorientierten Regelung der Kühlmittelströme im Verbrennungsmotor bei **ca. 3-5%** im **NEFZ**. Allerdings setzt dieses System eine Neuauslegung des motorinternen Kühlkreislaufs voraus. Unter Verwendung:

⇒ einer elektrisch angetriebenen Kühlmittelpumpe,
⇒ eines elektronisch geregelten Kennfeldthermostats,
⇒ eines drehzahlgeregelten Lüfters
⇒ und nicht zuletzt einer in das Motor-Management eingebundenen Regelarchitektur lassen sich bedarfsorientierte Kühlmittelvolumenströme umsetzen.
Das Optimum stellt eine temporär komplett abschaltbare Kühlmittelpumpe dar. Zur Vermeidung möglicher Überhitzungsschäden erfordert diese Methode jedoch eine exakte Messung der Motorkerntemperatur. Die Arbeiten von Chanfreau [15] und Eifler [23] machen deutlich, dass der alleinige Einsatz einer elektrisch angetriebenen Kühlmittelpumpe zum Zweck der Optimierung des Kühlsystems nicht ausreichen wird. Das Einsparpotenzial lässt sich nur in Verbindung mit einem funktionierenden Thermomanagement wirkungsvoll umsetzen. Das System (elektrische Kühlmittelpumpe+Thermomanagement) befindet sich bei einem Hersteller (BMW) bereits in Serie. Es ist davon auszugehen, dass zukünftig immer mehr Motoren/Fahrzeughersteller auf die elektrische Kühlmittelpumpe bzw. das intelligente Thermomanagement übergehen werden. Eine entsprechend große Hemmschwelle dürfte zurzeit noch das hohe Investment sein. Da der Einsatz der elektrischen Kühlmittelpumpe bereits mit €50,- bis €80,- in die Kosten eingeht, ist abzusehen, dass das komplette Thermomanagementsystem mit einer deutlichen Kostensteigerung verbunden sein wird.

• Die Verwendung einer elektromagnetischen, resp. einer magnetorheologischen Antriebsvariante ermöglicht weiterhin den Einsatz einer mechanischen Kühlmittelpumpe, führt jedoch gleichzeitig zu deutlich erhöhten Kosten. Für die MRF-Kupplung wurde in diesem Zusammenhang ein Wert von ca. €35,- genannt, während für die elektromagnetische Kupplung ein Wert von ca. €280,- angesetzt werden kann (grobe Schätzung).

Das erwartete **Kraftstoffverbrauchs–Einsparpotenzial** liegt bei **0,5-1%** bei der elektromagnetischen Antriebsvariante im NFZ–Sektor, bezogen auf den **Gesamtverbrauch**. Für die MRF-Kupplung im PKW–Sektor ergeben sich mögliche **Einsparungen** zwischen **2-3%**, bezogen auf den **NEFZ**.

• Eine weitere Möglichkeit bietet die über ein Reibrad zu– und abschaltbare konventionelle Kühlmittelpumpe. Ein solches System befindet sich bereits in Serie (BMW/PSA) und verspricht eine **Verbrauchseinsparung** im **NEFZ** von ca. **1%**.

• Innovative Strategien bei der Lüftersteuerung beziehen sich zwischenzeitlich ausschließlich auf den Nutzfahrzeugsektor. Das **Einsparpotenzial** eines extern geregelten Viskolüfters wird mit ca. **1%** am Gesamtverbrauch angegeben. Hinsichtlich der zu erwartenden Kosten waren keine Werte zu ermitteln.

Das prognostizierte Einsparpotenzial aus Tabelle 4.2 sowie die möglichen Kosten nach Tabelle 4.3 korrelieren gut mit den ermittelten Werten aus der Recherche.

4.4 Fahrzeugklimatisierung

Bereits im Kapitel 3.4.5 wurde darauf hingewiesen, dass der Einfluss des Klimakompressors auf den Verbrauchsanteil einer Klimaanlage im Rahmen der Optimierung nicht separat betrachtet werden darf. Zur weiteren Reduzierung des Verbrauchsanteils ist die Interaktion des Kompressors mit den übrigen Bauteilen des Kältekreislaufs einer ganzheitlichen Betrachtung zu unterziehen. Da nur durch eine Vielzahl von Detaillösungen eine Verbrauchseinsparung erzielt werden kann, muss ein größerer technischer Aufwand betrieben werden. Die Zieldefinition hierbei ist:

• Verminderung der Antriebsleistung des Klimakompressors.
• Reduzierung des Stromverbrauchs aller Komponenten der Klimaanlage, d.h. Abnahme der Last im Bordnetz bzw. der Generatorlast.

Der primäre Fokus dieses Kapitels liegt dabei auf der Reduzierung der Antriebsleistung des Klimakompressors.

4.4.1 Reduzierung der Antriebsleistung

4.4.1.1 Klimakompressor

Der weitaus größte Anteil des Kraftstoffverbrauchs einer Klimaanlage wird für den Antrieb des Klimakompressors benötigt. Ziel muss es deshalb sein, den Kompressor möglichst ideal, d.h. verlustarm zu betreiben. Von **Park et al. [52]** durchgeführte Untersuchungen nennen in diesem Zusammenhang einen Wert von ca. 65% für den Verbrauchsanteil des Kompressors, bezogen auf die gesamte Leistungsaufnahme der Klimaanlage. Da der Kompressor im wesentlichen wie eine Pumpe arbeitet (Ansaugen und Verdichten von Kältemittel) eröffnet die Verringerung des Druckverhältnisses eine wirkungsvolle Möglichkeit, die Leistungsaufnahme abzusenken. Einen wesentlichen Beitrag zur Reduzierung der Antriebsleistung bietet der Kompressor mit variablem Hubvolumen, welcher den Kompressor mit fixem Hubvolumen in den letzten Jahren (in Europa und Japan) vollständig verdrängt hat. Während beim Kompressor mit fixem Hubvolumen die Kälteleistung durch permanentes Zu– und Abschalten der Magnetkupplung geregelt wird, ist der Kompressor mit variablem Hubvolumen in der Lage, die erforderliche Kälteleistung durch Verstellung der Taumelscheibe zu regeln. Aus der Verstellung resultiert eine Variabilität des Hubvolumens zwischen 5%-100%, vgl. Bild 4.26 und 4.27.

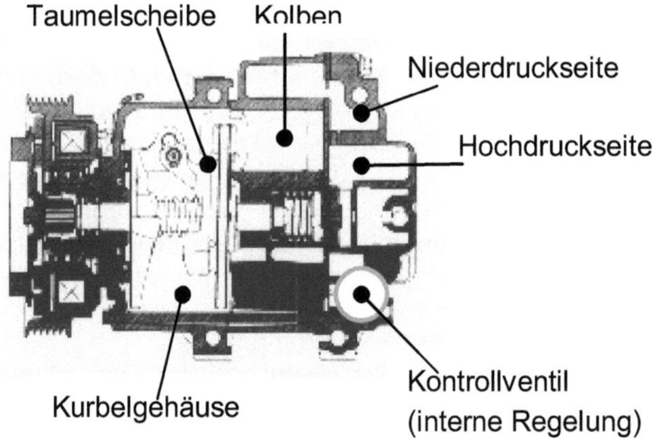

Bild 4.26: Taumelscheibenkompressor bei minimalem Hubvolumen (5%), [52]

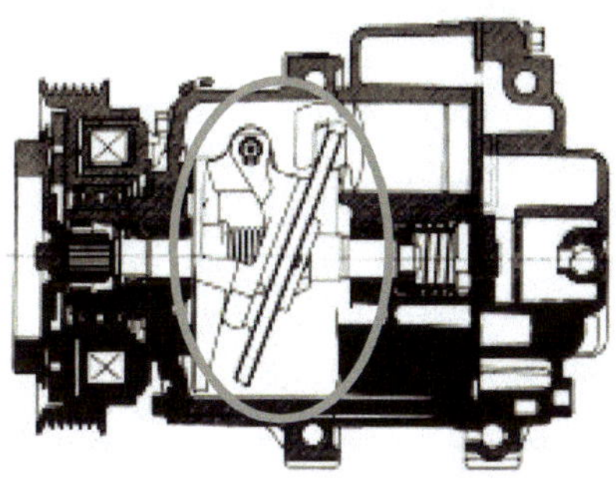

Bild 4.27: Taumelscheibenkompressor bei maximalem Hubvolumen (100%), [52]

Das Hubvolumen ergibt sich aus dem Momentengleichgewicht an der Taumelscheibe wie folgt: Da die Massen der Kolben sowie der Taumelscheibe vorgegeben sind, resultiert das Moment zur Verstellung der Taumelscheibe aus der Duckdifferenz zwischen der Kurbelkammer, ausgedrückt über F_{crank} und dem Druck im Zylinder, ausgedrückt über F_{gas}, siehe Bild 4.28.

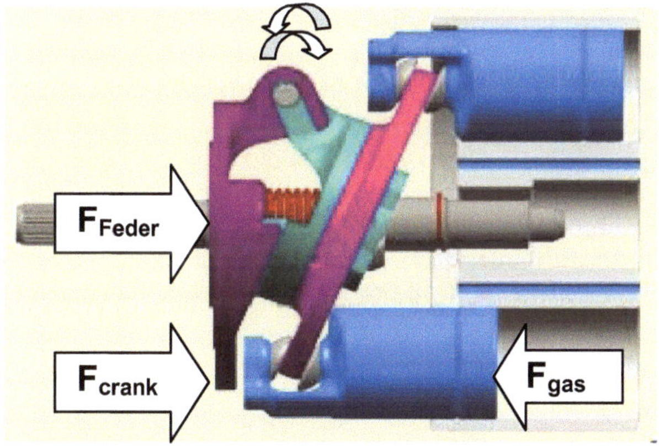

Bild 4.28: Einstellung des Hubvolumens über Momentengleichgewicht, [52]

Mit abnehmender Verdampferlast (wenn sich beispielsweise die Innenraumtemperatur dem eingestellten Wert nähert) sinkt auch der Druck auf der Niederdruckseite des Kompressors.

Variable Kompressoren mit **interner** Regelung sind mit einem feder-
belasteten und voreingestellten Kontrollventil ausgestattet, welches den
Niederdruck auf einem konstanten Niveau von ca. 2 bar hält. Nach Bild

4.28 gilt also $F_{gas} = \dfrac{p_{ND}}{A_{Kolben}}$ = konstant. Um den voreingestellten Druck

auf der Saugseite zu halten, öffnet das Kontrollventil und ein definiertes
Volumen aus der Hochdruckkammer wird über einen Bypass in das
Kurbelgehäuse geleitet. Dadurch steigt der Druck im Kurbelgehäuse an
und der Neigungswinkel der Taumelscheibe nimmt ab. In der Folge vermindert sich der Kühlmittelvolumenstrom, die Kälteleistung sinkt. Bei
hoher Verdampferlast (= hohe Innenraumtemperatur in der Kabine)
nimmt der Niederdruck zu und das Kontrollventil schließt um den Druck
auf der Saugseite zu halten. Der Druck im Kurbelgehäuse fällt und die
Federkraft verschiebt die Taumelscheibe hin zu größeren Neigungs-
winkeln. Ein zunehmender Kältemittelvolumenstrom stellt sich ein, die
Kälteleistung steigt. Durch diese Art der Regelung ist es möglich, den
Kältemittelstrom bzw. die Kälteleistung und damit die Antriebsleistung
des Kompressors bedarfsorientiert durch eine Änderung des Druckes im
Kurbelgehäuse zu regeln, woraus ein messbarer Verbrauchsvorteil
resultiert. Da der Kompressor mit fixem Hubvolumen immer nur in Maxi-
malstellung arbeitet, ist die Differenz zwischen dem Niederdruck (=
Einlass) und dem Hochdruck (= Auslass) größer als beim Kompressor mit
variablen Hubvolumen. Aus dem größeren Druckverhältnis des fixen
Kompressors resultiert zwangsläufig auch eine höhere Antriebsleistung.
Ferner steigen bei einem größeren Druckverhältnis die inneren Leckage-
verluste sowie die Reibung an, woraus ein zusätzlicher Verbrauchsnachteil resultiert. Das nachfolgende Bild 4.29 zeigt den Kälteprozess der
beiden Kompressorbauarten im Vergleich. Bild 4.30 zeigt exemplarisch
die unterschiedliche Leistungsaufnahme fixer und variabler
Kompressoren.

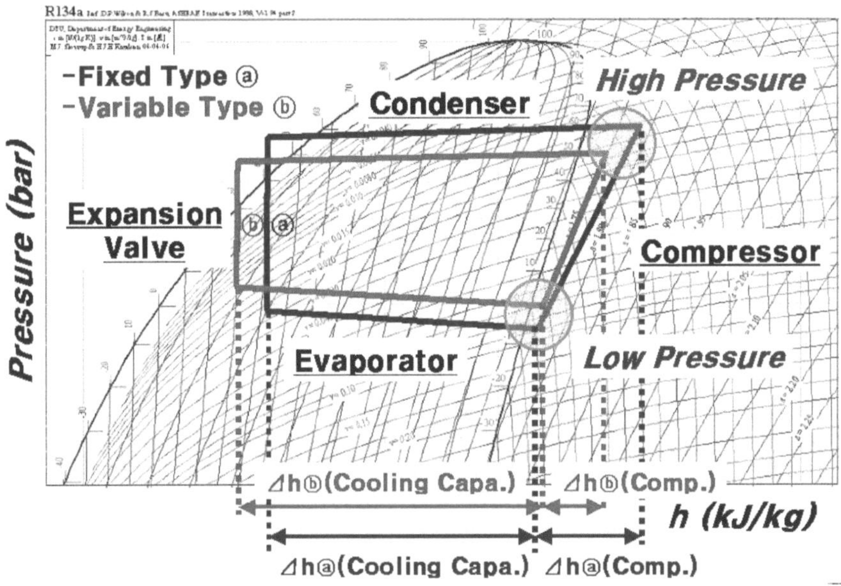

Bild 4.29: Vergleich fixer und variabler Kompressor, [52]

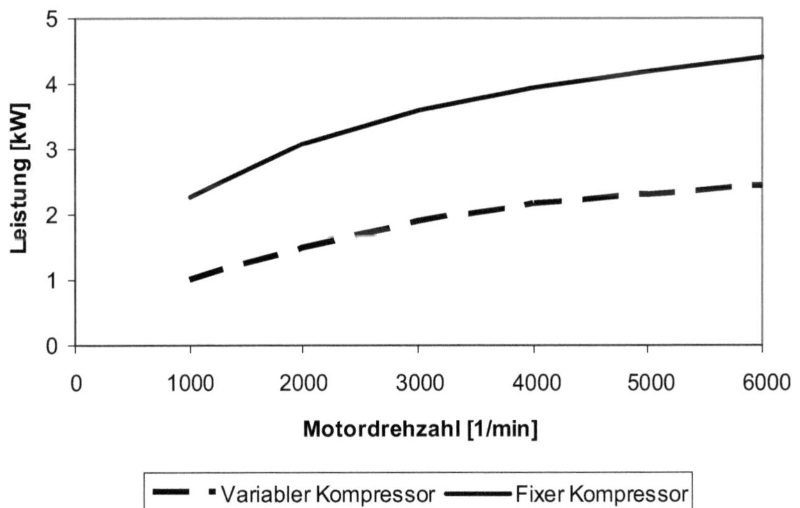

Bild 4.30: Leistungsaufnahme unterschiedlicher Kompressoren bei vorgegebener Außentemperatur (t= 25°C)

Zur Ermittlung des Einsparpotenzials wurden von Park et al. Prüfstandsmessungen mit unterschiedlichen Kompressortypen durchgeführt. Im
direkten Vergleich überzeugt der variable Kompressor mit einem
Antriebsdrehmoment, welches durchschnittlich 32 % unter den Werten
des fixen Kompressors liegt und einem erheblich geringeren Druckverhältnis zwischen Einlass/Auslass. Bild 4.31 sowie Bild 4.32 zeigen die
Werte, die für beide Kompressoren unter identischen Bedingungen (t=
25°C, $n_{Kompressor}$ = 3000 1/min) aufgenommen wurden.

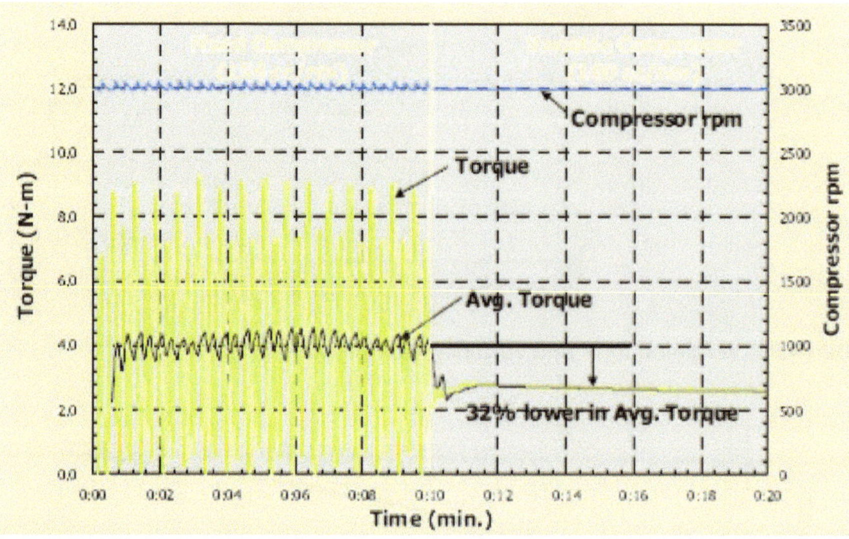

Bild 4.31: Antriebsdrehmomente im Vergleich, [52]

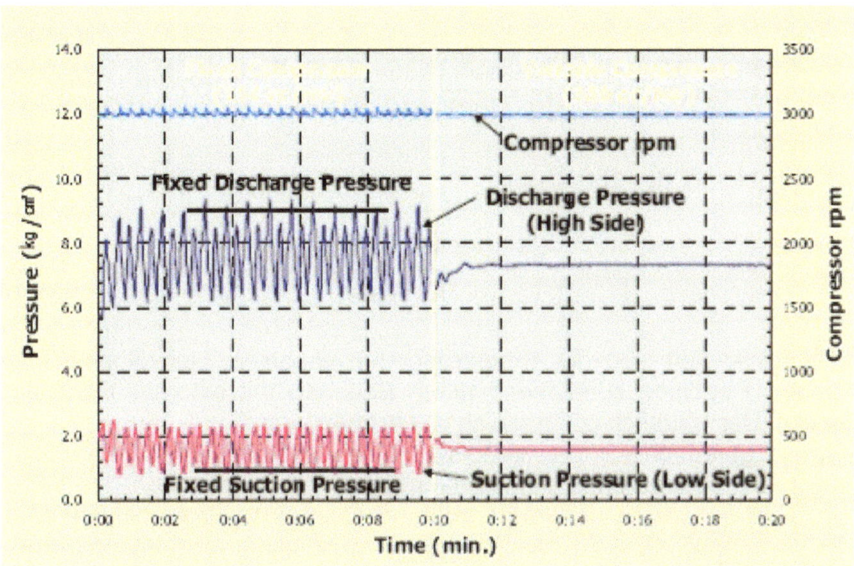

Bild 4.32: Kompressordrücke im Vergleich, [52]

Das geringere Antriebsdrehmoment lässt sich direkt in eine Verbrauchseinsparung umrechnen. Bild 4.31 ist zu entnehmen, dass für den
Kompressor mit fixem Hubvolumen ein durchschnittliches Antriebsdrehmoment von 4 Nm erforderlich ist. Im Fall des variablen Kompressors
ergibt sich ein um 32% geringerer Wert, entsprechend einem
Drehmoment von 2,72 Nm. Gleichung (8) ermöglicht eine Umrechnung
vom Antriebsdrehmoment zur Antriebsleistung wie folgt:

- Fixer Kompressor:

$$P_{eff} = \frac{M_K \cdot n_K}{9550} = \frac{4 Nm \cdot 3000 \min^{-1}}{9550} = 1,26 kW$$

- Variabler Kompressor:

$$P_{eff} = \frac{M_K \cdot n_K}{9550} = \frac{2,72 Nm \cdot 3000 \min^{-1}}{9550} = 0,85 kW$$

In Verbindung mit Gleichung (10) und (11) lässt sich die Verbrauchseinsparung bezogen auf den NEFZ (v= 33,6 km/h) berechnen:

$$\Delta C = \left(\frac{K_{Otto} \cdot \Delta P}{v} \right) \cdot 100 = \left(\frac{0,256 l \cdot (1,26 - 0,85) kWh}{33,6 kmkWh} \right) \cdot 100 = 0,31 l / 100 km$$

Analog folgt für den Diesel:

$$\Delta C = \left(\frac{K_{Diesel} \cdot \Delta P}{v} \right) \cdot 100 = \left(\frac{0,199 l \cdot (1,26 - 0,85) kWh}{33,6 kmkWh} \right) \cdot 100 = 0,24 l / 100 km$$

In jüngster Zeit wird der Kompressor mit variablem Hubvolumen und interner Regelung zunehmend durch Bauarten mit externer Regelung ersetzt. Der Unterschied lässt sich wie folgt erklären:

• **Intern** geregelte Kompressoren sind in der Lage, das Hubvolumen über ein rein **mechanisches Kontrollventil** auf Werte zwischen 5%-100% einzustellen, woraus sich die Forderung nach einer Magnetkupplung in der Riemenscheibe zwecks Zu– und Abschaltung des Kompressors ergibt (analog zum Kompressor mit fixem Volumen).

• **Extern** geregelte Kompressoren hingegen sind mit einem **elektromagnetischen Kontrollventil** ausgestattet, welches über ein Steuergerät angetaktet wird und somit in der Lage ist, das Hubvolumen bzw. die Kälteleistung von extern zu regeln. Mit dieser Art der Regelung ist es möglich, das Hubvolumen bis auf 0% einzustellen, wodurch die Magnetkupplung in der Riemenscheibe entfallen kann. Der extern geregelte Kompressor wird somit **permanent** vom Verbrennungsmotor angetrieben.

Die nachfolgenden Abbildungen sollen die Unterschiede der beiden Kompressorarten und insbesondere der Kontrollventile verdeutlichen:

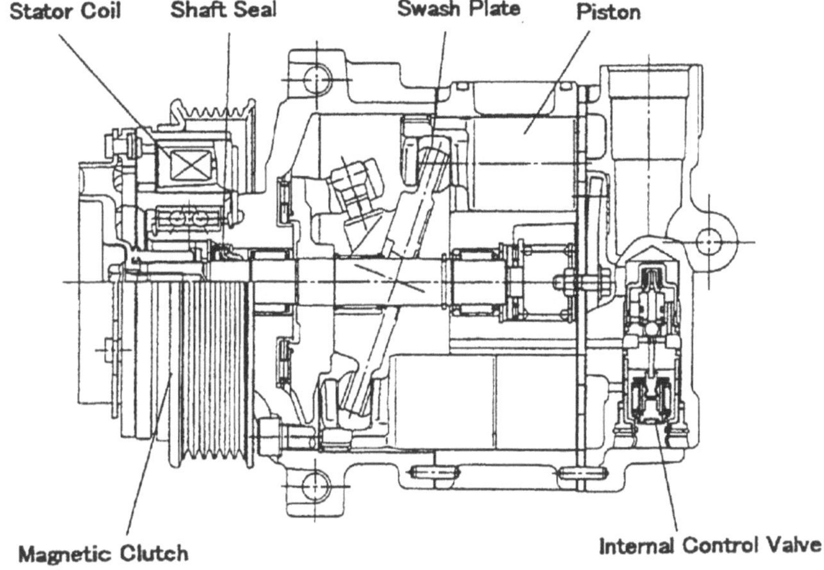

Bild 4.33: Variabler Kompressor mit interner Regelung, [44]

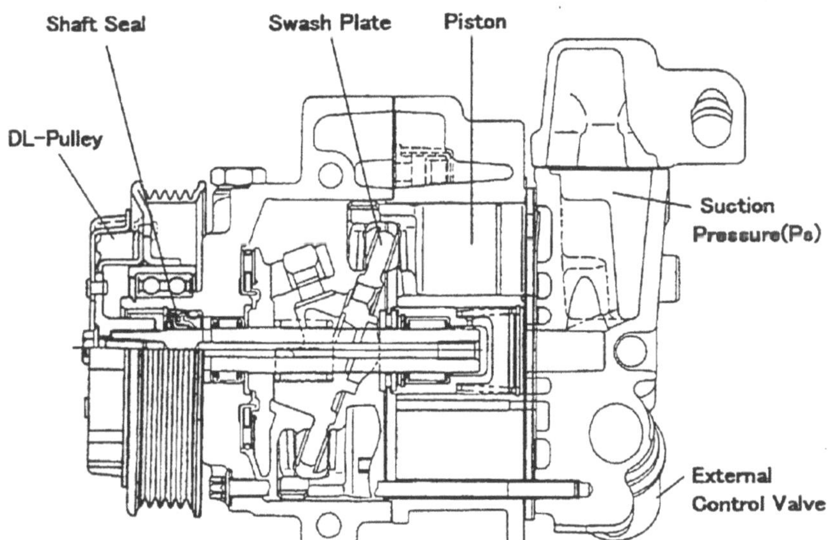

Bild 4.34: Variabler Kompressor mit externer Regelung, [44]

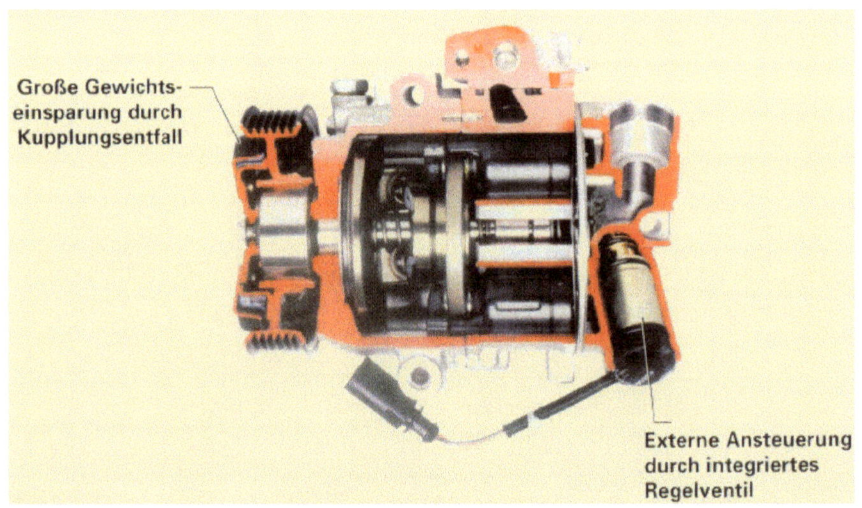

Bild 4.35: Variabler Kompressor mit externer Regelung im Schnittmodell, [65]

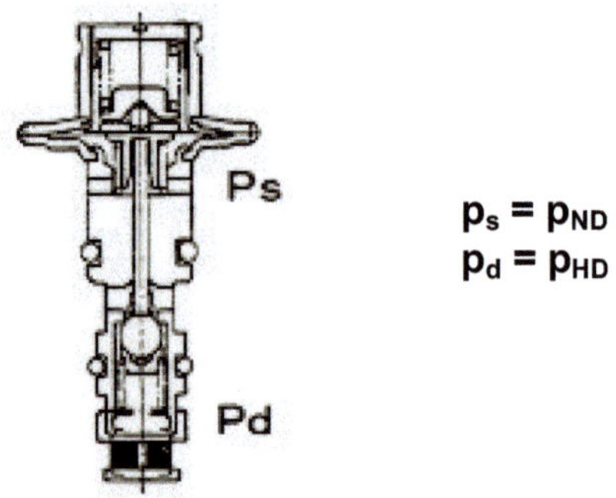

$$p_s = p_{ND}$$
$$p_d = p_{HD}$$

Bild 4.36: Internes Kontrollventil, [44]

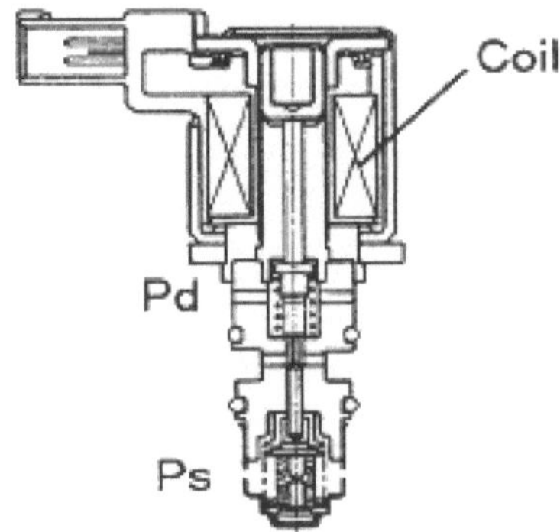

Bild 4.37: Externes Kontrollventil, [44]

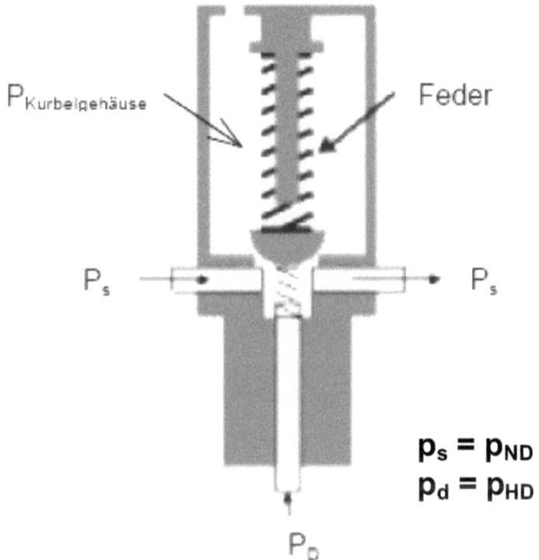

$$p_s = p_{ND}$$
$$p_d = p_{HD}$$

Bild 4.38: Int. Kontrollventil (Schema), [9]

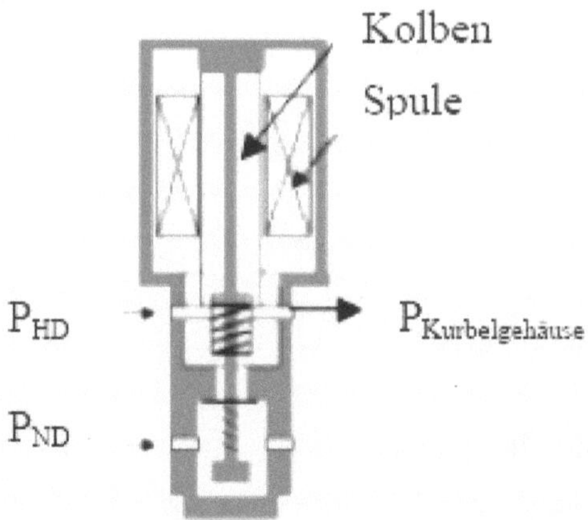

Bild 4.39: Ext. Kontrollventil (Schema), [9]

• Das mechanische (= **interne**) Kontrollventil reguliert den Niederdruck durch die Vorspannung der Feder auf einen konstanten Wert von ca. 2 bar. Daraus folgt, dass sich der Druck im Kurbelgehäuse (= Hubvolumen) immer aus der Forderung des konstanten Niederdrucks ergibt. Der Wert ist so gewählt, dass der Verdampfer nicht vereisen kann.

• Das elektromagnetische (= **externe**) Kontrollventil ist theoretisch in der Lage, den Niederdruck auf jeden beliebigen Wert durch eine Änderung der Spannung bzw. einer Änderung des Magnetfeldes in der Spule zu regeln. In der Praxis finden sich Drücke auf der Niederdruckseite von 2,5-3,8 bar. Es sei an dieser Stelle erwähnt, dass bei einer externen Regelung das Hubvolumen nicht direkt vorgegeben wird. Vielmehr stellt sich das Hubvolumen bei einem vorgegebenen Saugdruck über die interne Leistungsregelung des Kompressors als Folge seiner Drehzahl und Last am Verdampfer ein. Mit dem Einsatz eines extern geregelten Kontrollventils sind die folgenden Vorteile verbunden:
• Durch den Entfall der Magnetkupplung in der Riemenscheibe ergibt sich eine Gewichtseinsparung.
• Die externe Regelung macht es möglich, das elektromagnetische Kontrollventil in Abhängigkeit diverser Parameter anzusteuern, die sich direkt auf die Leistung der Klimaanlage auswirken (Außentemperatur,

Motordrehzahl, Sonneneinstrahlung, Kabinentemperatur, Temperatur am Auslass der Kühlluftdüse, Luftvolumenstrom aus der Düse, etc.). Im Unterschied dazu kann der intern geregelte Kompressor immer nur auf eine Änderung der Wärmelast reagieren, er läuft also hinterher. Die Anpassung über die externe Reglung ist somit nicht nur schneller, sie bietet ferner die Möglichkeit, die gewünschte Temperatur präziser und mit deutlich geringerem Aufwand im sog. Re-Heat Betrieb einzuregeln bzw. komplett auf den Re-heat Einsatz zu verzichten. Unter Re-Heat versteht man die erneute Aufheizung der bereits gekühlten Luft hinter dem Verdampfer auf den gewünschten Temperaturwert am Austritt der Kühlluftdüse in den Fahrzeuginnenraum. Bei Klimaanlagen mit **intern** geregeltem Kompressor liegt die Temperatur am Verdampferausgang bei t= 3°C. **Extern** geregelte Kompressoren sind hingegen in der Lage, die Verdampferausgangstemperatur aufgrund der Regelung des Niederdrucks auf t= 5°C bis t= 12°C einzuregeln. Höhere Lufttemperaturen am Verdampferausgang bedeuten dabei weniger erzeugte Kälteleistung. Mit geringer werdender Kälteleistung sinkt ebenfalls die erforderliche Antriebsleistung des Kompressors bzw. das Druckverhältnis. Somit ist dem extern geregelten Kompressor mit variablem Hubvolumen ein deutlicher Verbrauchsvorteil zuzuschreiben. Die folgenden Bilder 4.40 sowie 4.41 zeigen den Re-heat Betrieb unterschiedlich geregelter Kompressoren.

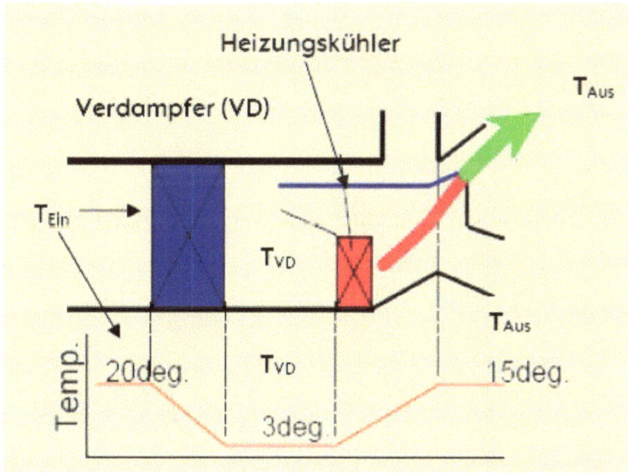

Bild 4.40: Re-heat intern geregelt

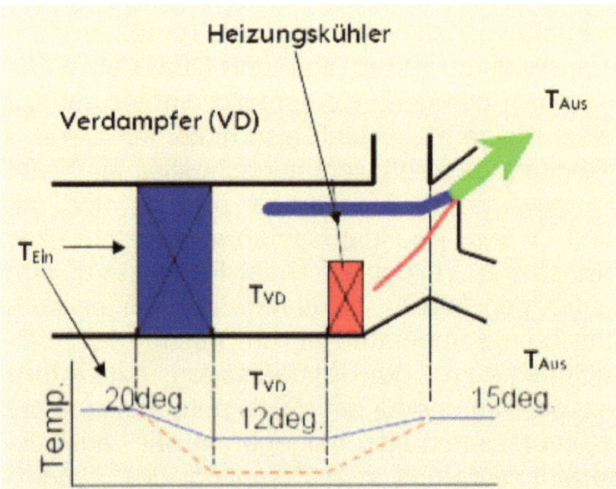

Bild 4.41: Re-heat extern geregelt

Um das Einsparpotenzial beider Kompressorarten quantitativ erfassen zu können, wurden von **Benouali et al. [9]** umfangreiche Untersuchungen an einem Prüfstand durchgeführt. Als Versuchsträger dienten zwei Kompressoren mit identischen mechanischen Eigenschaften:

- Hubvolumen variabel
- 7 Zylinder
- Max. Volumen 160 cm³
- Gleicher Lieferant

Bild 4.42 zeigt schematisch die Prüfstandsanordnung.

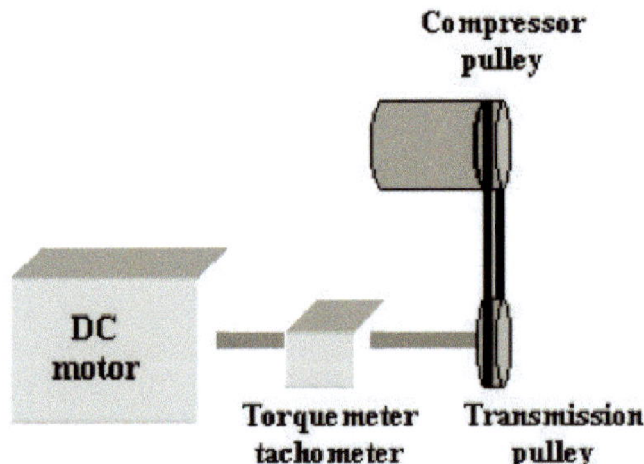

Bild 4.42: Prüfstand (schematisch), [9]

Ein Kompressor wurde mit einem internen Kontrollventil, ein zweiter mit einem externen Kontrollventil versehen. Die Kompressoren wurden vorher und nachher vermessen um ein nahezu identisches Leistungsniveau zu gewährleisten. Als Testzyklus diente der NEFZ, abgestimmt auf die jeweiligen Drehzahlen des Kompressors, vgl. Bild 4.43.

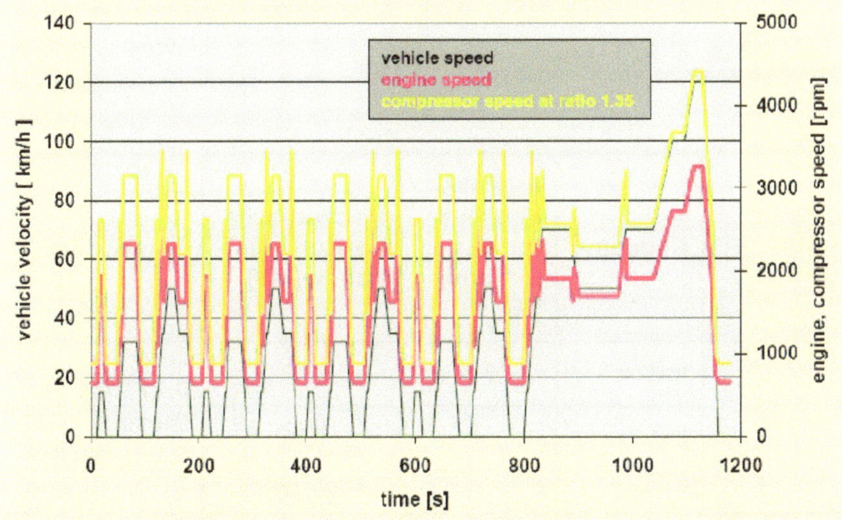

Bild 4.43: Fahrzeuggeschwindigkeit, Motordrehzahl sowie Kompressordrehzahl im NEFZ, [9]

Beide Kompressoren wurden bei unterschiedlichen Temperaturen, Luftströmen sowie verschiedenen Luftausblastemperaturen entsprechend der nachfolgenden Tabelle 4.6 vermessen.

Außentemperatur [°C]	Luftstrom [m³/h]	Ausblastemperatur an der Luftdüse [°C]
25	175	4
	300	7
	420	9
35	175	5
	300	10
	420	12

Tabelle 4.6: Testbedingungen, [9]

Über die Prüfstandsanordnung wurde das Drehmoment an der Kompressorantriebswelle erfasst und in eine Antriebsleistung umgerechnet. Die Tabellen 4.7 sowie 4.8 zeigen die Ergebnisse für t= 25°C und t= 35°C. In der letzten Spalte wird das mögliche Einsparpotenzial aufgezeigt, wie es sich nach Gleichung (10) und (11) berechnen lässt.

$$\Delta C = \left(\frac{K_{Otto,Diesel} \cdot (P_{int\,ern} - P_{extern})}{v_{NEFZ}} \right) \cdot 100$$

Luftstrom [m³/h]	Regelung	Ausblastemperatur an der Luftdüse [°C]	Mechanische Leistungsaufnahme[kW]	Einsparung
175	Intern	3,6	1,2	Otto: 0,21 l/100 km
	Extern	4	0,92	Diesel: 0,17 l/100 km
	Effekt	/	-23,20%	
300	Intern	6,7	1,5	Otto: 0,23 l/100 km
	Extern	7	1,2	Diesel: 0,18 l/100 km
	Effekt	/	-20%	
420	Intern	8,7	1,72	Otto: 0,24 l/100 km
	Extern	9	1,4	Diesel: 0,19 l/100 km
	Effekt	/	-18,60%	

Tabelle 4.7: Messergebnisse und Einsparpotenzial bei einer Außentemperatur von 25°C, [9]

Luftstrom [m³/h]	Regelung	Ausblas-tempera-tur an der Luftdüse [°C]	Mechani-sche Leistungs-auf-nahme[kW]	Einsparung
175	Intern	4,6	1,83	Otto: 0,41 l/100 km
	Extern	5	1,29	Diesel: 0,32 l/100 km
	Effekt	/	-29,50%	
300	Intern	10,5	2,32	Otto: 0,5 l/100 km
	Extern	10	1,67	Diesel: 0,38 l/100 km
	Effekt	/	-28,10%	
420	Intern	11,4	2,66	Otto: 0,59 l/100 km
	Extern	12	1,88	Diesel: 0,46 l/100 km
	Effekt	/	-29,30%	

Tabelle 4.8: Messergebnisse und Einsparpotenzial bei einer Außentemperatur von 35°C, [9]

Bezüglich des möglichen Einsparpotenzials eines extern geregelten Kompressors lassen sich somit die folgenden Mittelwerte bestimmen:

Bei einer Außentemperatur von **t= 25°C**:

$\Rightarrow$ Ottomotor: $\Delta \overline{C} = 0,23$ l/100 km

$\Rightarrow$ Dieselmotor $\Delta \overline{C} = 0,18$ l/100 km

Bei einer Außentemperatur von **t= 35°C**:

$\Rightarrow$ Ottomotor: $\Delta \overline{C} = 0,50$ l/100 km

$\Rightarrow$ Dieselmotor $\Delta \overline{C} = 0,39$ l/100 km

Am Beispiel des Messpunktes t= 35°C, Luftmassenstrom $\dot{m}_{Luft}$ =300 m³/h soll geklärt werden, wie es zu einer Reduzierung der mechanischen Leistungsaufnahme kommt. Bild 4.44 zeigt die Ausblastemperatur an der Luftdüse.

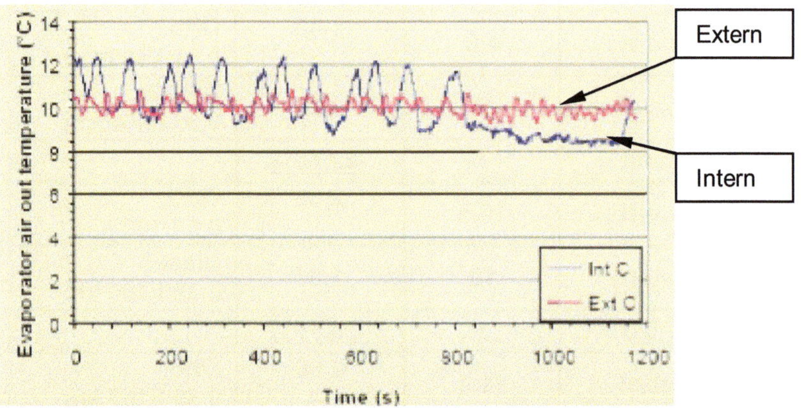

Bild 4.44: Temperatur an der Lüftdüse extern vs. intern, [9]

Es ist zu erkennen, dass die externe Regelung über den gesamten Zeitraum der Messung eine nahezu konstante Temperatur von t= 10°C an der Luftdüse bereitstellt. Es ist kein Re-heat Betrieb erforderlich, während der intern geregelte Kompressor über den Re-heat Betrieb permanent die auf ca. t= 3°C gekühlte Luft wieder erhitzen muss. Bild 4.45 zeigt die hierfür erforderlichen Drücke am Kondensator, die vom Kompressor aufgebracht werden müssen.

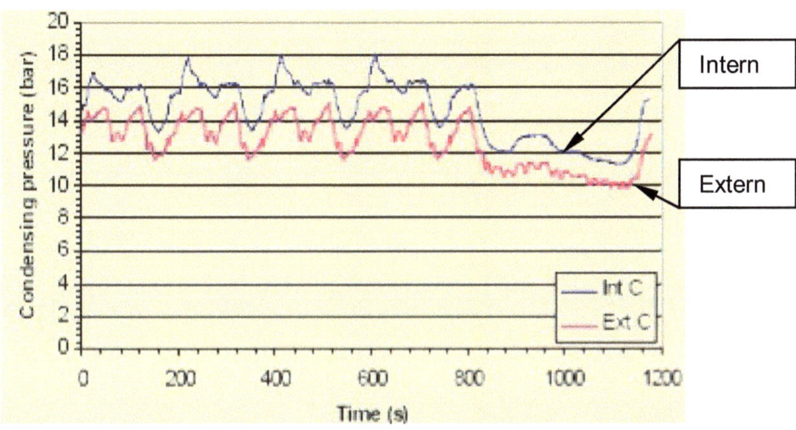

Bild 4.45: Kondensatordrücke extern vs. intern, [9]

Dem Diagramm ist zu entnehmen, dass die präzisere und schnellere Regelung des extern geregelten Kompressors einen geringeren Kondensatordruck erlaubt. Daraus resultieren ein geringeres Druckverhältnis sowie eine geringere Leistungsaufnahme an der Antriebswelle des Kompressors, vgl. Bild 4.46 sowie Bild 4.47.

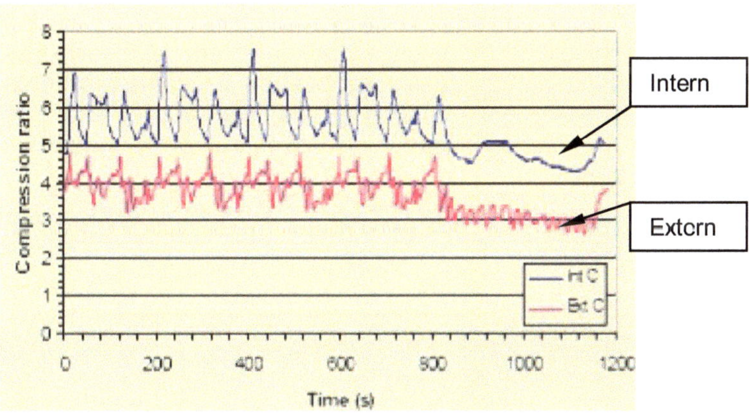

Bild 4.46: Druckverhältnis extern vs. intern, [9]

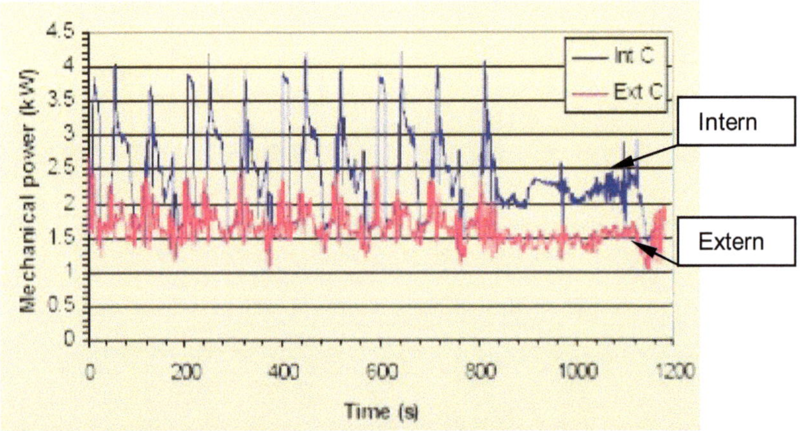

Bild 4.47: Leistungsaufnahme des Kompressors extern vs. intern, [9]

Die Fallunterscheidung zeigt, dass die großen Drehzahlunterschiede im nachgefahrenen NEFZ beim intern geregelten Kompressor eine sehr viel größere Leistungsaufnahme erforderlich macht. Die Messreihe zeigt ferner, dass bei Verwendung eines extern geregelten Kompressors eine signifikante Reduzierung der Leistungsaufnahme an der Antriebswelle des Kompressors zu verzeichnen ist.

In einer Abhandlung von **Kishibuchi et al. [44]** zum variablen Kompressor mit externer Regelung wurden ebenfalls zwei identische Bauarten mit unterschiedlicher Regelungsstrategie (intern vs. extern) vermessen. Die rein auf den Kompressor bezogenen Ergebnisse wurden einer Fahrsimulation unterzogen, um eine quantitative Aussage über das mögliche Potenzial der Kraftstoffeinsparung treffen zu können. Das Bild 4.48 zeigt das Ergebnis.

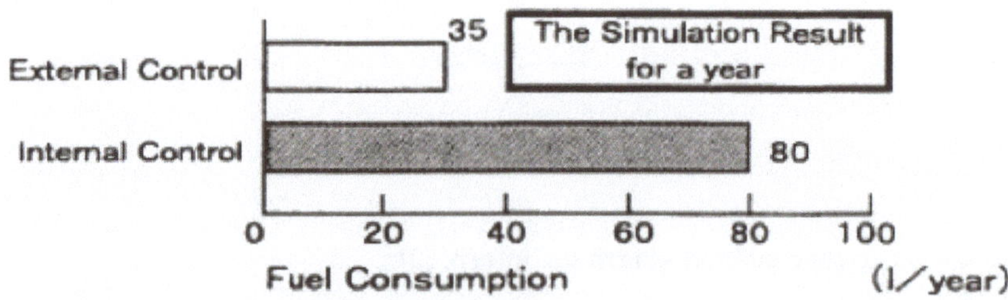

Bild 4.48: Kraftstoffverbrauch p.a. intern vs. extern, jedoch lagen keine Angaben über Fahrzyklus sowie Außentemperaturen vor, [44]

Aus der Simulation ergibt sich eine Kraftstoffeinsparung von 45 l/Jahr bei der Verwendung eines extern geregelten Kompressors. Bezieht man die jährliche Einsparung von 45 Liter auf eine durchschnittliche Fahrleistung von 15000 km/Jahr mit v= 33,6 km/h im NEFZ, so folgt:

- Anzahl Betriebsstunden $\dfrac{15000km \cdot h}{33,6km} = 446,4h$.

- Ferner gilt: $\dfrac{45Liter}{446,4h} = 0,101l / h$ (entspricht ΔB aus Gleichung (10)).

Somit folgt eine Einsparung bezogen auf den NEFZ nach Gleichung (11):

- $\dfrac{0,101Liter \cdot h}{33,6km \cdot h} \cdot 100 = 0,30l / 100km$

Watanabe et al. [77] haben einen Klimakompressor mit **fixem** Hubvolumen und einen **extern geregelten** Kompressor mit **variablem** Hubvolumen in einem japanischen Fahrzyklus [13] entsprechend der folgenden Testmatrix vermessen:

	Außentemperatur	°C	35	30	25	20	15
Ver-dam-pfer	Temperatur an der Luftdüse (Kabinen-temperatur)	°C	27	27	25	20	15
	Luftfeuchte (Kabine)	%	50	50	50	50	50
	Luftmassenstrom	m³/h	450	300	150	150	150
Leer-lauf	Kompressordrehzahl	1/min	1265	1265	1265	1265	1265
	Eintrittstemp. der Luft in den Kondensator	°C	45	40	35	30	25
	Luftgeschwindigkeit im Kondensator	m/s	1,5	1,5	1,5	1,5	1,5
40 km/h	Kompressordrehzahl	1/min	2135	2135	2135	2135	2135
	Eintrittstemp. der Luft in den Kondensator	°C	35	30	25	20	15
	Luftgeschwindigkeit im Kondensator	m/s	2	2	2	2	2
100 km/h	Kompressordrehzahl	1/min	3715	3715	3715	3715	3715
	Eintrittstemp. der Luft in den Kondensator	°C	35	30	25	20	15
	Luftgeschwindigkeit im Kondensator	m/s	4	4	4	4	4

Tabelle 4.9: Testmatrix japanischer Fahrzyklus, [77]

Der extern geregelte Kompressor wurde für den Fahrzyklus auf die folgenden Kapazitäten (= Hubvolumen) eingestellt.

	Leerlauf	40 km/h	100 km/h
Außentemperatur	**Kapazität des Kompressors**		
35°C	100%	30%	30%
25°C	60%	30%	30%
15°C	30%	30%	30%

Tabelle 4.10: Festlegung der Hubvolumina des extern geregelten Kompressors, [77]

Bild 4.49 zeigt die grafische Auswertung des Fahrversuchs. Die Angabe erfolgt mit Bezug auf die Betriebsdauer der Klimaanlage in L/h. Dem Diagramm ist zu entnehmen, dass sich bei hohen Außentemperaturen (t= 30°C bis 35°C) und hoher Fahrgeschwindigkeit (100km/h) deutliche Unterschiede im Kraftstoffverbrauch ergeben. Bei einer gewählten Außentemperatur von t= 15°C sowie t= 20°C hingegen liegen die Werte aller Lastzustände eng zusammen, die Kabinentemperatur entspricht in diesen Fällen der jeweiligen Außentemperatur (vgl. Tabelle 4.9). In diesem Temperaturintervall laufen beide Kompressoren mit annähernd gleichen Druckverhältnissen. Somit ist ein signifikanter Verbrauchsvorteil in diesem Temperaturbereich nicht zu erwarten. Es fällt auf, dass sich die Verbrauchswerte im reinen Leerlaufbetrieb über den gesamten Temperaturbereich nicht voneinander unterscheiden. Die Begründung hierfür liegt in der Anhebung der Leerlaufdrehzahl durch das Motor-Management bei Zuschaltung des Klimakompressors, um einen Leerlaufbetrieb ohne Aussetzer zu ermöglichen. Dabei spielt die Regelung des Kompressors offensichtlich keine Rolle.

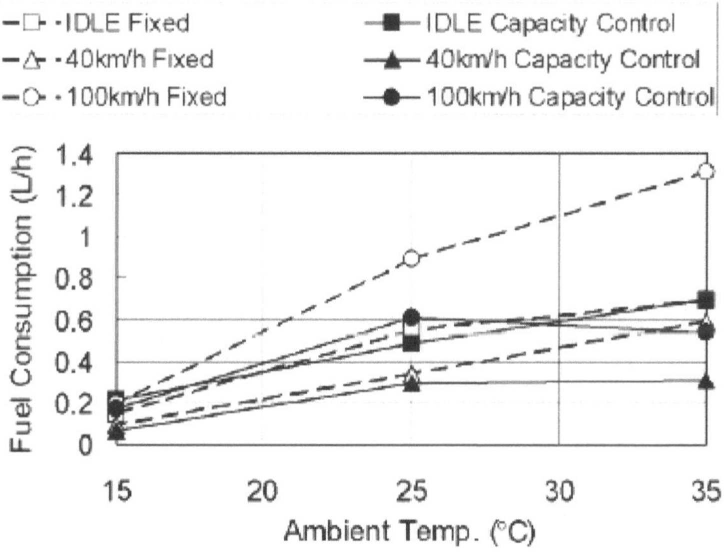

Bild 4.49: Kraftstoffverbrauchswerte fix vs. extern im Vergleich, [77]

Bezogen auf die jährliche Betriebsdauer der Klimaanlage ergibt sich ein **Verbrauchsvorteil** von ca. **22%** bei Verwendung eines Klimakompressors mit variablem Hubvolumen und externer Regelung, siehe Bild 4.50.

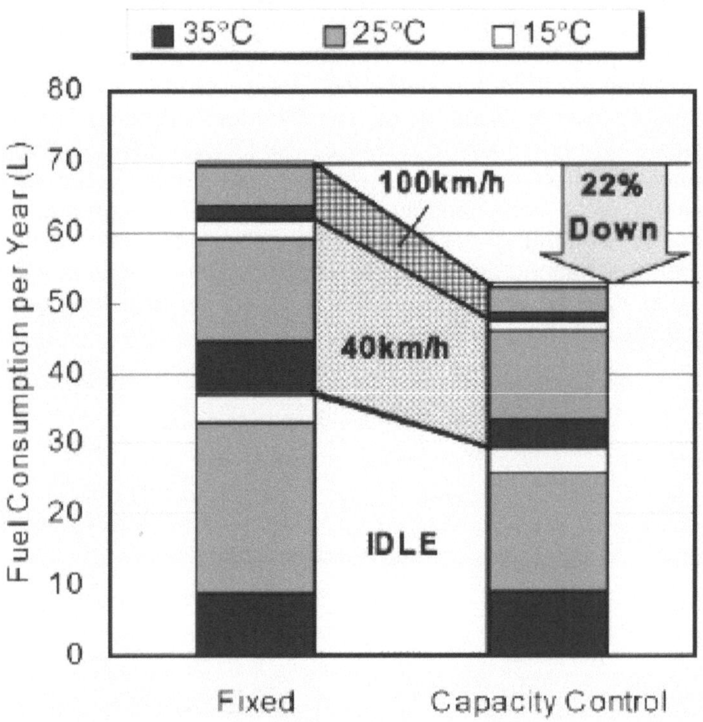

Bild 4.50: Jährliches Kraftstoffeinsparpotenzial extern vs. fix, [77]

Bei der Untersuchung von Watanabe handelte es sich um eine Messung in einem realen Fahrzyklus. Im Vergleich zur reinen Simulation von Kishibuchi fällt auf, dass die Werte im Realfahrzyklus deutlich geringer ausfallen als die reinen Simulationsergebnisse. Konnten bei der Simulation noch 45 Liter/Jahr als Einsparung verzeichnet werden, so reduziert sich die Einsparung nach Watanabe auf ca. 15 Liter/Jahr (gleiche Zyklen vorausgesetzt). Insbesondere fällt auf, dass bei Watanabe ein konventioneller Kompressor mit fixem Hubvolumen gegen einen extern geregelten mit variablem Hubvolumen vermessen wurde, bei Kishibushi hingegen ein intern geregelter gegen einen extern geregelten (beide variabel). Das Ergebnis ist in sofern verwunderlich, da im direkten Vergleich fixes Hubvolumen vs. extern geregeltes Hubvolumen (= variabel) ein größeres Einsparpotenzial zu erwarten wäre. Bezieht man das Ergebnis wieder auf den NEFZ, so lässt sich das mögliche Einsparpotenzial wie folgt berechnen:

- Anzahl Betriebsstunden $\dfrac{15000 km \cdot h}{33,6 km} = 446,4 h$.

- Ferner gilt: $\dfrac{15,4 Liter}{446,4 h} = 0,0345 l / h$ (entspricht ΔB aus Gleichung (10)).

Somit folgt eine Einsparung bezogen auf den NEFZ nach Gleichung (11):

- $\dfrac{0,0345 Liter \cdot h}{33,6 km \cdot h} \cdot 100 = 0,103 l / 100 km$

Einsparungen im Verbrauch erreicht man auch durch den Einsatz von Spiralverdichtern, sog. **„Scroll"-Kompressoren**. Das nachfolgende Bild 4.51 zeigt eine typische Bauart im Schnitt sowie die wesentlichen Bauteile, Bild 4.52 zeigt das Laufzeug.

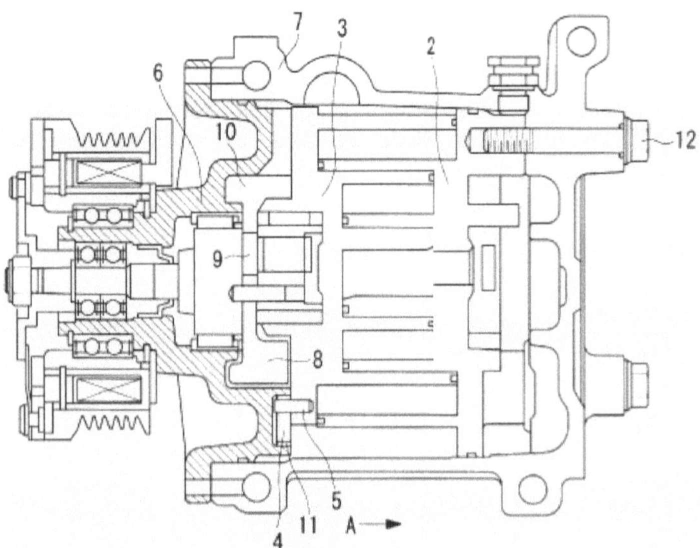

Bild 4.51: Spiralverdichter im Schnitt, [69]

Bild 4.52: Laufzeug, [78]

Ein Schaufelrad (Bauteil 2 in Bild 4.51) ist fix, das andere Schaufelrad (Bauteil 3 in Bild 4.51) bewegt sich außermittig um das feststehende Schaufelrad, dreht sich dabei aber nicht um sich selbst. Bild 4.53 zeigt nachfolgend das Wirkschema (links nach rechts, oben nach unten).

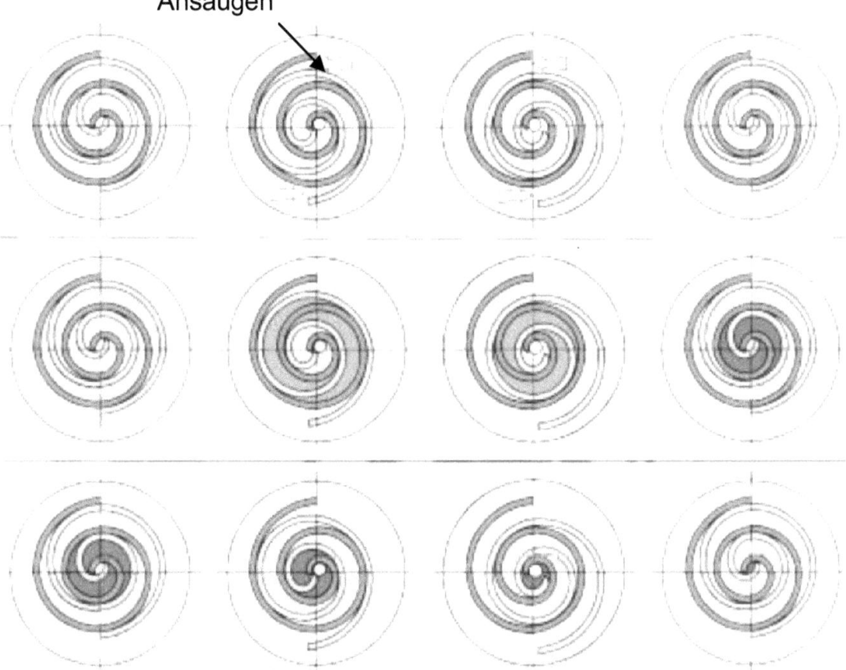

Bild 4.53 Wirkschema des Spiralverdichters, [78]

Das Kältemittel wird zwischen zwei spiralförmig angeordneten Schaufeln angesaugt, verdichtet und nachfolgend über einen axialen Auslass in den Kältekreislauf abgegeben. Eine Klimaanlage mit Spiralverdichter hat bei gleicher Antriebsleistung eine deutlich höhere Kälteleistung als bekannte Hubkolbenkompressoren. Umgekehrt würde eine Auslegung des Kältekreislaufs mit einem kleineren Kompressor eine Reduzierung der Kompressorantriebsleistung ermöglichen, vgl. Bild 4.54.

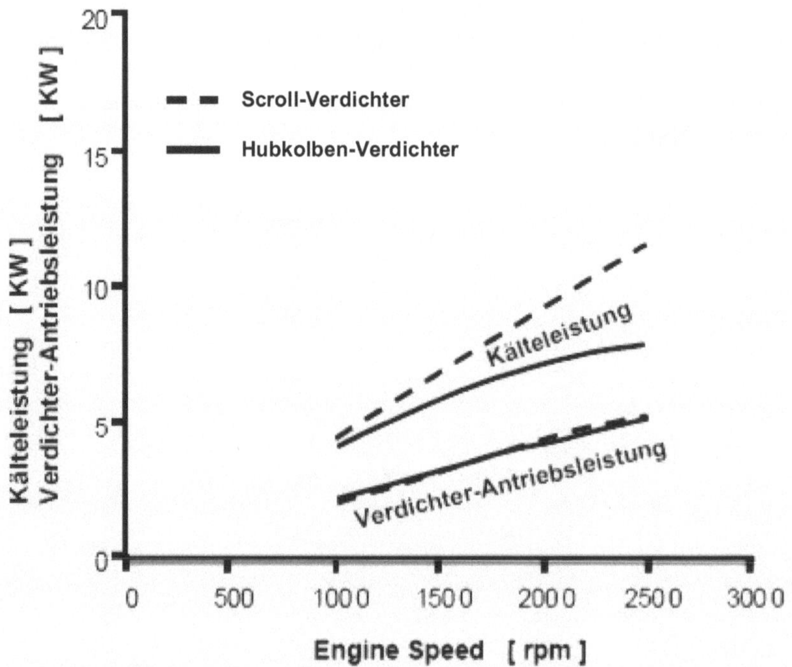

Bild 4.54: Spiralverdichter und Hubkolbenkompressoren im Vergleich, [23]

Bei Spiralverdichtern strömt das Kältemittel nur in eine Richtung, vom Einlasskanal spiralförmig zum Auslasskanal und weiter axial in den Kältekreislauf. Dadurch reduzieren sich die Vibrationen des Kompressors, weshalb Spiralverdichtern ein exzellentes NVH – Verhalten (= Geräuschverhalten) sowie ein guter Wirkungsgrad zugesprochen wird. Spiralverdichter verfügen für gewöhnlich über ein fixes Hubverhältnis, jedoch sind auch Ausführungen mit variablem Hub bekannt. Um eine sichere, effektive und dauerhafte Funktion des Kompressors zu gewährleisten, sind die Leckagemengen zwischen den Schaufeln sowie zwischen den Schaufeln und dem Gehäuse zu minimieren. Dies erfordert enge Fertigungstoleranzen der Schaufeln in der Herstellung, die auch im Betrieb einzuhalten sind. Aus diesem Grund sind Spiralverdichter in der Herstellung teurer als Taumelscheibenkompressoren, weshalb sich Kompressoren nach dem „Scroll" - Prinzip noch nicht durchgesetzt haben.

4.4.1.2 Kältekreislauf

Bereits eingangs wurde die Zieldefinition erwähnt, den Kompressor möglichst ideal zu betreiben. Neben dem Wechsel zur externen Regelung des Kompressors stellt der nachfolgende Ansatz eine weitere Möglichkeit dar, die **Antriebsleistung** des Verdichters nachhaltig zu verbessern und somit weiter zur Reduzierung des Verbrauchsanteils und damit der CO_2-Emissionen beizutragen.

Schlenz et al. [63] haben umfangreiche Untersuchungen zum anteiligen Kraftstoffverbrauch der Klimaanlage durchgeführt und bei der Betrachtung des Einsparpotenzials eine Reihe von Optimierungsmaßnahmen diskutiert. Die exemplarische Berechnung der Kompressorantriebsleistung bei Anwendung verschiedener Optimierungsmaßnahmen wurde mit Hilfe eines Simulationsprogramms bei drei verschiedenen Zustände der Luft und einem Fahrwert (= Kompressordrehzahl), durchgeführt, vgl. Tabelle 4.11.

	Randbedg. 1	Randbedg. 2	Randbedg. 3
Luftmassenstrom, Verdampfer	**8 kg/min**	**6 kg/min**	**5 kg/min**
Lufteintrittstemperatur, Verdampfer	**35°C**	**30°C**	**25°C**
rel. Luftfeuchte, Verdampfer	**40%**	**40%**	**60%**
Luftmassenstromdichte, Kondensator	**2 kg/m²s**	**2 kg/m²s**	**2 kg/m²s**
Lufteintrittstemperatur, Kondensator	**35°C**	**30°C**	**25°C**
Drehzahl, Kompressor	**2000 1/min**	**2000 1/min**	**2000 1/min**

Tabelle 4.11: Luftzustände und Kompressordrehzahl zur Berechnung des Kältekreislaufs, [63]

Um eine quantitative Aussage über das mögliche Einsparpotenzial treffen zu können war es zunächst erforderlich, die Kälteleistung durch Anpassung des Hubvolumens für alle Maßnahmen auf den gleichen Wert wie beim Serienzustand zu bringen. Folgende **Optimierungsmaßnahmen im Kältekreislauf** wurden untersucht:

• Verbesserung des Wärmeübergangs auf der Luftseite des Verdampfers um 10%.

⇒ Ergebnis: Die Temperaturdifferenz „Lufteintrittstemperatur-Verdampfungstemperatur" wird geringer. Dadurch sinkt das Druckverhältnis des Kompressors und eine geringere Antriebsleistung stellt sich ein.

• Verbesserung des Wärmeübergangs auf der Luftseite des Kondensators um 10%.

⇒ Ergebnis: Die Temperaturdifferenz „Kondensationstemperatur-Lufteintrittstemperatur" wird geringer. Dadurch sinkt das Druckverhältnis des Kompressors und eine geringere Antriebsleistung stellt sich ein.

• Verringerung des Druckverlusts in der Saugleitung um 50%.

⇒ Ergebnis: Bei einer vorgegebenen Verdampfungstemperatur resultiert daraus eine höhere Kältemitteltemperatur bzw. ein höherer Druck am Eingang des Kompressors (= Niederdruckseite). Dadurch sinkt das Druckverhältnis des Kompressors und eine geringere Antriebsleistung stellt sich ein.

• Reduzierung der umlaufenden Ölmenge im Kältekreislauf von 5% (= Serie) auf 1%.

⇒ Ergebnis: Das zur Schmierung des Kompressors notwendige Öl wirkt sich in den übrigen Teilen der Kälteanlage nachteilig auf die Leistung der Klimaanlage aus. Eine Reduzierung der Ölmenge verbessert den Wärmeübergang in den Wärmetauschern und verringert den Druckabfall. Aus dem geringeren Druckverlust resultiert ein kleineres Druckverhältnis und damit eine geringere Leistungsaufnahme des Kompressors.

• Verwendung eines inneren Wärmeübertragers (IWT).

⇒ Ergebnis: Der IWT wird als Zusatzbauteil in den Kältekreislauf eingefügt und dient als Wärmesenke/Quelle für das umlaufende Kältemittel. Er hat die Aufgabe, die Energieverluste im Verdichter durch Wärmeaustausch zwischen der Hochdruck und der Niederdruckseite zu reduzieren. Im IWT kühlt das Kältemittel nach Kondensator durch das Kältemittel nach Verdampfer im Gegenstrom ab. Durch die Wärmeabgabe wird das Kältemittel nach Kondensator weiter unterkühlt und gelangt somit wesentlich kälter zum Verdampfer. Gleichzeitig nimmt das verdampfende Kältemittel durch den IWT mehr Wärme auf. Daraus resultiert ein geringerer Kältemittelvolumenstrom bei identischer Kälteleistung. Die Antriebsleistung des Verdichters nimmt ab.

- Verbesserung des isentropen (reversiblen, verlustfreien) Wirkungsgrades des Kompressors um 10%. (Diese Maßnahmen kommen direkt am Kompressor zur Anwendung).

⇒ Ergebnis: Der isentrope Wirkungsgrad des Klimakompressors ist wie folgt definiert:

$$\eta_{is} = \frac{h_{is} - h_{ND}}{h_{HD} - h_{ND}}$$

(20). Änderungen am Kompressor (z. Bsp. eine Reduzierung des saugseitigen Druckverlusts im Kompressor) wirken sich direkt auf die Enthalpien des Kältemittels und damit unmittelbar auf die Güte des Verdichters bzw. auf die Antriebsleistung aus. Es sei an dieser Stelle erwähnt, dass der isentrope Wirkungsgrad des Kompressors keine konstante Größe ist, sondern vielmehr mit der Drehzahl des Kompressors, dem Hubvolumen sowie dem Druckverhältnis variiert. Untersuchungen von **Jabardo et al. [38]** haben ergeben, dass der isentrope Wirkungsgrad im wesentlichen eine lineare Abhängigkeit von der Kompressordrehzahl zeigt und weniger vom Hubvolumen bzw. dem Druckverhältnis abhängt.

Neben dem isentropen Wirkungsgrad lassen sich bei einem Kältemittelverdichter auch der volumetrische sowie der mechanische Wirkungsgrad bestimmen.

⇒ Der volumetrische Wirkungsgrad wird wie folgt definiert:

$$\eta_{vol} = \frac{\dot{m}_{K\ddot{a}ltemittel}}{V_{Kompressor} * \rho_{K\ddot{a}ltemittel} * n_{Kompressor}}$$

(21). Der Gleichung ist zu entnehmen, dass auch der volumetrische Wirkungsgrad keine konstante Größe darstellt.

⇒ Der mechanische Wirkungsgrad des Kompressors lässt sich wie folgt bestimmen:

$$\eta_{mech} = \frac{\dot{m}_{K\ddot{a}ltemittel} * (h_{HD} - h_{ND})}{2 * \pi \times M_{Antrieb}}$$

(22).

Der mechanische Wirkungsgrad intern geregelter Kompressoren stellt eine konstante Größe dar, während der mechanische Wirkungsgrad extern geregelter Kompressoren –je nach Änderung des Saugdrucks– geringfügig variiert. Es liegen nur sehr wenige Veröffentlichungen vor, die sich mit den unterschiedlichen Wirkungsgraden des Klimakompressors beschäftigen.

Clodic et al. [17] haben sich bei ihren Untersuchungen zu intern und extern geregelten Kompressoren u.a. mit der Fragestellung auseinandergesetzt, welchen Einfluss die verschiedenen Wirkungsgrade auf das Leistungsvermögen der Klimaanlage haben? Wie bereits erwähnt, stellt der **isentrope** Wirkungsgrad eine variable Größe dar. Aus sehr umfangreichen Messreihen ergaben sich Werte von 0,45-0,7 für den extern geregelten Kompressor sowie 0,52-0,72 bei interner Regelung. Die Werte werden von den Autoren als gut eingestuft. Der **volumetrische** Wirkungsgrad wird mit Werten von max. 0,5 im Hochdrehzahlbereich und unabhängig von der Art des Kompressors als schlecht eingestuft. Die niedrigen Werte lassen vermuten, dass der volumetrische Wirkungsgrad durch konstruktive Eingriffe auf diesen Wert limitiert wird, um insbesondere bei hohen Drehzahlen zu hohe Kälteleistungen zu vermeiden, was ein hohes Druckverhältnis, eine entsprechend hohe Leistungsaufnahme des Kompressors sowie einen deutlichen Re-heat Betrieb erfordern würde. Der **mechanische** Wirkungsgrad liegt bei durchschnittlich 0,5 und variiert lediglich für den extern geregelten Kompressor zu niedrigeren Werten, je nach Regelung des Niederdrucks. Somit lässt sich bezüglich der deutlich positiven Eigenschaften des extern geregelten Kompressors vs. interne Regelung festhalten, dass die Zugewinne bei der externen Regelung nicht auf den mechanischen Wirkungsgrad zurückzuführen sind. Jedoch werden auch die Werte des mechanischen Wirkungsgrades von Clodic als schlecht eingestuft. Von den Autoren wird abschließend angeführt, dass der mechanische sowie der volumetrische Wirkungsgrad ein nicht zu vernachlässigendes Optimierungspotenzial bieten. Es wird aber gleichzeitig und explizit darauf hingewiesen, dass die Kenntnis der o.g. Wirkungsgrade bzw. des sich aus der Multiplikation der einzelnen Werte ergebenden Gesamtwirkungsgrades **keine** Vorhersage des Energieverbrauchs einer Klimaanlage unter realistischen Bedingungen zulässt.

Die nachfolgende Tabelle 4.12 zeigt die möglichen Einsparpotentiale aller o.g. Optimierungsmaßnahmen im Vergleich zur Serie.

Optimierungsmaßnahme	Mögliches Einsparpotenzial
Verbesserung des Wärmeübergangs auf der Luftseite des Verdampfers um 10%.	3%-8%
Verbesserung des Wärmeübergangs auf der Luftseite des Kondensators um 10%.	4%-6%
Verringerung des Druckverlusts in der Saugleitung um 50%	3%-6%
Reduzierung der umlaufenden Ölmenge im Kältekreislauf von 5% (Serie) auf 1%.	7%
Verwendung eines inneren Wärmeübertragers (IWT).	3%-5%
Verbesserung des isentropen (reversiblen, verlustfreien) Wirkungsgrades des Kompressors um 10%.	10%

Tabelle 4.12: Mögliches Einsparpotenzial aus den Optimierungsmaßnahmen, [63]

Das Ziel der Optimierung muss es sein, aus der Summe aller Maßnahmen eine deutlich messbare Reduzierung des Verbrauchs zu erreichen. Es wird jedoch davon ausgegangen, dass verschiedene Maßnahmen sich gegenseitig beeinflussen und deshalb die einzelnen Verbesserungen nicht einfach addiert werden können. Um dies zu überprüfen, wurde als weitere Variante ein Kreislauf mit der Summe aller Maßnahmen berechnet. Und, um das maximal mögliche, aber nur theoretisch erreichbare Einsparpotenzial (= Grenzpotenzial) darstellen zu können, wurde von den Autoren zusätzlich eine Variante mit dem idealen Kältekreislauf simuliert.

Idealisiert betrachtet sind Kondensator und Verdampfer unendlich groß und benötigen keine Temperaturdifferenz zur Wärmeübertragung. Ferner liegt auf der Kältemittelseite kein Druckverlust vor. Der Verdichter wird als isentrop, d.h. verlustfrei angenommen. Das nachfolgende Bild 4.55 zeigt einen Vergleich des realen mit dem idealen Kältekreislauf, wie er sich aus den getroffenen Annahmen ergibt. Die Differenzen Δh_{ideal} sowie Δh_{real} sind der Antriebsleistung proportional. Der ideale Kreislauf benötigt demnach nur 30% bis 40% der Antriebsleistung des realen Kältekreislaufs.

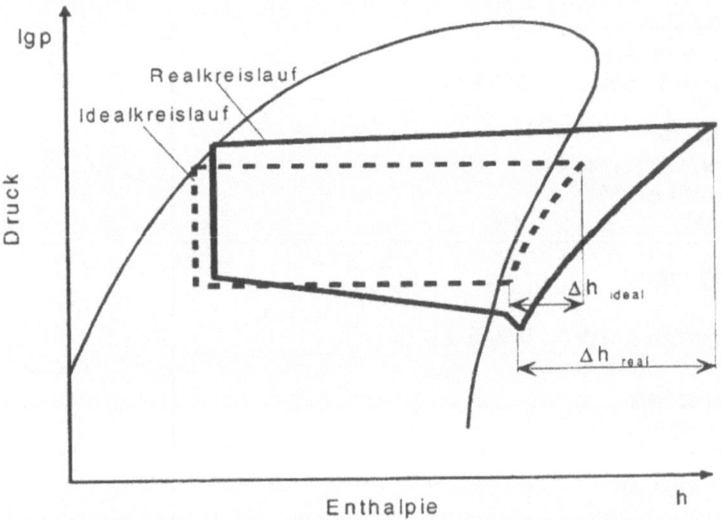

Bild 4.55: Realer Kälteprozess vs. idealer Kälteprozess, [63]

Im folgenden Diagramm sind die möglichen Einsparpotenziale des Kältekreislaufs mit allen dargestellten Optimierungsmaßnahmen aus Tabelle 4.12 sowie dem idealen Kreislauf im Vergleich zum Serienzustand dargestellt.

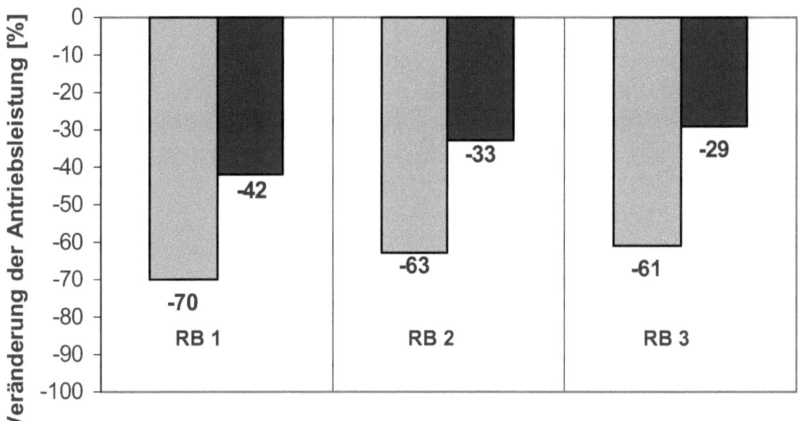

Bild 4.56: Mögliches Einsparpotenzial aller Optimierungsmaßnahmen (= schwarz) sowie des Idealkreislaufs (= grau) im Vergleich zur Serie, RB= Randbedingung [63]

Bild 4.56 macht deutlich, dass mit abnehmender Last (Randbedingung 1 bis 3) das Einsparpotenzial abnimmt. Da der Betrieb der Klimaanlage häufiger im Niedriglastbereich als im Hochlastbereich erfolgt, kann bei der Umsetzung aller angesprochenen Maßnahmen mit einer **durchschnittlichen Reduzierung** des anteiligen **Kraftstoffverbrauchs von 25%** im **Jahresmittel** gerechnet werden.

4.4.1.3 Bedarfsgerechte Klimatisierung durch Enthalpie-Regelung

Bei der bedarfsgerechten Kühlung gilt die Vorgabe nur soweit zu kühlen, wie es für den Lastfall erforderlich ist. Einen wesentlichen Beitrag hierzu leistet die Regelung der Enthalpie nach **Kettner et al. [43]**
Bei der Funktionsbeschreibung der Klimaanlage (vgl. Kapitel 3.4.5) wurde erwähnt, dass die für den Verdampfungsvorgang erforderliche Energie der durchströmenden Luft entzogen wird, die Luft kühlt sich bei diesem Vorgang ab. Wird bei diesem Vorgang die Taupunkttemperatur unterschritten, so erfolgt eine Entfeuchtung der Luft durch Kondensation. Der absolute Wassergehalt der Luft sinkt, die Luft wird trockener. Die Verdampferleistung, d.h. die für die Abkühlung der Luft aufzuwendende Energie einer Klimaanlage wird luftseitig vom Energiegehalt der ein– und ausströmenden Luft bestimmt, der sog. spezifischen Enthalpie.

Die spezifische Enthalpie wiederum ist anhängig von der Temperatur, dem Luftdruck und insbesondere vom Wassergehalt der Luft. Die grafische Darstellung der Zustandsparameter erfolgt über das Mollier-Diagramm für feuchte Luft, auch h,x-Diagramm genannt. Bild 4.57 zeigt abschnittsweise ein modifiziertes h,x-Diagramm, mit dessen Hilfe zwei Zustandspunkte der Luft beschrieben werden sollen, wie sie am Verdampfer einer Klimaanlage auftreten können.

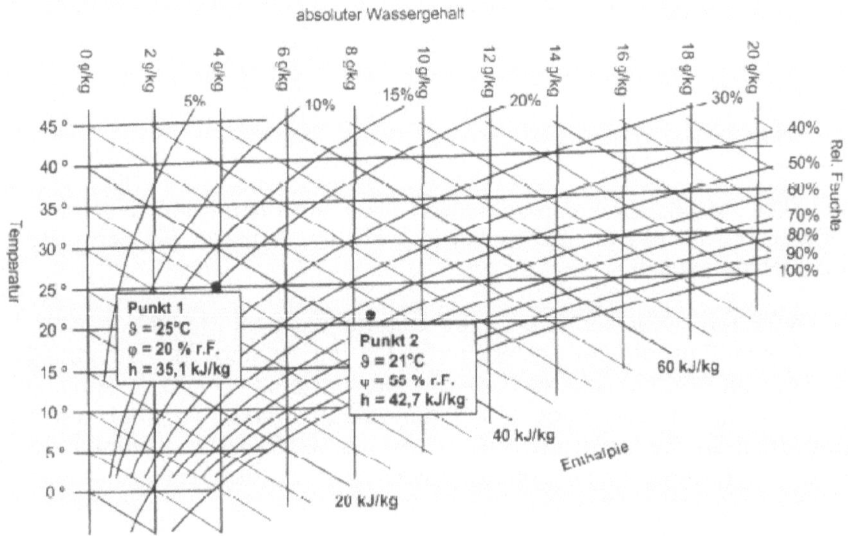

Bild 4.57: Zustandspunkte der Luft im Mollier-Diagramm bei p= 1,013 bar, [43]

Punkt 2 hat beispielsweise einen höheren Enthalpiegehalt als Punkt 1, obwohl die Temperatur kleiner ist. Das lässt sich durch den höheren Wassergehalt der Luft begründen, zu erkennen an dem größeren Wert der Luftfeuchtigkeit. Die Verdampferleistung ergibt sich aus dem Luftmassenstrom durch den Verdampfer sowie der Differenz der spezifischen Enthalpien zwischen Lufteintritt und Luftaustritt. Aus der Betrachtung geht hervor, dass für einen energieoptimierten Betrieb des Kältekreislaufs die Verdampferleistung reduziert werden kann, indem am Verdampfer Luft im energetisch _günstigsten_ Zustand abgekühlt wird. Da sich die Verdampferleistung aus der Kompressorantriebsleistung ableitet folgt unmittelbar, dass eine Verringerung der Verdampferleistung automatisch auch eine Absenkung der Antriebsleistung am Kompressor nach sich zieht (bei ansonsten identischer Kälteleistung).

Zur Aufbereitung der Luft stehen prinzipiell Außenluft und Luft aus dem Fahrzeuginnenraum –sog. Umluft– zur Verfügung. Auch heute noch wird bei vielen Klimaanlagen im Dauerbetrieb **energiereiche Außenluft** am Verdampfer abgekühlt, lediglich bei sehr hohen Außentemperaturen wird in den Umluftbetrieb umgeschaltet. Die Umschaltung erfolgt durch einen Temperaturvergleich zwischen außen und innen. An die Enthalpie-Regelung richtet sich deshalb die Forderung, für einen energiesparenden (= verbrauchssenkenden) Betrieb dem Verdampfer immer Luft mit dem energetisch günstigeren Zustand zuzuführen. Bild 4.58 zeigt das Wirkschema einer Enthalpie-Regelung, basierend auf dem Patent von Kettner [43].

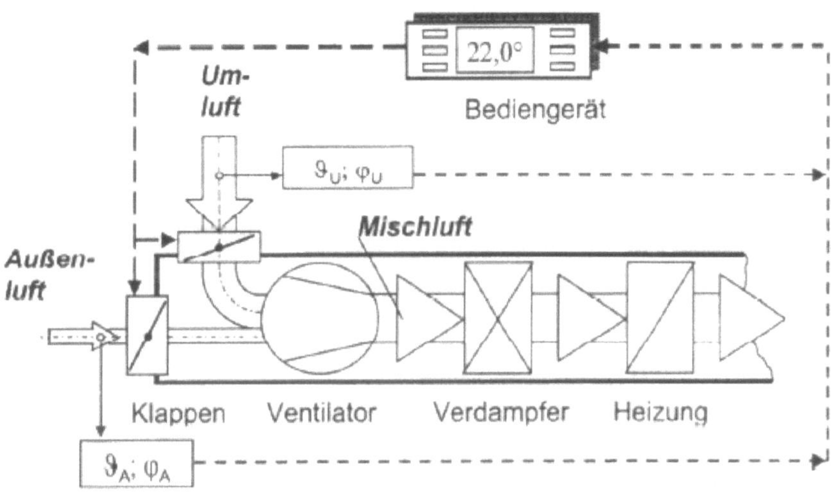

Bild 4.58: Wirkschema nach [43]

Zur Bestimmung der Enthalpie sind im Außen sowie im Umluftkanal jeweils Temperatur und Feuchtesensoren angebracht. Das Bediengerät der Klimaanlage errechnet aus diesen Signalen die spezifischen Enthalpien der Luft. Basierend auf einem Vergleich zwischen der Enthalpie der Außenluft sowie der Umluft steuert das Bediengerät die verstellbare Umluftklappe so, dass Luft mit der geringeren spezifischen Enthalpie dem Verdampfer zugeführt wird. Im Umluftbetrieb wird ein geringer Außenluftanteil zugemischt (ca. 20%), so dass ein Mindestmaß an Frischluftzufuhr gewährleistet wird. Aktuelle Systeme gleichen die Werte noch über einen Kohlendioxidsensor ab, um zu jedem Zeitpunkt eine optimale Güte der Luft zu gewährleisten [3]. Anhand eines Beispiels soll das Einsparpotenzial einer Enthalpie geregelten Umluftschaltung beschrieben werden. Im Bild 4.59 ist der Klimaprozess für den energiereichen Außenluftbetrieb dargestellt.

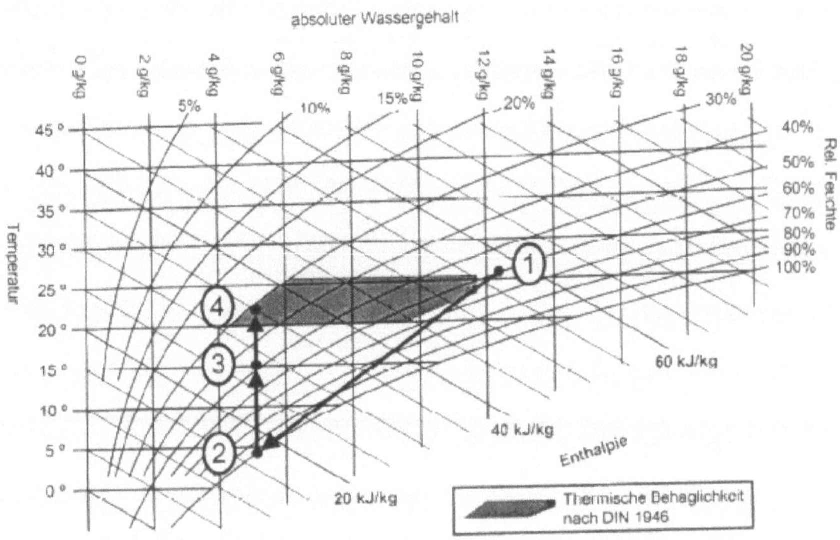

Bild 4.59: Enthalpien bei Verwendung energiereicher Außenluft, [43]

Punkt 1 charakterisiert einen angenommenen Außentemperaturwert von $t_{außen}$= 26°C mit einer relativen Luftfeuchte von 60%. Die gewünschte Innenraumtemperatur der Regelung sei unter den getroffenen Annahmen auf einen thermischen Behaglichkeitswert von t_{innen}= 22°C eingestellt. Die Werte für die thermische Behaglichkeit ergeben sich aus der DIN 1946, auf die an dieser Stelle nur verwiesen sei. Der Wassergehalt der Luft hängt vom saugseitigen Niederdruck des Kompressors (sog. Set-Point) ab, da dieser den Luftzustand nach bzw. hinter dem Verdampfer bestimmt, entsprechend Punkt 2. Es folgt aus dem h,x-Diagramm eine Enthalpiedifferenz zwischen Punkt 1 und Punkt 2 von 41,6 kJ/kg.

Bild 4.60 hingegen zeigt den Prozess bei Anwendung der Regelung nach [43] bei gleichen Außenluftbedingungen wie in Bild 4.59.

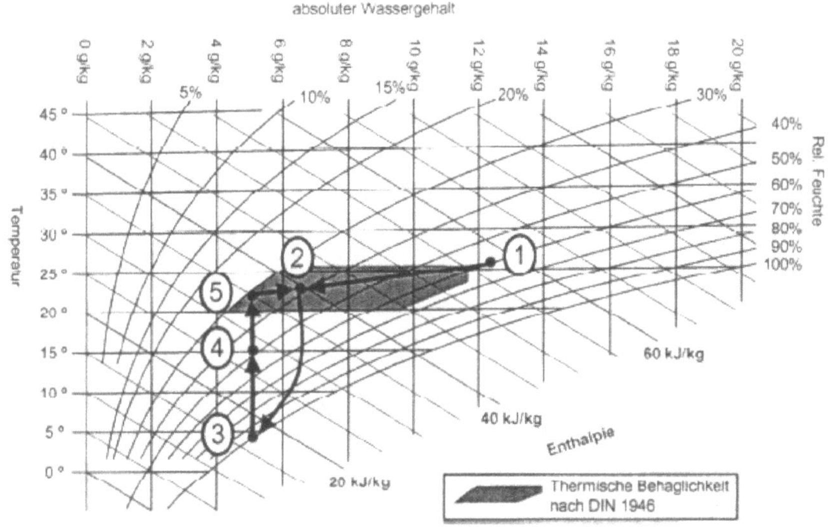

Bild 4.60: Enthalpien bei Umluftregelung, [43]

Der Regelung entsprechend stellt sich ein sog. Mischluftbetrieb aus 80% Umluft und nur 20% Außenluft ein. Die sich einstellende Mischluft am Verdampfereingang wird durch Punkt 2 (= Ausgangspunkt) dargestellt. Die Luft wird am Verdampfer abgekühlt und dadurch auf den Zustand in Punkt 3 gebracht, der sich wiederum durch den Set-Point des Kompressors ergibt. Die resultierenden Enthalpiedifferenz zwischen den Punkten 2 und 3 ergibt sich aus dem h,x-Diagramm lediglich zu 22,9 kJ/kg. Durch die Anwendung der Enthalpie-Regelung lassen sich –rein aus der Betrachtung der Zustandswerte im Mollier-Diagramm– ca. **45% der Verdampferleistung** einsparen.

Um das tatsächliche Einsparpotenzial der Enthalpie-Regelung quantifizieren zu können, wurde die Klimaanlage eines Mittelklasse-Pkw mit einem leistungsgeregelten Kompressor auf einem Systemprüfstand betrieben. Dieser Prüfstand bietet die Möglichkeit, unterschiedliche Klima und Fahrsituationen, statisch wie auch in simulierten Fahrzyklen, zu untersuchen. Die Temperatur für den Fahrzeuginnenraum wurde für die Messreihe auf 22°C gelegt. Die Luftfeuchtigkeit im Innenraum ergab sich aus dem „Set-Point" des Kompressors.

Für den quantitativen Vergleich wurden Reihen mit und ohne Umluftzuführung gefahren. Tabelle 4.13 zeigt die möglichen Einsparungen an Verdampfer (= V) sowie Kompressorleistung (= K) durch den Betrieb mit Umluft, verglichen mit dem reinen Außenluftbetrieb.

	26,0°C/60% r.F		26,7°C/40% r.F		19,5°C/82% r.F	
	V	**K**	**V**	**K**	**V**	**K**
32 km/h n_K= 2315 1/min		28%		20%		15%
35 km/h n_K= 2530 1/min	41%	26%	30%	19%	34%	14%
50 km/h n_K= 2320 1/min		19%		14%		11%
70 km/h n_K= 3250 1/min		23%		12%		8%

Tabelle 4.13: Einsparpotenziale hinsichtlich Verdampfer (V) und Kompressorleistung (K) bei unterschiedlichen Wetterdaten/Fahrzuständen für den Standort Frankfurt/Main im Testjahr, [43]

Aus der Messreihe lassen sich die folgenden Erkenntnisse ableiten:
• Einsparungen bei der **Verdampferleistung** sind einzig vom Wetterzustand und nicht von der Fahrgeschwindigkeit bzw. von der Drehzahl des Motors abhängig. Die gemessene Einsparung bei $t_{außen}$= 26°C sowie 60% relative Feuchte liegt mit **41%** im Bereich der ermittelten theoretischen Einsparung von 45%. Die anderen Werte decken sich ebenfalls mit den theoretischen Vorgaben.

• Einsparungen bei der **Kompressorleistung** sind sowohl vom Zustand des Wetters als auch von der Motordrehzahl abhängig. Die aus der Tabelle ersichtliche Abnahme der Einsparung mit zunehmender Kompressor/Motordrehzahl hängt mit dem leistungsgeregelten Kompressor zusammen. Dieser vermindert bei Zunahme der Drehzahl sein Hubvolumen. Es lässt sich festhalten, dass das Einsparpotenzial der **Kompressorleistung** zwischen **8%-28%** liegt. Die ermittelten Einsparungen aus Tabelle 4.13 beziehen sich auf einen variablen Kompressor mit **interner Regelung**.

Das Einsparpotenzial kann noch erweitert werden, wenn stattdessen ein variabler Kompressor mit **externer Regelung** verwendet wird, bei dem sich der Set-Point (= Niederdruck) in den bereits beschriebenen Grenzen einstellen lässt. Bild 4.61 zeigt den Prozess der Enthalpie-Regelung im h,x-Diagramm für einen extern geregelten Kompressor.

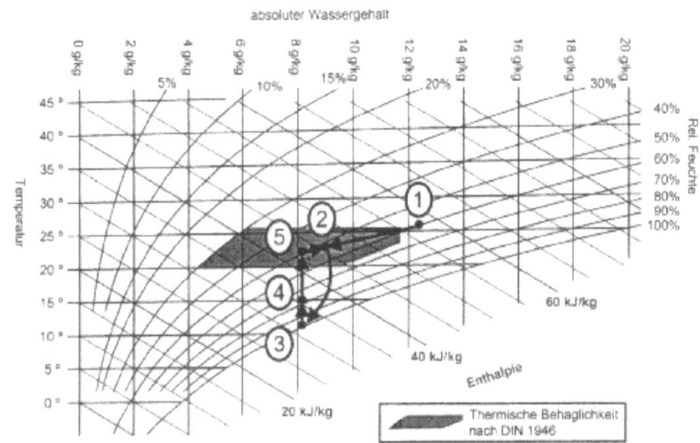

Bild 4.61: Enthalpien bei Umluftregelung mit variablem Set-Point des Kompressors, [43]

Es wurden die gleichen Wetterdaten wie in den Bildern 4.59 und 4.60 verwendet. Über die externe Regelung wurde der Niederdruck so eingestellt, dass sich eine Temperatur nach Verdampfer von t_{VD}= 11°C ergab, entsprechend Punkt 3. Die Innenraumtemperatur wurde wieder auf den Wert von t_{innen}= 22°C gelegt, vgl. Punkt 5. Dem Diagramm ist zu entnehmen, dass sich im Fahrzeuginnenraum eine relative Feuchte von 49,8% einstellt. Der Punkt liegt somit deutlich im Behaglichkeitsbereich.
Im direkten Vergleich dazu liegen die Zustandspunkte bei den Beispielen aus Bild 4.59 sowie 4.60 am Rande des Behaglichkeitsbereichs. Mit einer Luftfeuchtigkeit von nur 30,9% ist die Luft deutlich trockener. Durch die Verschiebung des Niederdrucks ergibt sich eine weitere Reduzierung der Verdampferleistung auf eine Enthalpiedifferenz von 14,3 kJ/kg zwischen den Punkten 2 und 3, entsprechend einer Abnahme gegenüber dem reinen Frischluftbetrieb um 65,6%.

Klimasysteme mit Enthalpie-Regelung befinden sich bereits vereinzelt in Serie.

4.4.1.4 Kompressorantrieb

Eine weitere Möglichkeit für den bedarfsgerechten Antrieb des Klima-kompressors ergibt sich durch den Einsatz eines sog. Riemen-scheibengetriebes, wie von **Baumgart et al. [7]** vorgeschlagen. Bild 4.62 zeigt einen Anwendungsfall.

Bild 4.62: Klimakompressor mit Riemenscheibengetriebe, [7]

Die Getriebeeinheit wird dabei fast vollständig in die Riemenscheibe des Kompressors integriert und verfügt über zwei Gänge. Der Antrieb erfolgt auf konventionelle Weise über den Keilrippenriemen. Somit besteht die Möglichkeit, in Abhängigkeit der Motordrehzahl sowie der Bedarfsleistung der Klimaanlage eine geeignete Übersetzungsstufe zu wählen. Die o.g. Getriebeeinheit ist in Planetenbauweise als Plusgetriebe ausgeführt und aufgrund der hohen Drehmomentkapazität und der koaxial liegenden An– und Abtriebswellen besonders gut für solche Anwendungen geeignet. Der Antrieb der Baugruppe erfolgt über das Hohlrad, welches integraler Bestandteil der Riemenscheibe ist, vgl. Bild 4.63.

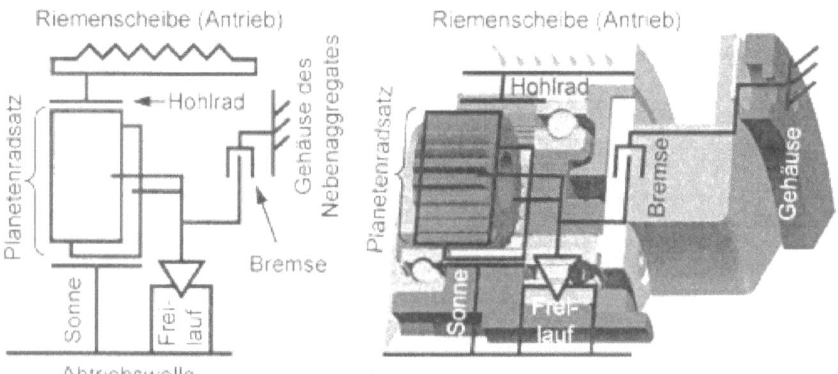

Bild 4.63: Aufbau des Riemenscheibengetriebes, [7]

Zwischen dem Steg und dem Gehäuse des Kompressors ist eine schaltbare Magnetkupplung angeordnet. Auf dem Steg sind drei Planetenradsätze mit jeweils zwei miteinander in Eingriff stehenden Planeten gelagert. Der Abtrieb zum Kompressor erfolgt über das Sonnenrad. Eine Freilaufkupplung mit integriertem Lager befindet sich zwischen dem Sonnenrad und dem Steg.

Es werden zwei Betriebsarten unterschieden:

• *Betrieb bei geschlossener Bremse*, d.h. stillstehendem Steg. Das Getriebe erzeugt eine Übersetzung vom Hohlrad zum Sonnenrad und somit <u>ins Schnelle</u>. Dabei ist der Freilauf geöffnet. Die Übersetzung der Getriebestufe berechnet sich aus dem negativen Verhältnis der Zähnezahlen des Hohlrades ($z_{Hohl} < 0$) sowie des Sonnenrades ($z_{Sonne} > 0$). Die Gesamtübersetzung zwischen dem Verbrennungsmotor und dem Kompressor ergibt sich aus der Multiplikation der Getriebeübersetzung und der Übersetzung des Keilrippenriemens.

• *Betrieb mit geöffneter Magnetbremse*. Bei dieser Betriebsart verzögert das Schleppmoment des Kompressors das Sonnenrad, bis alle Wellen des Planetengetriebes mit der gleichen Drehzahl umlaufen. Sobald dieser Zustand erreicht ist, wirkt die Freilaufkupplung in Sperrrichtung und verhindert damit eine weitere Relativbewegung zwischen Steg und Sonnenrad.

In diesem Schaltzustand läuft das Getriebe als Block um, die Übersetzung ist in diesem Fall $i_{Getriebe} = 1$ und der Kompressor wird ausschließlich mit der Übersetzung des Keilrippenriemens angetrieben.

Unter der Annahme, dass die maximale Zähnezahl am Hohlrad -100 beträgt und ferner die minimale Zähnezahl an den Planeten sowie an der Sonne von 17 nicht unterschritten wird, ergeben sich für die vorliegende Ausführung Übersetzungen ins Schnelle zwischen 0,17 und 0,55.
Bild 4.64 zeigt den Getriebeaufbau und die resultierenden Übersetzungen.

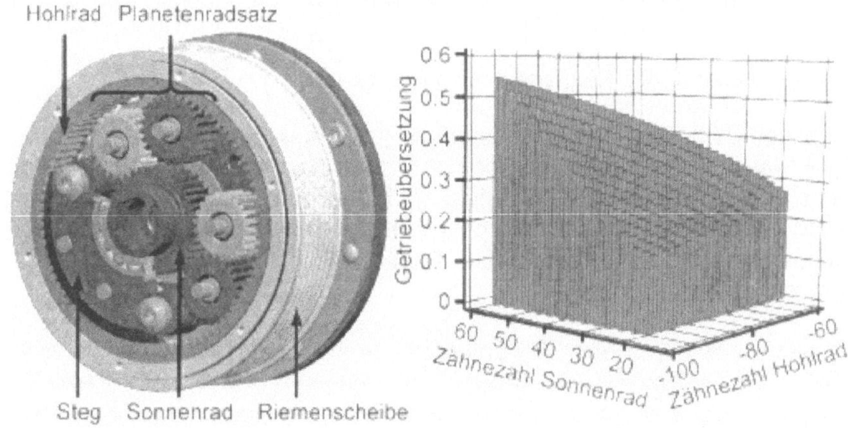

Bild 4.64: Getriebeaufbau und relevante Übersetzungen, [7]

Der Einsatz des Riemenscheibengetriebes erlaubt eine Reduzierung der Baugröße des Kompressors. Dieser kann nun bedarfsorientiert durch die Aktivierung der Magnetbremse mit höherer Drehzahl betrieben werden. Die gewünschte Kälteleistung ergibt sich dadurch bei einer geringeren Antriebsdrehzahl und somit reduzierter Antriebsleistung des Kompressors. In der Folge sinkt der Kraftstoffverbrauch. Bei geringem Nutzleistungsbedarf ist die Bremse geöffnet und der Kompressor wird mit der Übersetzung des Keilrippenriemens angetrieben. Dieses Downsizing des Klimakompressors führt durch Massenreduzierung und Verringerung der Trägheitsmomente zu einer weiteren Einsparung im Verbrauch. Durch die nahezu vollständige Integration des Getriebes in die Riemenscheibe steigt der Bauraumbedarf (= Package) der Riemenscheibe nur unwesentlich an.

Die Autoren führen an, dass auch bei unveränderter Größe des Klimakompressors deutliche Einsparungen im Verbrauch umsetzbar sind. Für eine sinnvolle Drehzahlabstufung muss hierfür die Riemenübersetzung ins Langsame verändert werden. Das Getriebe wird bei Bedarf zugeschaltet und der Kompressor mit (eigentlich) serienmäßiger Drehzahl betrieben. Bei geringer Bedarfsleistung wird das Getriebe deaktiviert und der Kompressor mit der langsameren Übersetzung des Riementriebes angetrieben. Die Abnahme der Antriebsdrehzahl führt zu einer Reduzierung der Antriebsleistung und damit zu einer Abnahme des Verbrauchsanteils. Der Variabilität des Riementriebs sind bei unveränderter Größe des Kompressors durch das Package im Motorraum Grenzen gesetzt, weshalb das kleinere Aggregat effizienter ist. Von Baumgart wurde das Einsparpotenzial durch den Einsatz eines solchen Riemengetriebes an einem konventionellen Klimakompressor, d.h. mit unveränderter Baugröße sowie fixem Hubvolumen, durch Simulationen ermittelt. Lediglich die Riemenübersetzung wurde angepasst. Um den Einfluss des Riemenscheibengetriebes auf den Verbrauchsanteil analysieren zu können, wurde eine Simulation mit den nachfolgenden Modellen erstellt.

• *Modell zur Beschreibung des Temperaturverhaltens im Fahrzeuginnenraum:*

⇒ In Abhängigkeit der äußeren Bedingungen (Temperatur, Luftfeuchtigkeit), dem Betriebspunkt des Fahrzeugs (Motordrehzahl, Last) sowie den Einstellungen am Bedienteil der Klimaanlage ergibt sich der Kühlbedarf (Luftmassenstrom) für die Fahrzeugkabine, der erforderlich ist, die entsprechenden Behaglichkeitstemperaturen einzuregeln, vgl. Bild 4.65.

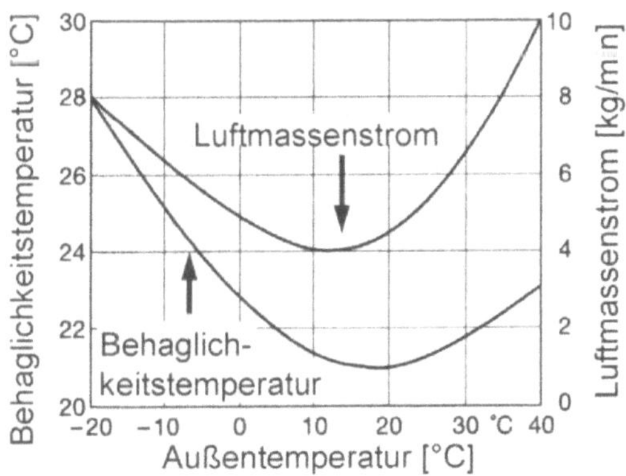

Bild 4.65: Luftmassenstrom sowie Behaglichkeitstemperatur, [7]

• *Modell zur Beschreibung der Klimaanlage:*
⇒ Für die Simulation des Kältekreislaufs zur Deckung des o.g. Kühl-
bedarfs sowie zur Ermittlung des Leistungsbedarfs des Kompressors
wurde im wesentlichen ein einfaches Klimaanlagenmodell mit Re-heat
Betrieb verwendet.
• *Fahrsimulationsmodell zur Bestimmung des Fahrzeug (Motor) Betriebspunktes sowie zur Berechnung des Kraftstoffverbrauchs bei verschiedenen Regelstrategien des Kompressors.*
⇒ Der Simulation liegt das Last und Fahrprofil zugrunde, welches bereits
im Kapitel 3.4.5 von Taxis-Reischl [70] zur Anwendung kam und sich an
den NEFZ anlehnt.

Die Berechnungen wurden für zwei unterschiedliche Außenluftzustände
entsprechend dem Lastprofil aus [70] durchgeführt, vgl. Tabelle 4.14.

Außenluft/Behaglichkeitszustände		
26°C	⇒	T_{Behag}= **21,3°C**
70% r.F.		m_{Luft}= **5,5 kg/min**
34°C	⇒	T_{Behag} = **22,3°C**
35% r.F		m_{Luft}= **7,8 kg/min**

Tabelle 4.14: Außenluft und Behaglichkeitszustände, [7]

Die in Tabelle 4.14 aufgeführten Behaglichkeitstemperaturen sowie die
Luftmassenströme in den Fahrzeuginnenraum resultieren aus Bild 4.65.
Für die Simulation wurde angenommen, dass das Fahrzeug vor dem
Start der Simulationsrechung eine Stunde in der Sonne stand (= Aufheiz-
phase). Zu Beginn der Aufheizphase betrug die Innenraumtemperatur
23°C.

Die Simulation wurde für drei verschieden Regelungsvarianten des
Kompressors durchgeführt.
1.) *Kompressor ohne Magnetkupplung und ohne Riemenscheibengetriebe.*
⇒ Der Kompressor läuft permanent mit Maximalleistung, die Regelung
der Innenraumtemperatur erfolgt ausschließlich mittels Re-heat Betrieb.

2.) *Kompressor mit Magnetkupplung und ohne Riemenscheibengetriebe.*
⇒ Regelung der Innenraumtemperatur mittels Re-Heat Betrieb und durch
Zu– und Abschalten des Kompressors.

3.) *Klimakompressor mit Riemenscheibengetriebe.*

$\Rightarrow$ Regelung der Innenraumtemperatur mittels Re-heat Betrieb sowie durch Variation der Übersetzung durch das Riemenscheibengetriebe. Der Wirkungsgrad des Planetengetriebes wurde für $i_{Getriebe}$ = **1**, d.h. im **deaktivierten** Zustand, mit 98% und im **aktiven** Zustand, entsprechend $i_{Getriebe}$ = **0,55**, mit 95% berücksichtigt. **Eine angepasste Riemenübersetzung garantiert im geschalteten Zustand die gleiche Kompressordrehzahl wie bei den Varianten 1.) und 2.). Bei deaktiviertem Planetengetriebe wird der Klimakompressor deshalb nur mit der langsameren Riemendrehzahl angetrieben.**

Der elektrische Leistungsbedarf für die Magnetkupplung des Kompressors bzw. für die Magnetbremse des Getriebes wurde im Modell entsprechend berücksichtigt. Bild 4.66 zeigt die Ergebnisse für den Kompressor ohne Magnetkupplung und ohne Riemenscheibe **(Variante 1)**.

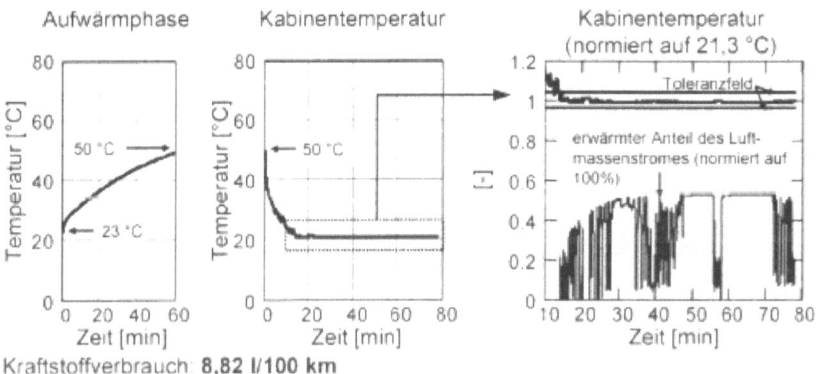

Bild 4.66: Variante 1.) bei einer Außentemperatur von 26°C, [7]

Die Luft im Fahrzeuginnenraum hat sich während der o.g. Aufheizphase von 23°C auf 50°C erwärmt, die Außentemperatur beträgt 26°C. Nach dem Start benötigt das System ca. 15 Minuten, bis sich die Luft in der Kabine auf die Behaglichkeitstemperatur von 21,3°C abgekühlt hat. Von diesem Punkt an versucht die Regelung über den Re-heat Betrieb, die Temperatur im Innenraum innerhalb eines Toleranzfeldes zu halten, das hier mit 1,6°C angegeben wurde. Der Anteil des Luftmassenstromes ist in der rechten Bildhälfte zu erkennen. Bei dieser Regelungsvariante beträgt der simulierte Kraftstoffverbrauch 8,82 Liter/100 km, wobei 1,45 Liter/100 km auf den Betrieb der Klimaanlage entfallen.

Die Ergebnisse der **Variante 2.)** sind Bild 4.67 zu entnehmen.

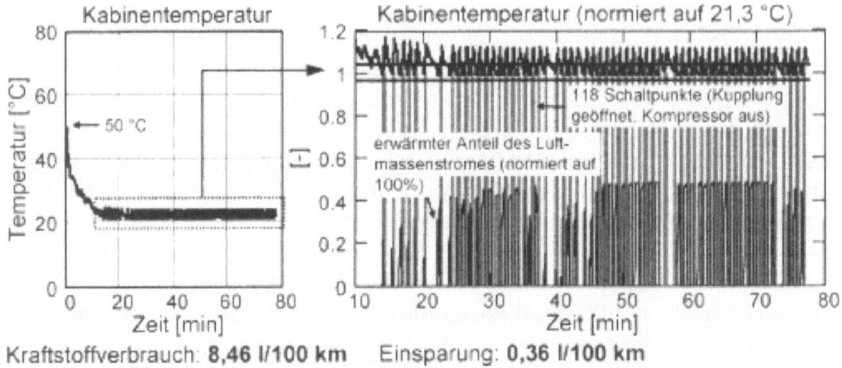

Bild 4.67: Variante 2.) bei einer Außentemperatur von 26°C, [7]

Im Vergleich zur Variante 1.) ergibt sich durch das zeitweilige Zu– und Abschalten der Magnetkupplung des Kompressors zwar eine **Einsparung** von **0,36 Liter/100 km**, jedoch schwankt die Temperatur in der Fahrzeugkabine recht stark. Die Schaltpunkte sind im rechten Bildteil dargestellt. Im betrachteten Fahrzyklus werden von der Magnetkupplung des Kompressors 118 Schaltvorgänge durchgeführt. Derartige Schaltvorgänge sind für den Fahrer deutlich spürbar, ferner kann der ungleichmäßige Verlauf der Innenraumtemperatur den Fahrkomfort beeinträchtigen.
Bild 4.68 zeigt nunmehr die Ergebnisse für die **Variante 3.)**, d.h. den Kompressor mit Riemenscheibengetriebe.

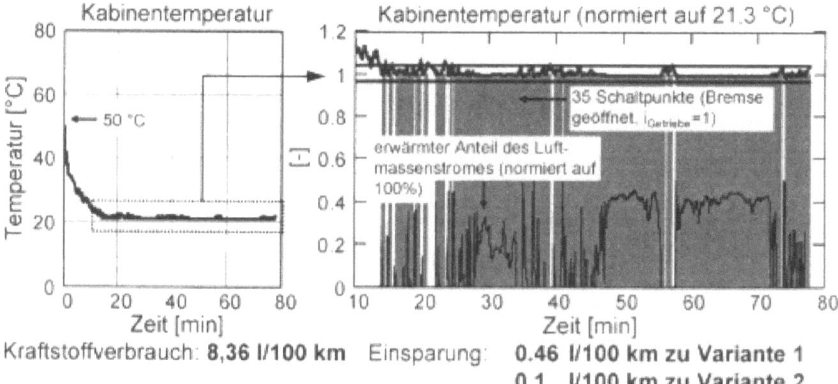

Kraftstoffverbrauch: **8,36 l/100 km**   Einsparung: **0.46 l/100 km zu Variante 1**
0,1   l/100 km zu Variante 2

Bild 4.68: Variante 3.) bei einer Außentemperatur von 26°C, [7]

In den meisten Betriebspunkten des dargestellten Fahrzyklus läuft das Planetengetriebe als Block um, d.h. mit $i_{Getriebe}$ = 1. Da der Klimakompressor in diesen Betriebspunkten durch die Anpassung der Riemenübersetzung bei niedrigerer Drehzahl als Variante 1.) und 2.) und somit geringerer Antriebsleistung betrieben wird, resultiert daraus eine **Ersparnis** von **0,46 Liter/100 km** zur Variante 1.) sowie von **0,1 Liter/100 km** im Vergleich zur Variante 2.). Der Verlauf der Innenraumtemperatur ist deutlich gleichförmiger, die Anzahl der Schaltpunkte liegt bei nur 35 Schaltvorgängen. Im Gegensatz zur Magnetkupplung ist der Kompressor mit Planetengetriebe niemals komplett entkoppelt, er wird lediglich mit einer geringeren Drehzahl angetrieben. Daraus resultiert ein geringerer Lastsprung beim Einschalten, der Vorgang ist somit weniger spürbar, der Fahrkomfort wird verbessert. Die **Außentemperatur** von **34°C** lässt einen größeren Zeitanteil erwarten, in dem zur Bereitstellung der erforderlichen Kühlleistung die volle Kompressorleistung benötigt wird. Es ist somit davon auszugehen, dass auch die möglichen Kraftstoffeinsparungen geringer ausfallen. Die Bilder 4.69 bis 4.71 zeigen die Ergebnisse, Bild 4.72 zeigt zusammenfassend das Resultat aller Simulationsläufe.

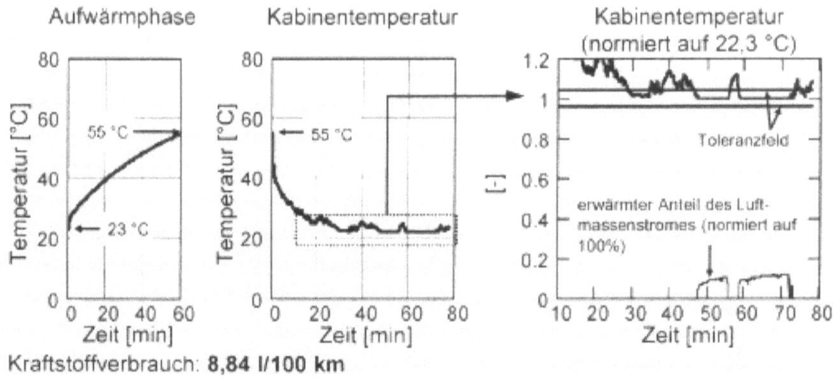

Bild 4.69: Variante 1.) bei einer Außentemperatur von 34°C, [7]

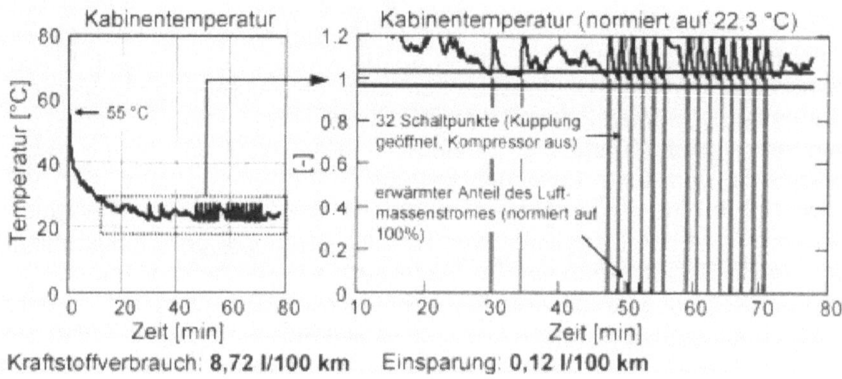

Bild 4.70: Variante 2.) bei einer Außentemperatur von 34°C, [7]

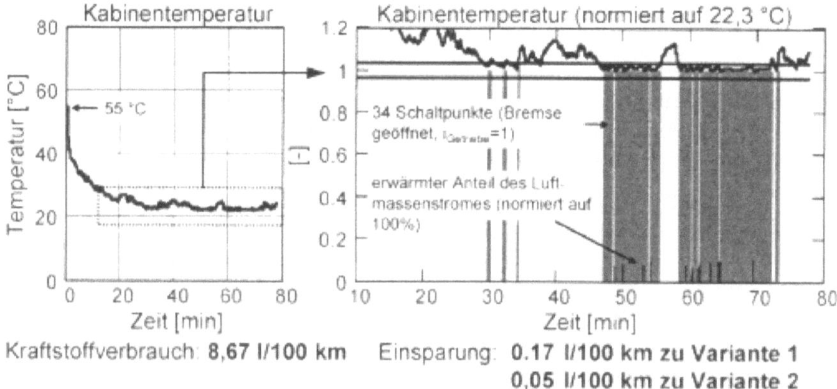

Bild 4.71: Variante 3.) bei einer Außentemperatur von 34°C, [7]

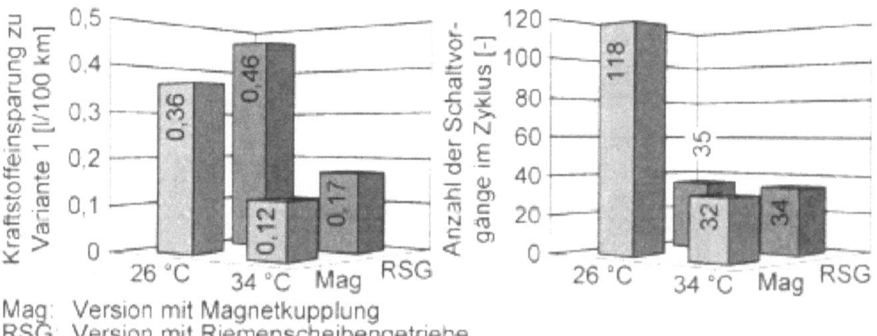

Bild 4.72: Zusammenfassung der Ergebnisse, [7]

Zusammenfassend lässt sich festhalten, dass durch die Einführung des Riemenscheibengetriebes **Einsparungen** zu erwarten sind. Jedoch wird abzuwarten sein, ob das Potenzial in der Größenordnung liegt, wie in Bild 4.72 gezeigt. Die Autoren geben an, dass bis Anfang 2010 mit einer serienmäßigen Applikation des Riemenscheibengetriebes in kleineren Stückzahlen zu rechnen ist.

4.4.1.5 Bordnetzbelastung

Kühlerlüfter, Verdampfergebläse sowie die dazugehörigen Regler benötigen Strom aus dem Bordnetz des Fahrzeugs für eine ordnungsgemäße Funktion der Einzelsysteme sowie des Gesamtsystems Klima/Kühlung. Die erforderliche elektrische Leistung wird vom Generator zur Verfügung gestellt.

Kemle et al. [42] geben an, dass in Abhängigkeit des Betriebspunktes zwischen 10% und 50% der erzeugten Energie für den Klimaanlagenbetrieb benötigt werden. Der Einsatz von Taktreglern bei den Lüftermotoren ermöglicht eine Reduzierung der elektrischen Leistung von 40 W im Lastprofil Frankfurt gegenüber Linearreglern. Durch den Einsatz bürstenloser Lüftermotoren lässt sich die Leistung um weitere 6 W reduzieren. Nach Ansicht der Autoren kann durch Anwendung der genannten Maßnahmen im Vergleich zum Linearregler der Verbrauchsanteil der Klimaanlage um ca. 10% im Jahresmittel reduziert werden. Ein bereits in Serie vorhandener Taktregler (FCM) wurde im Kapitel 3.4.3 beschrieben.

Karl et al. [41] haben in ihren Untersuchungen zur Reduzierung des Energieverbrauchs von Klimaanlagen festgestellt, dass die elektrische Spannung des Kondensatorlüfters einen direkten Einfluss auf die Höhe des Kondensatordrucks (= Hochdruck) ausübt und damit die Antriebsleistung des Klimakompressors beeinflusst. Unter Berücksichtigung der elektrischen Wirkungsgradkette sowie der Leistungsanforderung in Abhängigkeit der Betriebspunkte ist nach Ansicht von Karl mit einem deutlichen Einfluss auf die Kompressorantriebsleistung zu rechnen. Ziel der Untersuchungen war es, den **optimalen** Arbeitspunkt des Kondensatorlüfters bestimmen zu können. Hierfür mussten im Vorfeld die Antriebsleistung des Kompressors (= W_{cps}) sowie die Leistungsaufnahme des Kondensatorlüfters (= W_{fan}) separat über einen Algorithmus bestimmt werden. Bild 4.73 zeigt den optimalen Arbeitspunkt (= W_{tot}), wie er sich aus dem Algorithmus durch Superposition der Kurven für den Kompressor sowie für den Lüfter ergibt.

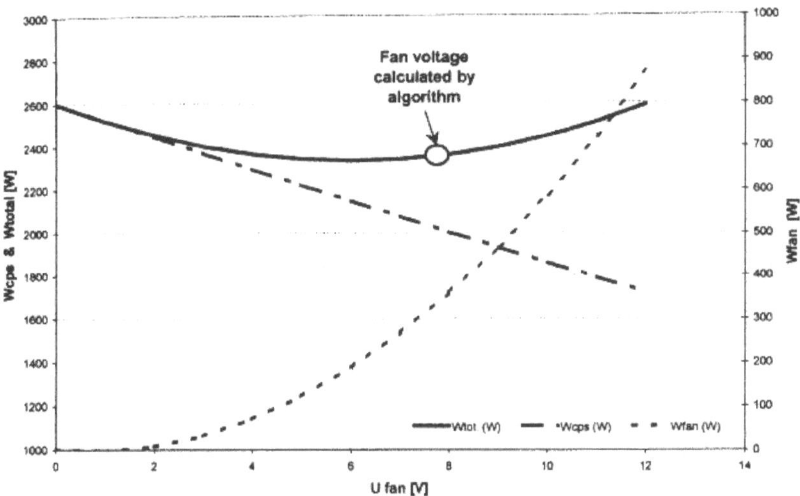

Bild 4.73: Optimaler Arbeitspunkt des Kondensatorlüfters, [41]

Der optimale Arbeitspunkt liegt etwas höher als das berechnete **Minimum,** um auch im Falle eines Lastwechsels (Kompressordrehzahl, Fahrgeschwindigkeit) schnell die erforderliche Kälteleistung bereitstellen zu können. Die Autoren führen ferner an, dass sich der Algorithmus zur Berechnung der Kompressorantriebsleistung problemlos in das Motor-Managementsystem integrieren lässt. Dadurch wird es möglich, das Zu– und Abschalten der Last durch den Kompressor entsprechend im Motorkennfeld zu berücksichtigen.

Im Bild 4.74 wird eine Reglerstruktur gezeigt, die dem Gesamtsystem angemessen ist.

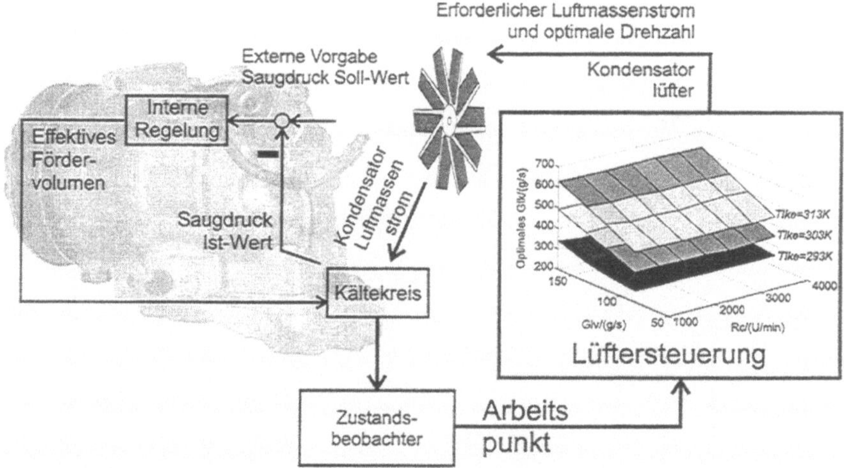

Bild 4.74: Reglerstruktur der Lüftersteuerung, [61]

Die Gesamtleistungsaufnahme des Systems errechnet sich also aus einer elektrischen Last durch die Lüfter sowie einer mechanischen Last durch den Kompressor. Von Schmidt [61] durchgeführte Simulations-rechnungen unter Berücksichtigung der o.g. Reglerstruktur zeigen, dass im **Jahresmittel** eine Einsparung von **ΔP= 100 W** während des Betriebes der Klimaanlage umgesetzt werden kann, ohne Komforteinbußen für den Kunden in Kauf nehmen zu müssen.

Fazit: Die vorgestellten Maßnahmen untermauern eindrucksvoll die eingangs gestellte Forderung, die Fahrzeugklimatisierung ganzheitlich zu betrachten. Obwohl der Kompressor das treibende Element hinsichtlich des Kraftstoffverbrauchs im Kältekreislauf ist, ergeben sich aus der Inter-aktion mit der Umgebungstemperatur, Fahrgeschwindigkeit, Luftfeuchtig-keit, resp. der jeweiligen Bauteile:

- Verdampfer
- Kondensator
- Lüfter

eine Vielzahl von Parametern, welche die Antriebsleistung des Klima-kompressors und damit den Verbrauchsanteil nachhaltig beeinflussen.

⇒ Modifikationen am Klimakompressor mit variablem Hubvolumen in Form einer bedarfsgerechten Regelung der Verdampfertemperatur durch einen externen Regelungseingriff versprechen Reduzierungen der **Antriebsleistung** von **25%** und **Einsparungen** im **Kraftstoffverbrauch** von ca. **22%**, verglichen mit herkömmlichen Kompressoren mit fixem Hubvolumen, resp. variablem Hubvolumen und interner Regelung. Durch die gleitende Verdampfertemperatur wird ein Nachheizen (= Re-heat) weitestgehend vermieden. Das Druckverhältnis sowie die erforderliche Antriebsleistung des Kompressors nehmen ab, ohne Einbußen in der Kälteleistung hinnehmen zu müssen. Die deutlich höhere Verdampfertemperatur der externen Regelung führt ferner zu einer weniger starken Entfeuchtung der Luft, was der Behaglichkeit sowie dem Wohlbefinden der Fahrzeuginsassen zu Gute kommt. Diese Form der Modifikation dürfte sich insbesondere für den nordamerikanischen Markt als lohnenswert erweisen, da viele dieser Fahrzeuge auch heute noch mit fixen Klimakompressoren ausgestattet sind, vgl. **[67]**.

⇒ Optimierungsmaßnahmen am Kältekreislauf des Systems, beispielsweise die Verwendung eines inneren Wärmeübertragers, eine Verringerung des Druckverlustes in der Saugleistung, etc. sind vielversprechend, bringen aber nur dann den gewünschten Nutzen, wenn sie in der Gesamtheit angewendet werden. In Abhängigkeit der jeweiligen Außenbedingungen sind durch die Summe der Maßnahmen **Einsparungen** hinsichtlich der **Kompressorantriebsleistung** von durchschnittlich **25%** zu erwarten.

⇒ Mit der Enthalpie-Regelung wird eine Möglichkeit geschaffen, den Anteil der **Antriebsleistung** eines Klimakompressors weiter zu reduzieren. Durch die intelligente, d.h. geregelte Mischung von energiearmer Innen (= Umluft) sowie energiereicher Außenluft lasst sich in Abhängigkeit der äußeren Bedingungen sowie der Drehzahl/Last des Verbrennungsmotors ein optimaler Arbeitspunkt einstellen, der deutlich im Behaglichkeitsfenster nach DIN 1946 liegt und dabei eine geringere Antriebsleistung des Kompressors erfordert, als dies bei reiner Außenluftzufuhr der Fall ist. Dem Verdampfer der Klimaanlage wird durch die Regelung der jeweiligen Luftanteile von Außen zu Umluft immer Luft im energetisch günstigsten Zustand zugeführt. Daraus resultiert, dass vom Kompressor der Klimaanlage weniger Kältemittel mit einen niedrigeren Druckverhältnis gefördert werden muss, ohne dabei Abschläge in der Kälteleistung in Kauf nehmen zu müssen.

Bei Verwendung eines variablen Kompressors mit interner Regelung lassen sich **Einsparungen** von **8%-28%** hinsichtlich der **Kompressorantriebsleistung** realisieren. Die Anwendung der Enthalpie-Regelung beim variablen Kompressor mit externer Regelung lässt noch höhere Werte erwarten.

⇒ Das Riemenscheibengetriebe stellt eine interessante Möglichkeit dar, ein beliebiges Nebenaggregat bedarfsgerecht anzutreiben. Mit einer einfachen, aber dennoch ausreichenden Simulationsrechnung konnte gezeigt werden, dass der Klimakompressor in Verbindung mit einem Riemenscheibengetriebe ein messbares Einsparpotenzial hinsichtlich des Kraftstoffverbrauchs bietet. Bei unveränderter Baugröße des Kompressors konnte im Rahmen einer Simulation eine **Verbrauchseinsparung** von bis zu **0,45 Liter/100 km** im Klimaanlagenbetrieb ermittelt werden.

⇒ Die Reduzierung des Stromverbrauchs im Bordnetz ist ein übergreifendes Thema, dass aber gerade in Verbindung mit der Klimaanlage einer besonderen Aufmerksamkeit bedarf, da der Einfluss des Spannungsbedarfs zum Betreiben des Kondensatorlüfters einen deutlich messbaren Einfluss auf die Kälteleistung und damit auf die Antriebsleistung des Klimakompressors hat. Es wurde gezeigt, dass bei einem Spannungswert von ca. 8 Volt ein optimaler Arbeitspunkt existiert, bei dem die Leistungsaufnahme des Kondensatorlüfters minimal wird. Über eine geeignete Reglerstruktur wird es somit möglich, den durch die Klimaanlage bedingten Verbrauchsanteil zu reduzieren.

Es bleibt abschließend festzuhalten, dass eine objektive Beurteilung des Kraftstoffverbrauchs durch eine mobile Klimaanlage im Kfz zwingend die Berücksichtigung der Betriebspunkte bei unterschiedlichen Außentemperaturen und Fahrwerten nach ihrer Häufigkeit gewichtet enthalten muss. Aus diesen Parametern berechnen sich der Verbrauch sowie mögliche Einsparungen im Jahresmittel. Es ist nicht zielführend, ausschließlich aus dem Betrieb der Klimaanlage in den heißen Sommermonaten auf den Verbrauchsanteil der Kälteanlage zu schließen.
Nach **Taxis-Reischl [70]**, **Kemle [42]** sowie **Kampf et al. [71]** ergibt sich im **Jahresmittel** ein **Verbrauchsanteil** von **0,5 l/100 km, resp. 0,62 l/100 km** am **Kraftstoffgesamtverbrauch**. Orientiert man sich am oberen Wert (= 0,62 l/100 km) und einer Annahme von **25% Einsparpotenzial** durch die Einführung der in diesem Kapitel dargestellten

Modifikationen, so lassen sich dadurch **Einsparungen** von ca. **0,16 l/100 km** im Jahresdurchschnitt bzw. am Gesamtverbrauch erzielen.

Der hohe Wert aus Tab. 4.2 (Air Resources Board) kann somit nicht bestätigt werden.

4.5 Lenkungssysteme

Im Kapitel 3.4.4 wurde ausführlich auf die Unterschiede existierender Lenkungssysteme hinsichtlich Konstruktion, Anwendung sowie deren Einfluss auf den Kraftstoffverbrauch hingewiesen. In diesem Kapitel soll nun aufgezeigt werden, welche weiteren Möglichkeiten zur Verbrauchsreduzierung umsetzbar sind. Die Einführung der **EPS** in die Fahrzeugoberklasse oder gar in den Bereich der Nutzfahrzeuge wird vermutlich auch zukünftig an der mangelnden Verfügbarkeit leistungsstärkerer Bordnetze scheitern. Wie gezeigt, erfordert die Auslegung der EPS auf höhere Achslasten entsprechend große Stromaufnahmen, die durch das gegenwärtige 12 Volt Bordnetz nicht aufgebracht werden können. Das in Aussicht gestellte 42 Volt bzw. 36 Volt Bordnetz lässt nach wie vor auf sich warten.

Bei der Beschreibung der rein hydraulischen Lenkung mit offener Lenkung (= Open Center) wurde darauf hingewiesen, dass die Leistungsaufnahme der Hydraulikpumpe mit zunehmender Drehzahl ansteigt und die erzeugte Leistung nahezu nutzlos verschwendet wird, indem das komplette Ölvolumen umgepumpt bzw. wieder auf die Saugseite der Pumpe zurückgefördert wird, um einen konstanten Volumenstrom zu halten, vgl. Kapitel 3.4.4.2. Um aber den Flottenverbrauch auch in den Segmenten der Fahrzeugoberklasse sowie im Nutzfahrzeugbereich nachhaltig senken zu können sind Anstrengungen nötig, diese parasitären Verluste zu minimieren und energiesparende Lenkungssysteme auch dort zu implementieren.

4.5.1 EHPS - Systeme für Nutzfahrzeuge

Yu et al. [79] haben eine **EHPS** für den Bereich Commercial Vehicles, Heavy Duty Trucks (= schwere Nutzfahrzeuge) vorgeschlagen.
Im Unterschied zur bekannten Open Center EHPS aus dem PKW-Sektor (vgl. Kapitel 3.4.4.3) arbeitet diese Form der EHPS als sog. **Closed Center Lenkung**.

Während bei der Open Center Lenkung im gelenkten wie auch im nicht gelenkten Zustand (= Stand–by) das geförderte Ölvolumen durch das System zirkuliert bzw. in den Ausgleichsbehälter rückgefördert wird, kommt bei der Closed Center Anordnung ein 4-Wege Ventil zur Anwendung, welches überwiegend im nicht gelenkten Zustand den Ölfluss durch das Lenkungssystem stoppt. Die Pumpe der EHPS-Einheit wird in diesem Fall abgestellt und das Ventil sperrt den Ölvolumenstrom zum Lenkgetriebe. Der wesentliche Vorteil liegt darin, dass für den Stand–by Betrieb die Pumpe deaktiviert werden kann, woraus eine entsprechende Entlastung des Bordnetzes bzw. des Generators erfolgt. Ferner benötigt die EHPS im Betrieb deutlich geringere Volumenströme als die konventionelle Hydrauliklenkung. Jedoch erfordert das Closed Center Lenkungssystem ein Speichervolumen, den sog. Akkumulator. Dieser Speicher muss immer ein ausreichendes Ölvolumen vorhalten um auf plötzliche Lenkmanöver reagieren zu können sowie fertigungsbedingte Leckagen im System zu kompensieren. Bild 4.75 zeigt das Wirkschema der Closed Center EHPS.

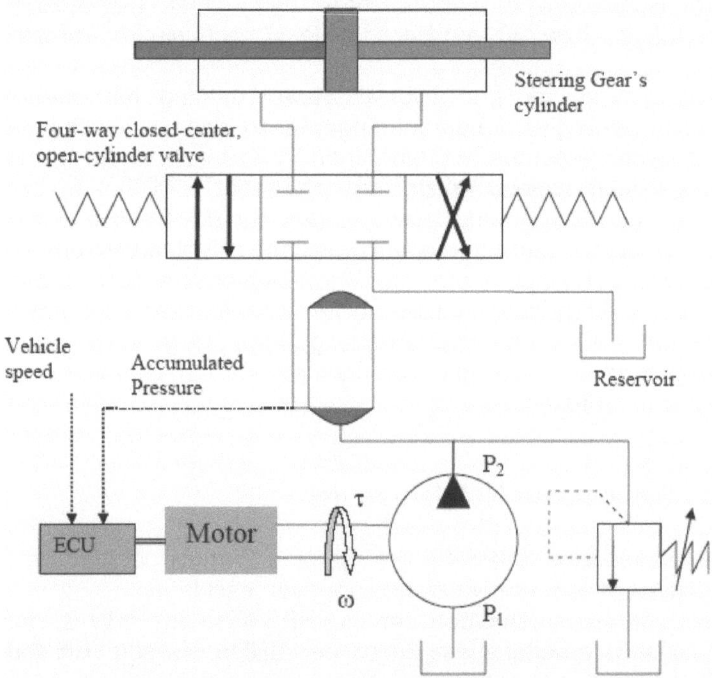

Bild 4.75: Schema der Closed Center EHPS, [79]

Die von einem Elektromotor gespeiste Pumpe der EHPS-Einheit wird über ein Steuergerät zu– und abgeschaltet. Eine der Eingangsgrößen in das Steuergerät ist die aktuelle Fahrzeuggeschwindigkeit. Der Druck im Akkumulator bzw. das vorgehaltene Ölvolumen wird auf die jeweilige Applikation abgestimmt. Bei Motorleerlauf läuft die Pumpe so lange mit, bis der Akkumulator einen kalibrierten Maximalwert erreicht hat. Sobald dieser Zustand erreicht ist, schaltet die Pumpe ab. Läuft der Motor weiter im Leerlauf oder im leerlaufnahen Bereich und führt der Fahrer Lenkmanöver aus (Rangier oder Parkiervorgänge), so wird das Lenkgetriebe ausschließlich aus dem Akkumulator mit unter Systemdruck stehender Hydraulikflüssigkeit versorgt. Unterschreitet der Druck einen unteren Schwellwert, so aktiviert die ECU den Elektromotor und der Speicher wird erneut geladen. Diese Form der Regelung (discharge/recharge) wird über das gesamte Drehzahlband beibehalten. Um das Einsparpotenzial bewerten zu können, wurde die aufgenommene Leistung der Closed Center EHPS auf die Kurbelwelle umgerechnet und mit einer konventionellen Hydrauliklenkung verglichen. Die gesamte Wirkungsgradkette (Verbrennungsmotor $\Rightarrow$ Generator $\Rightarrow$ EHPS-Motor $\Rightarrow$ Hydraulikpumpe $\Rightarrow$ Akkumulator) wurde hierbei von den Autoren berücksichtigt. Ferner musste zur Beurteilung ein Lastzyklus definiert werden. Da es sich bei diesem Lenkungssystems um eine Anwendung für schwere Nutzfahrzeuge handelt, wurde der Fokus für den Lastzyklus auf die Drehzahlspanne zwischen Motorleerlauf einerseits und Fahrgeschwindigkeit bei Nenndrehzahl (= Autobahnfahrt) andererseits gelegt. Das Ziel ist auch hier eine Reduzierung der parasitären Verluste im nicht gelenkten Zustand. Für das mathematische Modell wurde der Leerlaufbereich, die Geschwindigkeit bei Nenndrehzahl (= Cruising) sowie der Bereich dazwischen erfasst und ausgewertet. Bild 4.76 zeigt den Leistungsvergleich einer Closed Center EHPS mit einer konventionellen Hydrauliklenkung.

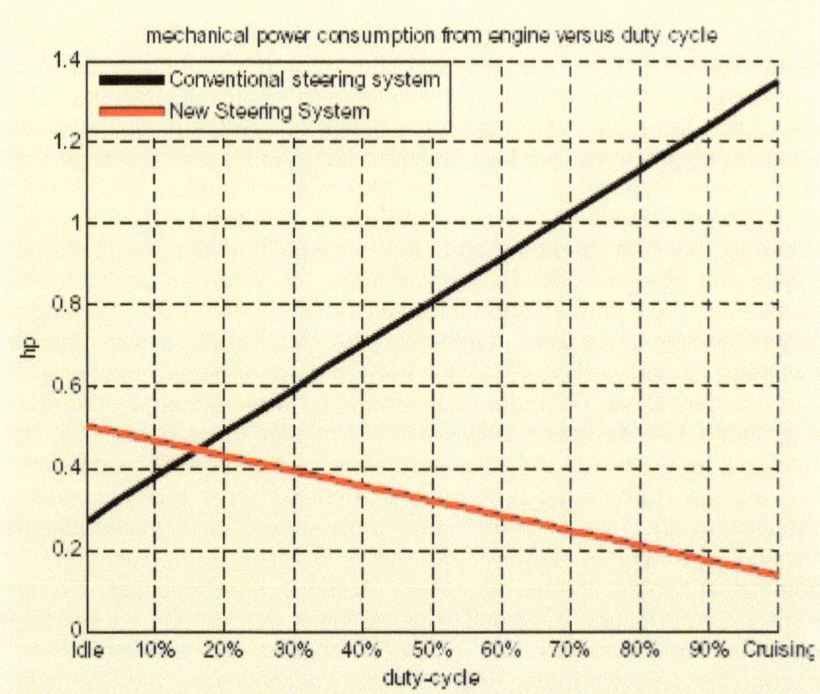

Bild 4.76: Berechneter Vergleich CC-EHPS vs. hydraulische Lenkung, [79]

Dem Bild ist zu entnehmen, dass der „Break even" Punkt bei ca. 15% des nutzbaren Drehzahl/Geschwindigkeitsbereiches liegt. Übersteigt der Einsatzbereich 15% des zugrunde liegenden Lastprofils, d.h. häufige Autobahn/Überlandstrecken mit wenigen Lenkzyklen, erscheint diese Form des Lenkungssystems durchaus sinnvoll. In diesem Fall kommt die bedarfsorientierte Versorgung der Lenkung deutlich zum Tragen, verglichen mit der permanent angetriebenen Pumpe einer konventionellen Lenkung. Je höher der Anteil nicht gelenkter Zyklen, desto größer ist das Einsparpotenzial. Für Applikationen mit Werten < 15% des Lastzustandes, d.h. häufiger Leerlauf bzw. leerlaufnaher Bereich mit entsprechend häufigen Rangier und Parkiervorgängen stellt die CC-EHPS keine sinnvolle Alternative dar. Rückfragen bei Yu et al. haben ergeben, dass eine CC-EHPS zurzeit in einem Demo-Car in Nordamerika potenziellen Fahrzeugherstellern vorgeführt wird, mit durchaus positivem Feedback.

Über das mögliche **Einsparpotenzial** liegen keine Angaben vor, es dürfte sich jedoch in der Größenordnung von **1%** bewegen, bezogen auf den **Gesamtverbrauch**, vgl. auch Tabelle 4.2. Die zusätzlichen Kosten belaufen sich nach vorläufigen Schätzungen auf ca. €200,- für die EHPS typischen Komponenten sowie weiteren €200,- für den Akkumulator.

In einer weiteren Abhandlung wird von **Yu et al. [80]** eine modifizierte hydraulische **Open Center** Lenkeinheit für Heavy Duty Truck Anwendungen vorgeschlagen, bei der eine konventionelle Hydraulikpumpe bedarfsorientiert auf den nicht gelenkten Zustand (= geringe Leistungsaufnahme) ausgelegt und bei Anforderung hoher Lenkleistung durch eine EHPS-Einheit parallel, als sog. Add–on Variante ergänzt wird, vgl. Bild 4.77.

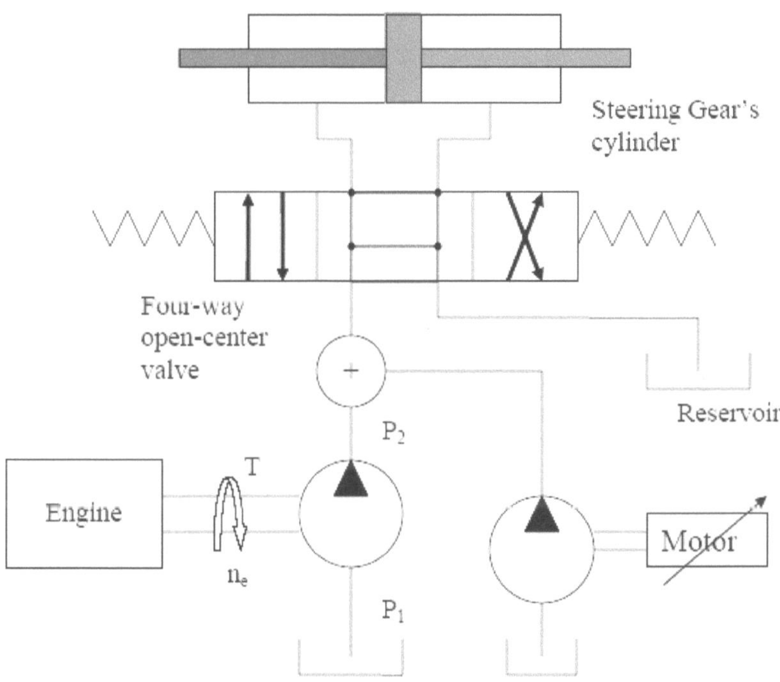

Bild 4.77: Modifizierte Open Center Lenkung mit paralleler EHPS-Einheit, [80]

Die vom Verbrennungsmotor angetriebene Hydraulikpumpe wird auf den Bereich größerer Motordrehzahlen bzw. höherer Geschwindigkeiten und damit auf den überwiegend nicht gelenkten Zustand optimiert und stellt nur den Volumenstrom zur Verfügung, der für ein zügiges Ansprechen der Lenkung, z.B. bei plötzlichen Ausweichmanövern erforderlich ist. Die EHPS-Einheit ist in diesem Lastfall deaktiviert. Der Volumenstrom der modifizierten Hydraulikpumpe beläuft sich nur auf ca. 33% des Volumenstroms einer konventionellen Pumpe. Bild 4.78 zeigt die Unterschiede hinsichtlich Volumenstrom und dem berechneten Antriebsdrehmoment beider Pumpenarten im direkten Vergleich.

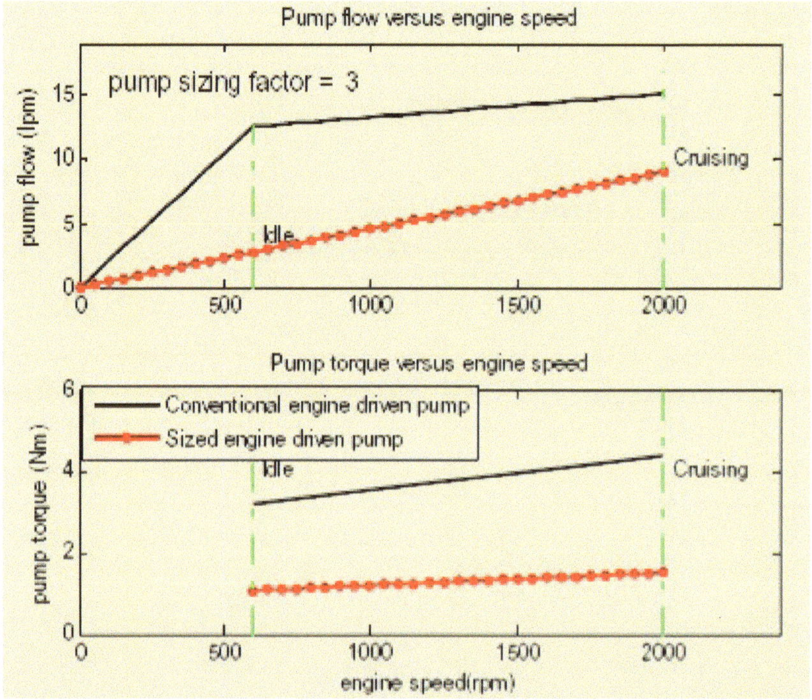

Bild 4.78: Vergleich modifizierte Pumpe vs. konventionelle Pumpe, [80]

Insbesondere das berechnete Antriebsdrehmoment der modifizierten Pumpe ist deutlich geringer und nahezu konstant. Bei Motorleerlauf bzw. im leerlaufnahen Bereich und damit bei typischen Parkier oder Rangiervorgängen wird die EHPS-Einheit zugeschaltet.

Die übrigen Zustände zwischen Leerlauf und Cruising werden im Bedarfsfall von der EHPS-Einheit last– und geschwindigkeitsabhängig abgedeckt. Ferner wurde eine Variante vorgeschlagen, die zwei parallel geschaltete EHPS-Einheiten vorsieht. Die Einheiten werden zeitgleich in Abhängigkeit von Fahrzeuggeschwindigkeit und Lenkwinkelvorgabe geregelt. Für beide Lenksysteme (modifizierte Hydraulikpumpe mit EHPS sowie parallel laufende EHPS-Einheiten) wurde über eine Simulation das zu erwartende Einsparpotenzial der Antriebsleistung ermittelt. Der Lastzyklus entspricht der Annahme aus [79], die Wirkungsgradkette wurde entsprechend berücksichtigt. Bild 4.79 zeigt die Ergebnisse der Simulation.

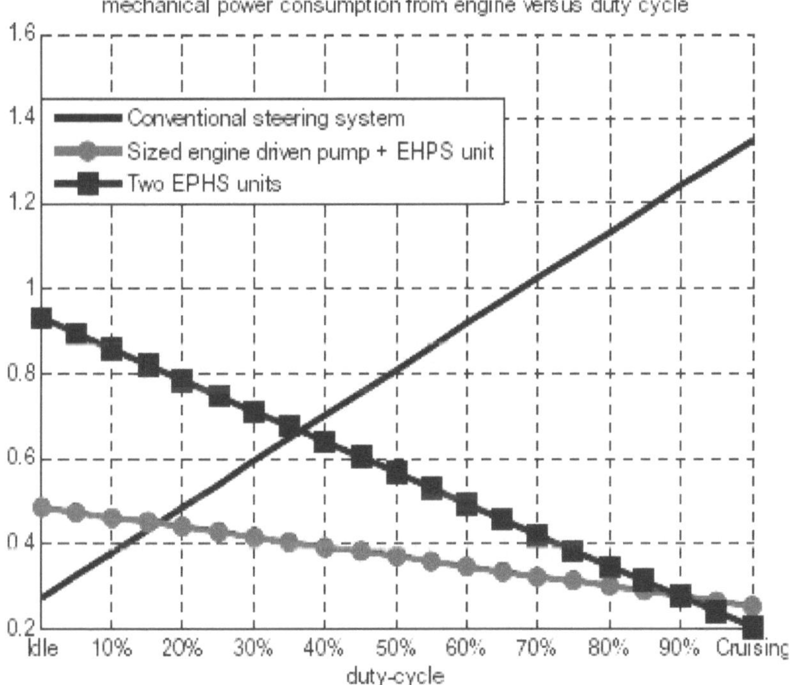

Bild 4.79: Berechneter Vergleich unterschiedlicher Systeme, [80]

Aus dem Vergleich wird deutlich, dass für die Variante „modifizierte Pumpe und EHPS" eine beachtliche Reduzierung der Antriebsleistung zu erwarten ist, sofern der Einsatzzweck den gezeigten Break even von ca. 15% übersteigt.

Für die Variante „parallel laufende EHPS-Einheiten" liegt der Break even mit ca. 35% deutlich höher und zudem erheblich schlechter als bei der modifizierten Pumpe. Auch hier gilt, je höher der Anteil des nicht gelenkten Zustands, umso größer wird das Einsparpotenzial. Rückfragen bei den Autoren haben ergeben, dass für die beiden zuletzt gezeigten Lenksysteme lediglich Versuchsträger existieren, ein Serieneinsatz ist bestenfalls langfristig zu erwarten. Über das mögliche **Einsparpotenzial** liegen keine Angaben vor, es dürfte sich jedoch in der Größenordnung von **1%** bewegen, bezogen auf den **Gesamtverbrauch**, vgl. Tabelle 4.2. Die Zusatzkosten wurden auf ca. €200,- für jeweils eine EHPS-Einheit geschätzt.

Gessat [30] beschreibt eine EHPS für SUV´s, die Ende 2007 in Nordamerika in Serie gegangen ist und auch im Porsche Cayenne Hybrid sowie im Segment leichter NFZ zum Einsatz kommen soll. Bei der beschriebenen EHPS 89-C-Einheit handelt es sich um die Weiterentwicklung einer bewährten PKW-Anwendung. Die nachfolgende Tabelle gibt einen Überblick über die wesentlichen technischen Merkmale dieser EHPS-Systeme.

Specification	*83-C Series Minivan Application (Basis)*	*89-C SUV Application (SUV/LCV)*	*100-C New Development (Zukünftige Applikation für Fahrzeuge bis 7 Tonnen)*
Min. Hydr. Output Power	760 W	830 W	ca. 950 W
Min. Avoidance Power	600 W	600 W	ca. 900 W
Min. Parking Power	760 W	830 W	ca. 950 W
Guaranteed max. Flow	8,6 l/min	9,4 l/min	12 l/min
Guaranteed max. Pres.	109 bar $^{+6}$	120 bar $^{+6}$	120 bar $^{+6}$
Voltage (12 V system)	13,5 V	13,5 V	13,5 V
Max. / Stand By Current	98 A / 2 A	98 A / 2 A	110 A $^{+6}$ / 2 A
Electrical Interfaces	V_Bat, GND, CAN, Ignition	V_Bat, GND, CAN, Ignition	V_Bat, GND, CAN, Ignition
Hydraulic Return Port	Plug Connection 18 mm $^{+/- 0,1}$	Plug Connection 18 mm $^{+/- 0,1}$	Plug Connection 18 mm $^{+/- 0,1}$
Hydraulic Pressure Port	Plug Connection 11,1 mm $^{+/- 0,07}$	Plug Connection 11,1 mm $^{+/- 0,07}$	Plug Connection 11,1 mm $^{+/- 0,07}$
Mechanical Interface	M6 Thread	M6 Thread	M6 Thread
Dimensions D x L x W	150 x 233 x 171 mm	150 x 233 x 171 mm	150 x 233 + ΔL x 171 mm

Tabelle 4.15: EHPS-Anwendungen, [30]

Die SUV/LCV-Applikation hat einen Stand–by Strom von 2 Ampere und eine maximale Stromaufnahme von 98 Ampere, bei einem Systemdruck von max. 120 bar. Gessat führt an, dass durch verschiedene Änderungen an der Software der EHPS weitere Reduzierungen hinsichtlich der Stromaufnahme bei unterschiedlichen Betriebsbedingungen möglich sind. Ein Beispiel ist der sog. „Sleep Mode", bei dem der Volumenstrom während der Stand–by Phase (= keine Lenkbetätigung) bis auf 1,5 Liter/min abgesenkt werden kann. Durch den reduzierten Volumenstrom lässt sich die Stromaufnahme der EHPS-Einheit auf ca. 1,5 Ampere absenken. Die Leistungsfähigkeit der 89-C-SUV Einheit wird derzeit an einem leichten Nutzfahrzeug (Demo-Car) potenziellen Kunden vorgeführt, siehe Bild 4.80.

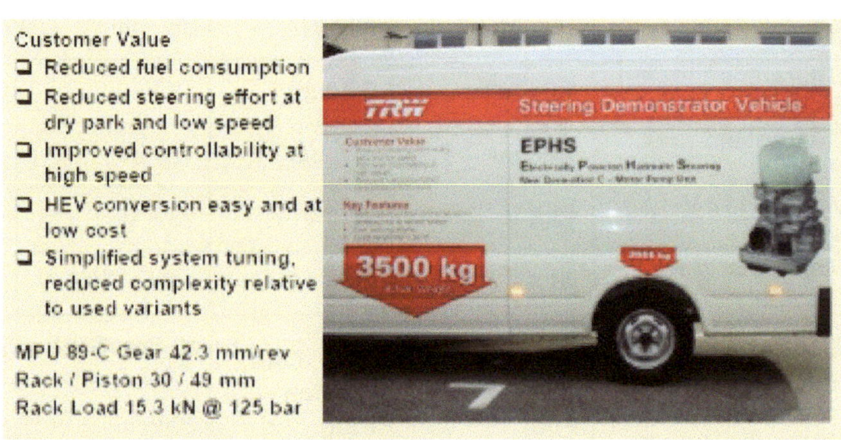

Bild 4.80: EHPS Demo-Fahrzeug, [30]

Gessat nennt für das Demofahrzeug (3,5 t) sowie für das SUV einen **Verbrauchsvorteil** von **0,2 Liter/100 km** im **NEFZ**, verglichen mit einer konventionellen Hydrauliklenkung. Die Kosten werden auf €150,- geschätzt.

4.5.2 Volumenstromgeregelte Hydraulikpumpe

Dort, wo die rein hydraulische Servolenkung noch nicht gegen eine elektrische oder eine elektrohydraulische Lenkung ersetzt werden kann bzw. es nicht der Philosophie des Fahrzeugherstellers entspricht, auf Hydrauliklenkungen zu verzichten (bspw. aus Komfortgründen), sind Anstrengungen zu unternehmen, bestehende Lenkungssysteme zu verbessern. Eine Möglichkeit hierzu wurde von **Karch et al. [40]** in Form einer modifizierten Hydraulikpumpe vorgestellt, die aktuell unter dem Handelsnamen „Varioserv" vertrieben wird. Bei der Beschreibung der hydraulischen Lenkung im Kapitel 3.4.4.2 wurde bereits ausführlich dargestellt, dass die Antriebsdrehzahlen der Hydraulikpumpe nicht vom Leistungsbedarf der Lenkung, sondern vom jeweiligen Betriebspunkt des Verbrennungsmotors abhängen. Bei üblichen Konstantpumpen ist eine Bypass-Regelung vorgesehen, um einen konstanten Volumenstrom abbilden zu können. Diese Bauart ist also verlustgeregelt. Bei der „Varioserv" hingegen wird diese Verlustregelung eliminiert, indem der Förderhub geregelt wird. Bild 4.81 zeigt die beiden unterschiedlichen Funktionsprinzipien. Die Volumenstromregelung erfolgt in beiden Fällen mit einer Messblende und einer Druckwaage.

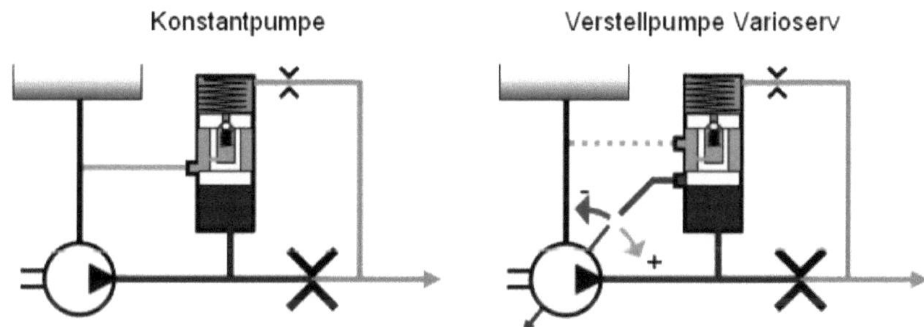

Bild 4.81: Funktionsprinzip zwei unterschiedlicher Hydraulikpumpen, [40]

Es handelt sich um eine einhubige Flügelzellenpumpe mit einem verstellbaren Hubring, siehe Wirkschema in Bild 4.82 sowie Schnittzeichnung in Bild 4.83.

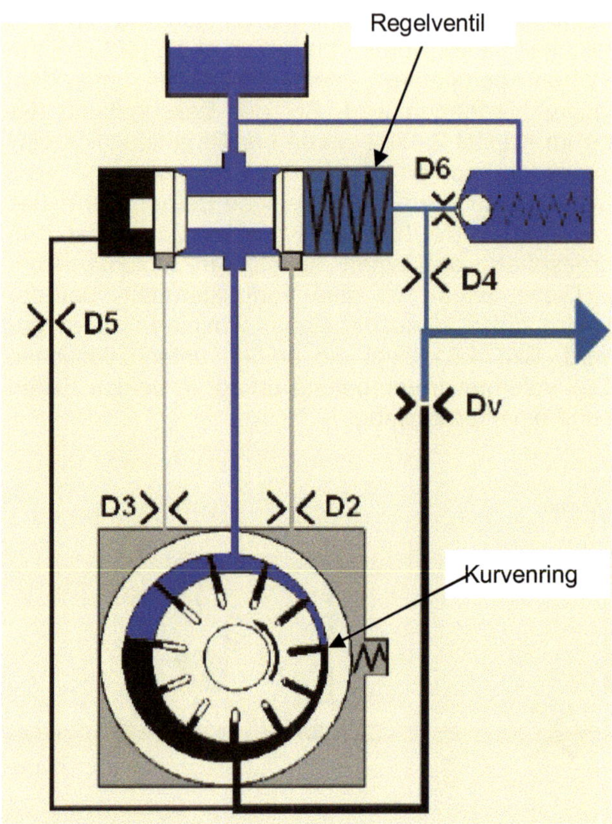

Bild 4.82: Funktionsprinzip „Varioserv", [40]

Bild 4.83: Schnittmodell „Varioserv" , [40]

Die „Varioserv" wird so ausgelegt, dass im Leerlauf der erforderliche konstante Volumenstrom gefördert wird, entsprechend dem Worst–Case Szenario. Mit steigender Motordrehzahl und ebenfalls steigendem Pumpendruck öffnet das Regelventil und der Kurvenring wird verschoben. Dadurch verringert sich die Exzentrizität des Läufers, wodurch sich die Flügelzellengeometrie ändert und eine Begrenzung des Fördervolumens erfolgt. Die daraus resultierende geringere Leistungsaufnahme bei höheren Drehzahlen führt zu einer deutlich messbaren Energieeinsparung, ohne den Wirkungsgrad der Pumpe zu ändern. Entsprechend vergrößert das Druckgefälle zwischen der linken und der rechten Kammer die Exzentrizität zwischen Läufer und Kurvenring bei fallender Drehzahl, das geometrische Fördervolumen steigt wieder an.

Aus energetischer Sicht lassen sich die beiden Förderprinzipien wie folgt darstellen, Bild 4.84.

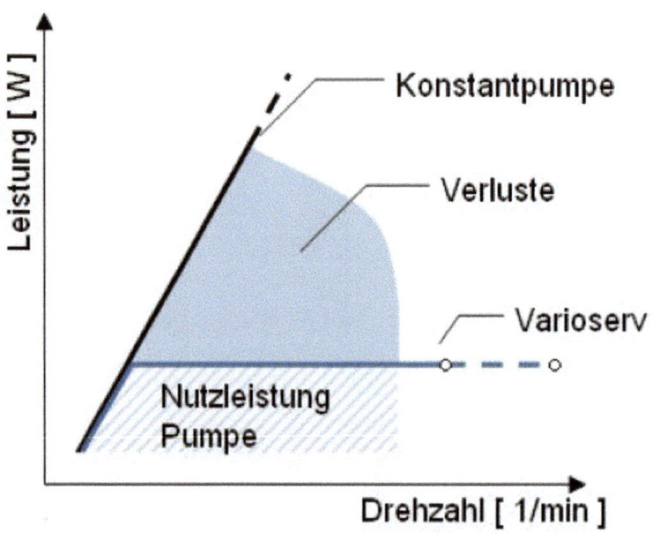

Bild 4.84: Leistungsvergleich konventionelle Pumpe vs. „Varioserv" , [40]

Für beide Bauarten wurde der Verbrauchsanteil im NEFZ auf einem Rollenprüfstand ermittelt. Der Fokus lag auf den energetisch wichtigen, d.h. den nicht gelenkten Bereich. Die Pumpe fördert im unbetätigten Zustand der Lenkung nur gegen den hydraulischen Widerstand, der eingestellte Druck der Anlage lag bei 6 bar. Die durchschnittliche Leistungsaufnahme der Konstantpumpe wurde mit ca. **550 Watt** angegeben, während der ermittelte Wert der „Varioserv" bei ca. **320 Watt** lag. Mit den Gleichungen (10) und (11) lassen sich die folgenden Einsparungen berechnen:

$$\Delta C = \left(\frac{K_{Otto} \cdot \Delta P}{v}\right) \cdot 100 = \left(\frac{0,256l \cdot (0,55-0,32)kWh}{33,6kWhkm}\right) \cdot 100 = 0,18l\,/\,100km$$

$$\Delta C = \left(\frac{K_{Diesel} \cdot \Delta P}{v}\right) \cdot 100 = \left(\frac{0,199l \cdot (0,55-0,32)kWh}{33,6kWhkm}\right) \cdot 100 = 0,14l\,/\,100km$$

Die berechnete Kraftstoffverbrauchseinsparung korreliert mit den Werten des Herstellers, der eine **maximale Einsparung** von **0,2 l/100 km** im **NEFZ** angibt. Durch die Reduktion der Leistungsaufnahme kann ggf. auf den Kühler bzw. auf die Kühlschlange verzichtet werden. Hierdurch ergibt sich zusätzlich zum Effekt der geringeren Verlustleistung noch eine Gewichtsreduzierung. Da die Hydraulikpumpe zu den Dauerverbrauchern zählt, ist von einer realen Einsparung auszugehen. Bezüglich der Mehrkosten gibt der Hersteller einen Preisaufschlag von 10% an, verglichen mit einer konventionellen Hydraulikpumpe. Allerdings ist die gesamte Hydrauliklenkung in Verbindung mit einer „Varioserv" um ca. 20% günstiger als eine vergleichbare EHPS-Einheit. Für eine **EHPS** sowie für eine **EPS-Einheit** sind **Produktkosten** in Höhe von ca. **€120,-** zu veranschlagen. Somit entfällt auf die **„Varioserv"** ein **Preis** von ungefähr **€100,-**.

4.5.3 Pumpenantrieb

Das in Kapitel 4.4.1.4 ausführlich beschriebene **Riemenscheibengetriebe** befindet sich derzeit auch in der Erprobungsphase für Hydraulikpumpen. Baumgart et al. [7] geben an, dass sich im NEFZ Kraftstoffeinsparungen von bis zu 75% gegenüber konventionellen, verlustgeregelten Hydraulikpumpen nachweisen lassen. Legt man die Antriebsleistung der konventionellen Hydraulikpumpe aus Kapitel 4.5.2 mit 550 W zu Grunde, so ergibt sich nach Gleichung (10) und (11) das nachfolgende Einsparpotenzial.

$$\Delta C = \left(\frac{K_{Otto} \cdot \Delta P}{v} \right) \cdot 100 = \left(\frac{0,256l \cdot 0,4125kWh}{33,6kWhkm} \right) \cdot 100 = 0,31l/100km$$

$$\Delta C = \left(\frac{K_{Diesel} \cdot \Delta P}{v} \right) \cdot 100 = \left(\frac{0,199l \cdot 0,4125kWh}{33,6kWhkm} \right) \cdot 100 = 0,24l/100km$$

Analog zum Klimakompressor bietet die Drehzahlsteuerung über das Planetengetriebe die Möglichkeit, die Hydraulikpumpe kleiner zu dimensionieren. Dadurch reduziert sich automatisch das Fördervolumen pro Umdrehung (= Volumenstrom) sowie der Druckverlust bei unveränderter Antriebsdrehzahl.

Die in [7] zur Anwendung kommende Pumpe hat ein geometrisches Fördervolumen von 7,2cm³/Umdrehung, während konventionelle Hydraulikpumpen Werte zwischen 12 bis 15cm³/Umdrehung zeigen. Durch die Drehzahlaufschaltung ist die Pumpe trotz reduzierter Baugröße in der Lage, die erforderliche Leistung im Auslegungspunkt zu erreichen. Eine Spreizung über das Planetengetriebe um den Faktor x erlaubt eine Erhöhung der Drehzahl um diesen Faktor x und daher eine Reduzierung des pumpenspezifischen Verdrängungsvolumens um den Wert 1/x. Aus dem geringeren Volumenstrom einerseits sowie dem reduzierten Druckverlust andererseits resultiert gemäß Gleichung (14) eine geringere hydraulische Leistung und damit, unanhängig vom Wirkungsgrad, eine geringere Wellenleistung der Pumpe (= Leistungsaufnahme). Der gleiche Effekt ergibt sich bei unveränderter Baugröße der Pumpe durch eine größere Riemenscheibe mit integriertem Planetengetriebe, analog zur Simulation im Kapitel 4.4.1.4.

4.5.4 Hydrauliklenkung mit Zusatzsystem

Unterforsthuber [72] beschreibt in seiner Patentschrift eine Servolenkung für einen PKW, bei der eine konventionelle Hydraulikpumpe durch eine zweite Pumpe in Abhängigkeit der jeweiligen Anforderungen, entweder parallel oder in Reihe, zugeschaltet wird. Im Nulllastfall (= ungelenkter Zustand) wird die Zusatzpumpe deaktiviert, bei der es sich ausdrücklich nicht um eine EHPS-Einheit handelt. Bild 4.85 zeigt das Wirkschema.

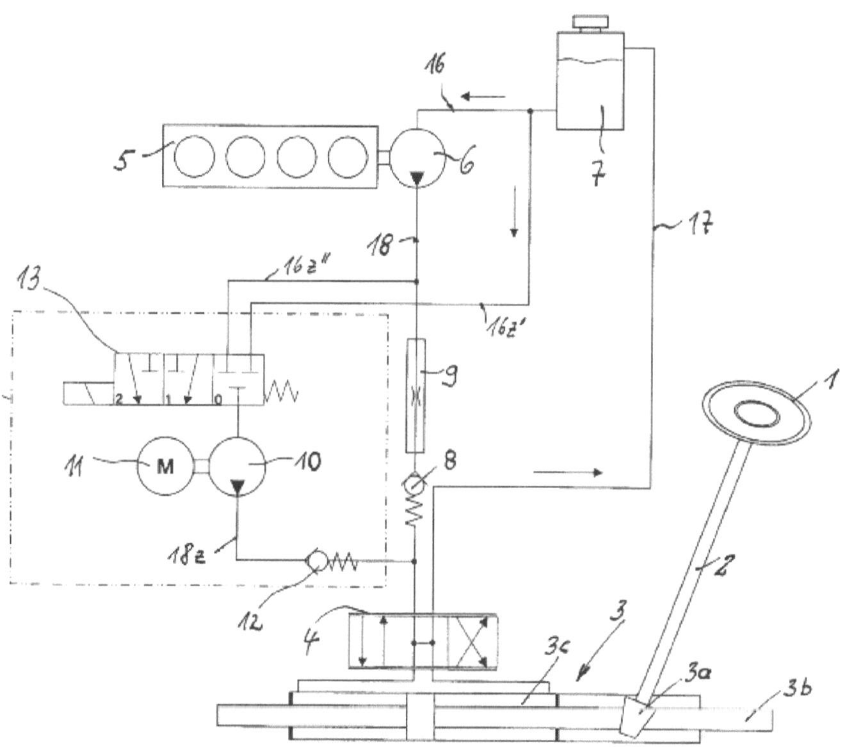

Bild 4.85 Servolenkung nach Unterforsthuber, [72]

Zum korrekten Verständnis sei an dieser Stelle auf die allgemeinen Auslegungskriterien hydraulischer Lenkungssysteme hingewiesen. So sind bei der Auslegung der Hydraulikpumpe die Anforderungen hinsichtlich des **Fördervolumens** sowie die **Druck-Anforderungen** gleichermaßen zu berücksichtigen. Die **Volumenanforderung** richtet sich nach der erforderlichen Verstellgeschwindigkeit der Zahnstange (= **Zahnstangen-Geschwindigkeit**) und definiert somit die Fördermenge der Pumpe. Der **Maximaldruck** hingegen ergibt sich aus der erforderlichen **Zahnstangenkraft**, die insbesondere zum Parkieren sowie zum Rangieren nötig ist. Anhand der folgenden Beispiele soll die allg. Auslegung einer Hydrauliklenkung erläutert werden, bevor das modifizierte Lenkungssystem nach [72] beschrieben wird.

Zur korrekten Ermittlung der erforderlichen Lenkleistung muss folgender Sachverhalt festgestellt werden:

Beim Lenken im Stand treten hohe Kräfte an der Zahnstange auf, jedoch wird die Zahnstange nur mit relativ niedriger Geschwindigkeit bewegt. Bei sehr hohen Lenkgeschwindigkeiten hingegen, beispielsweise beim VDA-Ausweichtest (= Elchtest), treten deutlich geringe Zahnstangenkräfte auf, da das Fahrzeug bei diesem Test in einem Geschwindigkeitsbereich von ca. 60-70 km/h bewegt wird. Bei der Auslegung der Lenkung auf einen bestimmten Fahrzeugtyp lässt sich dadurch eine Linie konstanter Leistung finden, die sich an der maximalen Leistungsanforderung orientiert. Unterhalb dieser Linie können somit alle möglichen Lenkungsmanöver abgebildet werden. Bild 4.86 zeigt exemplarisch die Linien konstanter Leistung für einen bestimmten Fahrzeugtyp.

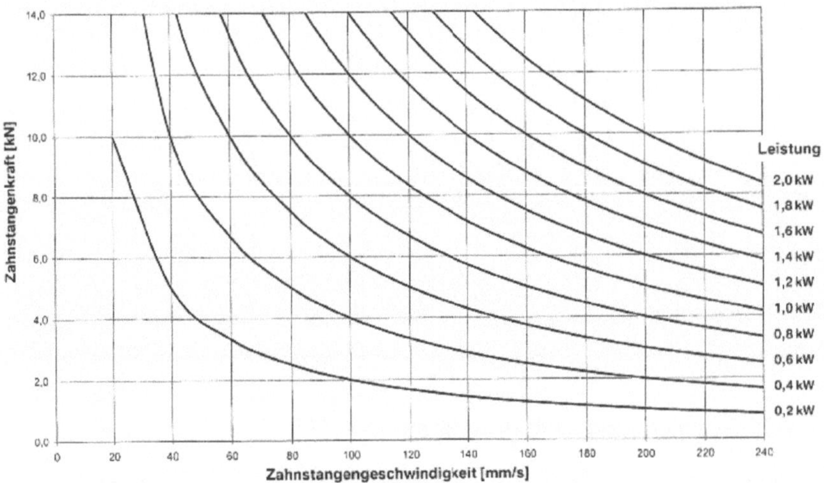

Bild 4.86 Linien konstanter Leistung für ein gewähltes Fahrzeugmodell, [72]

Bild 4.87 erörtert einen konkreten Auslegungspunkt.

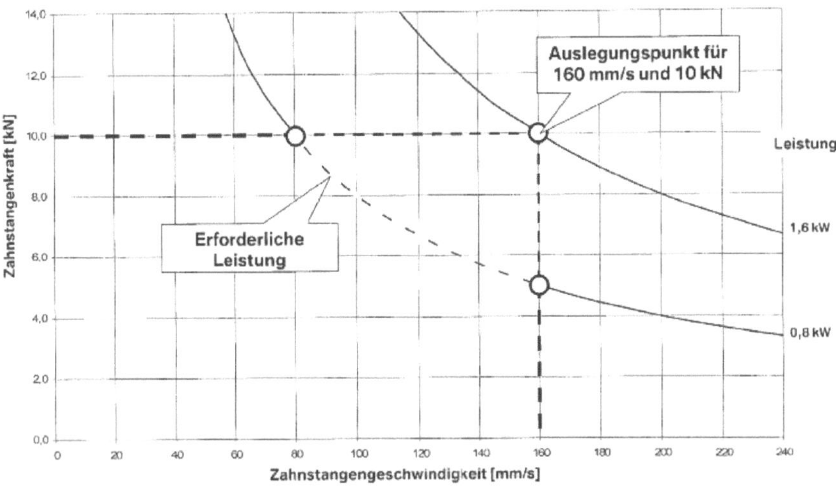

Bild 4.87: Ermittlung des Auslegungspunktes, [72]

Bei der hier angenommen Lenkung sei eine **maximale Zahnstangen-kraft** von 10 kN erforderlich um eine Zahnstangengeschwindigkeit von 80 mm/s umsetzen zu können. Ferner resultiert aus einer **maximalen Zahn-stangengeschwindigkeit** von 160 mm/s eine Zahnstangenkraft von 5 kN. Beide Punkte befinden sich auf der Leistungshyperbel 0,8 kW. Wie bereits erwähnt, stellt diese Linie die Grenzkurve dar. Um die Forderung nach **maximaler Zahnstangengeschwindigkeit** (= Fördervolumen) **UND** der **maximal erforderlichen Zahnstangenkraft** (= Druck) erfüllen zu können, ergibt sich zwangsläufig ein Auslegungspunkt, der auf einer Linie höherer konstanter Leistung zum Liegen kommt. Im gewählten Beispiel bei 1,6 kW. Die Auslegung der Lenkung ist somit grundsätzlich als überdimensioniert anzusehen. Die von Unterforsthuber vor-geschlagene Lösung nach Bild 4.85 ist dadurch gekennzeichnet, dass die Saugseite der Zusatzpumpe (10) auch mit der Druckseite der Haupt-pumpe (6) schaltbar ist. Hierfür kommt vorzugsweise ein 3-Wege Ventil (13) zum Einsatz, welches alternativ die Saugseite der Zusatzpumpe ent-weder mit dem Reservoir (7) oder mit der Druckseite der Hauptpumpe verbindet. Die Zusatzpumpe ist so dimensioniert, dass in Parallelschal-tung zur Hauptpumpe (= Ansaugen aus dem Reservoir) die **maximal erforderliche Fördermenge** bereitgestellt werden kann, während in Reihenschaltung (= Ansaugen von der Druckseite der Hauptpumpe) **der maximal erforderliche Förderdruck** zur Verfügung steht.

In der Erfindungsmeldung wird deshalb die permanent vom Verbrennungsmotor angetriebene Hauptdruckpumpe auf den Leistungswert ausgelegt, der für sich isoliert betrachtet maximal erforderlich wäre, d.h. 0,8 kW. Bild 4.88 zeigt die Grundauslegung.

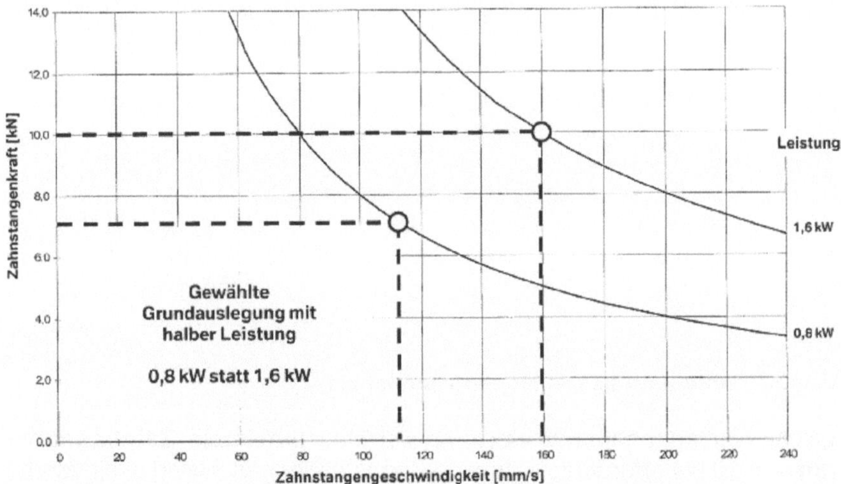

Bild 4.88: Beispielhaft dargestelltes Wertepaar bei Grundauslegung auf 0,8 kW, [72]

Mit diesem Leistungswert lässt sich beispielsweise aber nur eine Zahnstangengeschwindigkeit von 112 mm/s bei einer entsprechenden Zahnstangenkraft von 7,2 kN aufbringen. Es wird deutlich, dass mit der reinen Grundauslegung auf 0,8 kW weder der für die maximale Zahnstangenkraft von 10 kN erforderliche Druck, noch das für die maximale Zahnstangengeschwindigkeit von 160 mm/s benötigte Fördervolumen, jeweils bezogen auf den ursprünglichen Auslegungspunkt, bereitgestellt werden kann. Bild 4.89 zeigt die Unterdeckungsbereiche.

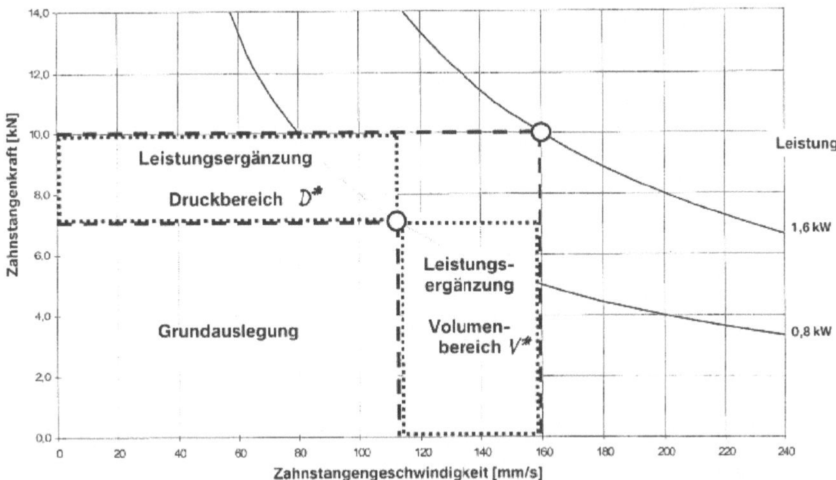

Bild 4.89: Unterdeckungsbereiche bei gewählter Grundauslegung, [72]

Die Unterdeckung zeigt die Bereiche an, in denen Ergänzungen erforderlich sind. Betrachtet man nun diese beiden Bereiche isoliert voneinander, so ergibt sich jeweils entweder eine zusätzliche hydraulische oder eine zusätzliche mechanische Leistung von ca. 350 Watt, vgl. Bild 4.90.

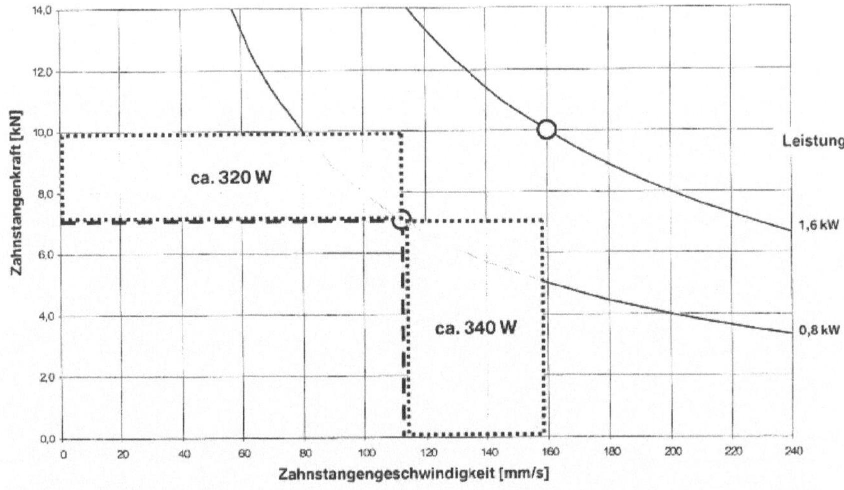

Bild 4.90: Erforderliche Zusatzleistung, [72]

Wenn es gelingt, die beiden Leistungsbereiche **getrennt** voneinander anzusteuern, kann die fehlende Leistung von ca. 350 W durch eine Zusatzpumpe als Add–on Einheit bereitgestellt werden. Als Add–on Einheit wird
von Unterforsthuber eine elektromotorisch betriebene Zusatzpumpe vorgeschlagen, die leistungsmäßig so auszulegen ist, dass analog zur
Hauptpumpe sowohl eine Zahnstangenkraft von 7,2 kN als auch die
Zahnstangengeschwindigkeit von 112 mm/s sicher erreicht wird. Bei
einer fehlenden Leistung von ca. 350 W käme als nächst höhere
Leistungsstufe eine Zusatzpumpe mit 400 W zur Anwendung. Bild 4.91
zeigt, dass mit einer Auslegung der Zusatzpumpe auf 400 W Zahnstangenleistung beide Startwerte (isoliert betrachtet) erreicht werden.

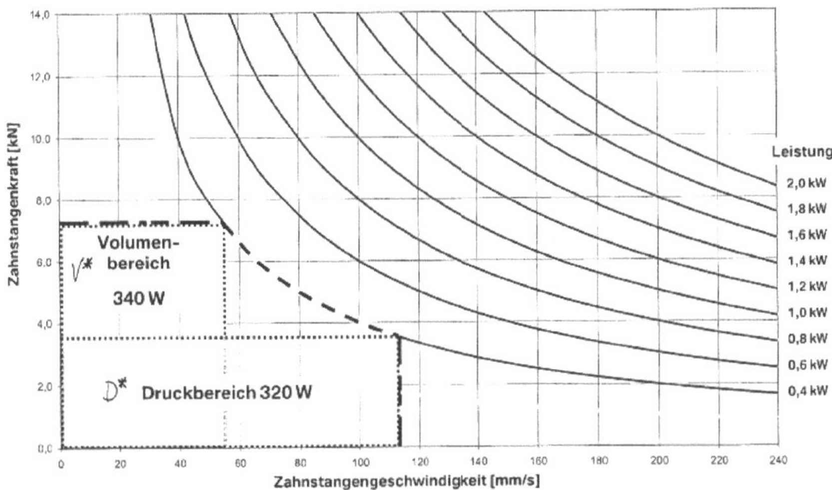

Bild 4.91: Erforderlicher Druck und Volumenbereich der Zusatzpumpe, [72]

Die gewählte Auslegung der Elektropumpe wird nachfolgend noch einmal separat dargestellt, Bild 4.92.

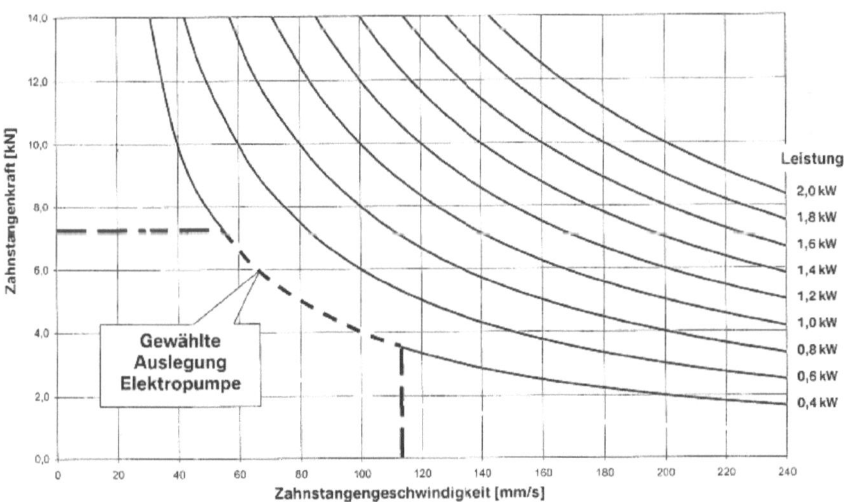

Bild 4.92: Auslegungsbereich der elektrischen Zusatzpumpe, [72]

Bei einem angenommenen elektro-hydraulischen Wirkungsgrad von 60% (Elektromotor $\Rightarrow$ Zusatzpumpe) ergibt sich eine zugeführte elektrische Leistung von $P_{zu} = \dfrac{P_{ab}}{\eta} = \dfrac{400W}{0,6} = 666,7W$, entsprechend 670W, die über das Bordnetz abzudecken ist. Für den Fall, dass keine oder nur eine geringere Leistung benötigt wird, d.h. bei relativ geringer Zahnstangengeschwindigkeit bzw. geringer Zahnstangenkraft, nimmt das Umschaltventil (13) die Position „0" ein. Der Elektromotor (11) wird in diesem Zustand nicht betrieben, die erforderliche Leistung wird allein von der Hauptpumpe bereitgestellt. Übersteigt die Bedarfsleistung den Wert der Hauptpumpe, so wird das Umschaltventil in Position „1" gefahren und die Zusatzpumpe über den Elektromotor in Betrieb genommen. In dieser Position addieren sich die **Volumenströme** der Haupt sowie der Zusatzpumpe und eine entsprechend hohe Lenkgeschwindigkeit stellt sich ein. Die Position „2" des Umschaltventils wird dann geschaltet, wenn größere Zahnstangenkräfte erforderlich sind, als von der Hauptpumpe bereitgestellt werden können. Dieser Zustand ergibt sich beim Rangieren bzw. Parkieren des Fahrzeugs. Analog zur Position „1" wird auch in diesem Fall die Zusatzpumpe über den Elektromotor eingeschaltet und ein entsprechender **Zusatzdruck** (= Differenzdruck) erzeugt.

Somit ergeben sich die folgenden Vorteile:
• Die Verlustleistung des Basissystems wird durch die Auslegung der Hauptpumpe halbiert. Daraus resultiert ferner eine geringere Erwärmung der Hydraulikflüssigkeit, weshalb auf zusätzliche Kühlmaßnahmen verzichtet werden kann.

• Der Leistungsbedarf der Add–on Variante (= Zusatzpumpe) wird über das Bordnetz abgedeckt.

• Da der Bereich des nicht gelenkten Zustandes überwiegt (vgl. Kapitel 3.4.4.2.) ist mit geringen Einsatzzeiten des Zusatzsystems zu rechnen.

• Durch die Reduzierung des Pumpendrucks der Hauptpumpe ergeben sich ggf. Vereinfachungen in der Pumpenbauweise und damit Kostenreduzierungen. Ferner verringert sich die Dichtungsreibung innerhalb der Pumpe, d.h. die Schleppleistung sinkt.

Aufgrund der vorliegenden Daten soll versucht werden, mit Hilfe der Gleichungen (10) und (11) das mögliche Einsparpotenzial zu bestimmen.

Durch die Halbierung der Leistungsaufnahme der vom Verbrennungsmotor angetriebenen **Hauptpumpe** ergibt sich die folgende Verbrauchseinsparung:

$$\Delta C = \left(\frac{K_{Otto} \cdot \Delta P}{v} \right) \cdot 100 = \left(\frac{0,256l \cdot (1,6 - 0,8)kWh}{33,6kWhkm} \right) \cdot 100 = 0,61l / 100km$$

$$\Delta C = \left(\frac{K_{Diesel} \cdot \Delta P}{v} \right) \cdot 100 = \left(\frac{0,199l \cdot (1,6 - 0,8)kWh}{33,6kmkWh} \right) \cdot 100 = 0,47l / 100km$$

Der Einfluss des **Elektromotors** berechnet sich analog zu:

$$\Delta C = \left(\frac{K_{Otto} \cdot \Delta P}{v} \right) \cdot 100 = \left(\frac{0,256l \cdot 0,67kWh}{33,6kWhkm} \right) \cdot 100 = 0,51l / 100km$$

$$\Delta C = \left(\frac{K_{Diesel} \cdot \Delta P}{v} \right) \cdot 100 = \left(\frac{0,199l \cdot 0,67kWh}{33,6kWhkm} \right) \cdot 100 = 0,4l / 100km$$

Bei einem permanent geschalteten Elektromotor wäre dieser Wert vom berechneten Verbrauchsvorteil abzuziehen. Berücksichtigt man jedoch den sehr geringen Anteil des tatsächlich gelenkten Zustands, vgl. Bild 3.29 sowie Tabelle 3.8 aus Kapitel 3.4.4.2, ist von einer deutlich geringeren Einschaltdauer des Elektromotors auszugehen. Bei einer angenommenen Laufzeit des Elektromotors von ca. 5% am gesamten Fahrzyklus ergeben sich die folgenden, korrigierten Werte.

⇒ **Ottomotor:** ΔC= 0,58 l/100 km
⇒ **Dieselmotor:** ΔC= 0,45 l/100 km

Fazit: Es ist unbestritten, dass die CO_2–freundlichste Form der Lenkungsbetätigung die Variante ohne Lenkkraftunterstützung darstellt, da hier kein zusätzlicher Bedarf an Kraftstoff besteht. Jedoch kann insbesondere bei Fahrzeugen mit hohen Achslasten auf der Vorderachse aus Gründen der Sicherheit auf eine Servolenkung nicht verzichtet werden. Die Einführung der EHPS sowie der EPS hat die hydraulische Servolenkung in den vergangenen 10 Jahren größtenteils in die Segmente zurückgewiesen, in denen die elektrische Bedarfsleistung einer EHPS/EPS das Bordnetz-angebot übersteigen würde oder wo es der Philosophie des Herstellers entspricht, weiterhin Hydrauliklenkungen einzusetzen.

Der Einfluss ausgeführter Lenkungssysteme auf den Kraftstoffverbrauch im NEFZ wird nachfolgend tabellarisch für den PKW-Sektor zusammen-gefasst.

Lenkungs-system	Hydraulische Lenkung	EHPS, Generation B und "Varioserv"	EHPS-Generation C	EPS
Stromauf-nahme im Stand by-Modus	entfällt	5,5 Amp. (nicht "Varioserv")	2,0 Amp.	0,5 Amp.
KV-Anteil am Gesamt-verbrauch	0,35 l/100 km	0,20 l/100 km	0,07 l/100 km	0,02 l/100 km
CO_2-Einsparung, bezogen auf die hydraulische Lenkung	0	SB: 3,5 g CO_2/km	SB: 6,6 g CO_2/km	SB: 7,8 g CO_2/km
	0	SD: 4 g CO2/km	SD: 7,4 g CO2/km	SD: 8,7 g CO2/km

Tabelle 4.16: KV-Einfluss und mögliches CO_2-Reduzierungspotenzial im Vergleich (SB = Standard-Benziner, SD = Standard-Diesel)

• Der Fokus wird zukünftig darauf liegen, insbesondere **bestehende Systeme** soweit zu verbessern, dass auch andere Segmente, beispiels-weise die Oberklasse, der SUV-Sektor sowie der Bereich der NFZ mit modifizierten Hydrauliklenkungen, EHPS oder gar EPS-Systeme aus-gestattet werden können, wie in diesem Kapitel gezeigt.

• Denkbar wären auch Systeme in Closed Center Bauart. Hierfür müssen jedoch geeignete Akkumulatoren und Ventiltechniken zur Verfügung stehen, die

⇒ geringe Leckagen im System gewährleisten, um ein häufiges Anlaufen der Pumpe zwecks Befüllung des Akkumulators zu verhindern

⇒ komfortables (= ruckfreies) Lenken in den Umschaltpunkten ermöglichen. Ferner ist bei den CC-Lenkungen der hohe Kostenfaktor zu berücksichtigen

• Die Auslegung von Lenkungssystemen auf geringere Bedarfsleistungen in Verbindung mit sog. Add–on Systemen (= Zusatzpumpen) befindet sich derzeit im Experimentierstatus und dürfte kurzfristig nicht zu erwarten sein.

• Die Adaption des bereits vom Klimakompressor bekannten Riemenscheibengetriebes an die konventionelle Hydraulikpumpe verspricht einen Verbrauchsvorteil von ca. 75% im NEFZ und liegt damit noch über der volumenstromgeregelten Pumpe („Varioserv"). Durch die Steuerung der Pumpendrehzahl über das Planetengetriebe bietet sich die Möglichkeit, die Hydraulikpumpe kleiner zu dimensionieren. Dadurch reduziert sich der Volumenstrom sowie der Druckverlust bei unveränderter Antriebsdrehzahl, woraus eine geringere Leistungsaufnahme der Pumpe resultiert. Umgekehrt ergibt sich der gleiche Effekt bei unveränderter Baugröße der Pumpe durch eine größere Riemenscheibe mit integriertem Planetengetriebe.

• Die Einführung der rein elektromechanischen Lenkung (EPS) in die Oberklasse sowie ggf. in den Nutzfahrzeug Sektor setzt zwangsläufig eine neue 36 V bzw. 42V Bordnetzarchitektur voraus oder erfordert sog. Voltage Booster auf 12 V-Basis.

Das Einsparpotenzial liegt über den prognostizierten Werten des Air Resources Board aus Tabelle 4.2, allerdings liegen auch die Kosten deutlich über den Angaben aus Tabelle 4.3.

4.6 Generator

Bei den Ausführungen zum Stand der Technik wurde deutlich, dass der Generator mit zu den wesentlichen Verbrauchern unter den Nebenaggregaten zählt. Das Potenzial zur Verbrauchseinsparung liegt also einerseits darin, den Wirkungsgrad des Generators als eigenständiges Bauteil zu verbessern oder den Generator so an den Verbrennungsmotor zu koppeln, dass er immer im Wirkungsgradoptimum betrieben wird. Möglich wird dies beispielsweise durch ein Zwischengetriebe zur Reduzierung der Drehzahlspreizung, vgl. Kapitel 4.8.

Hohe Drehzahlen und damit einhergehend hohe Verluste können dadurch vermieden und der Generator konstruktiv auf die niedrigere Maximaldrehzahl optimiert werden. Der Erfolg solcher Maßnahmen spiegelt sich im Wirkungsgrad des Gesamtsystems aus Generator und Antrieb wieder, denn im Vergleich zu den übrigen Nebenaggregaten wird beim Generator nicht der elektrische Verbrauch gesenkt, sondern die Effizienz der elektrischen Energieerzeugung gesteigert. Ferner ist festzuhalten, dass Alternativen zum Generatorantrieb immer nur mechanischer Art sein können, da der Generator selbst die gesamte elektrische Energie im Bordnetz zu Verfügung stellen muss.

Schmidt [62] hat im Rahmen seiner Untersuchungen zum Management von Nebenaggregaten auch den Einfluss wirkungsgradoptimierter Generatoren auf den Kraftstoffverbrauch untersucht. Die Verbesserungen im Wirkungsgrad wurden an rein hypothetischen Generatoren vorgenommen, d.h. es wurden verbesserte Wirkungsgrade angenommen, ohne dabei die Wirkungsgrad steigernden Maßnahmen näher zu untersuchen. In einer anschließenden Simulationsreihe wurde der Einfluss unterschiedlicher Generatorbelastungen sowie unterschiedlicher Wirkungsgrade auf den Kraftstoffverbrauch untersucht. Die Testzyklen entsprachen den kundenrelevanten Fahrzyklen aus Kapitel 3.3. Als Bezugsgröße wurde der Verbrauch im Fahrzyklus ohne Generator betrachtet, verglichen mit dem Einsatz eines Standardgenerators (Nr. 1, $\eta_{Std.}$) sowie einen um 5% bzw. um 10% im Wirkungsgrad verbesserten Generator (Nr. 2 und Nr. 3) und einem idealen Generator (Nr. 4). Die ideale Variante des Generators stellt das Grenzpotenzial der Optimierung dar, das mit der Strategie der Wirkungsgradsteigerung erreichbar ist. Tabelle 4.17 zeigt die Ergebnisse der Simulation.

	Generator 1 (Standard)	Generator 2 (+5%)	Generator 3 (+10%)	Generator 4 (ideal)
Strom-bedarf	Verbrauchsanteil im Stadtfahrzyklus [l/100 km]			
20 A	0,52	0,47	0,42	0,24
40 A	0,94	0,85	0,77	0,48
60 A	1,48	1,34	1,22	0,74
	Verbrauchsanteil im Überlandfahrzyklus [l/100 km]			
20 A	0,27	0,24	0,22	0,11
40 A	0,47	0,42	0,38	0,23
60 A	0,7	0,63	0,58	0,34
	Verbrauchsanteil im Autobahnzyklus [l/100 km]			
20 A	0,19	0,16	0,14	0,06
40 A	0,29	0,26	0,23	0,11
60 A	0,4	0,36	0,32	0,17

Tabelle 4.17: Simulierte Verbräuche mit unterschiedlichen Generator-wirkungsgraden, [62]

Die Ergebnisse zeigen noch einmal deutlich den Einfluss des Generators auf den Kraftstoffverbrauch bei Aufschaltung elektrischer Lasten im Bordnetz. Die ermittelten Werte des idealen Generators stellen die Untergrenze des Verbrauchsanteils dar, der nur im Idealfall erreicht und niemals unterschritten werden kann (nur auf den Generator bezogen, Zwischengetriebe nicht berücksichtigt).

Nachfolgend werden einige Maßnahmen zur reinen **Wirkungsgradsteigerung** des Generators näher betrachtet. Alle Modifikationen zur Wirkungsgradoptimierung am Generator beziehen sich auf die elektrischen/elektronischen Komponenten. In den heute gängigen Generatoren werden zur Gleichrichtung der erzeugten Spannungen üblicherweise Dioden eingesetzt. Eine Alternative hierzu stellen sog. schaltende MOSFETS dar, durch deren Einsatz die Diodendurchlassverluste reduziert und der **Wirkungsgrad** des Generators um ca. **10%** angehoben werden kann, vgl. Tabelle 4.1.

Anmerkung: MOSFETS sind elektronische Leistungsendstufen, die aus Transistorbausteinen bestehen.

Aus einer Erhöhung des Wirkungsgrades um 10% resultiert ein Verbrauchsvorteil, der einer Einsparung von 150W an elektrischer Leistung, resp. einer Reduzierung des Verbrauchsanteils von 0,15 Liter/100 km entspricht. Weitere Möglichkeiten ergeben sich durch die Optimierung der Statorwicklung des Generators. **Venkkateshraj et al. [73]** haben Untersuchungen zur Optimierung spezifischer Generatorbauteile durchgeführt und dabei den Einfluss unterschiedlicher Füllungen im Querschnitt der Statorwicklung auf die Stromabgabe sowie auf den Wirkungsgrad des Generators untersucht. Die Autoren stellten fest, dass das Raumvolumen der Statorwicklung eines konventionellen Generators lediglich zu 55% mit Kupfermaterial gefüllt ist. Ersetzt man die kreisrunde Anordnung der Statorwicklung durch eine rechteckige Anordnung gleichen Materials, so vergrößert sich die Füllung auf 77%, vgl. Bild 4.93. Durch den höheren Füllungsgrad verringern sich die Kupferverluste sowie der Widerstand, woraus eine deutlich höhere Stromabgabe sowie ein gestiegener Wirkungsgrad resultieren, Bild 4.94.

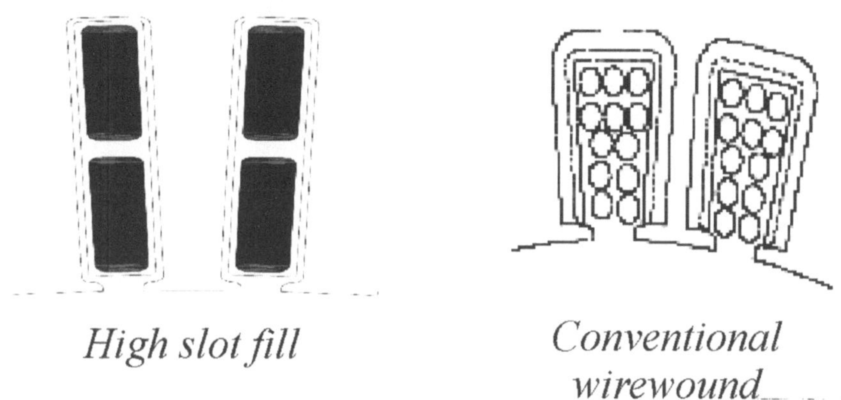

Bild 4.93: Verbesserte Füllung (links), konventionelles Design (rechts), [73]

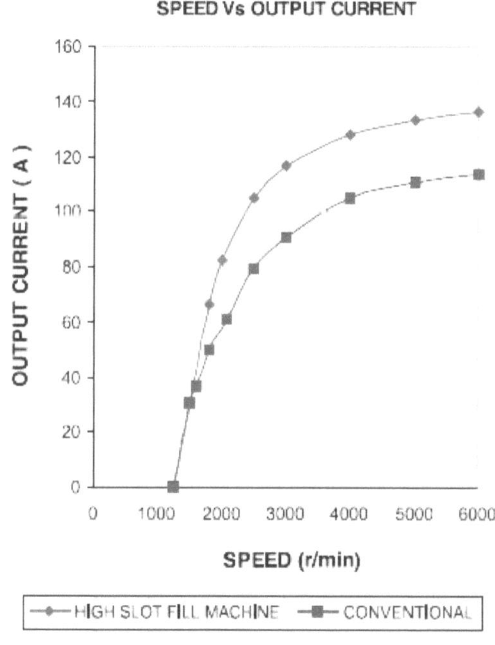

Bild 4.94: Stromabgaben im Vergleich, [73]

Der maximale Wirkungsgrad des modifizierten Generators wurde mit 66% angegeben, verglichen mit einem Maximalwert von 54% beim konventionellen Generator. Eine weitere Möglichkeit zur Verbesserung der Generatorleistung sowie des Generatorwirkungsgrades bietet der Einsatz sog. **Permanentmagnete (= PM)**. In konventionellen Generatoren entstehen die signifikantesten Verluste zwischen den Fingern des Klauenpolläufers. Insbesondere die Leistungsabgabe bzw. der Wirkungsgrad bei niedrigen Drehzahlen lässt sich durch den Einsatz solcher PM nachhaltig verbessern, da der magnetische Fluss ansteigt.

Mit anderen Worten: Die PM verhindern einen Grossteil der Eisenverluste, die aufgrund des Wechsels des magnetischen Feldes im Eisen des Ständers und des Läufers durch Hysterese und Wirbelstromeffekte entstehen, durch Umwandlung in magnetischen Fluss, sog. Flux-Kompensation. Bild 4.95 zeigt den Zugewinn eines PM-Generators, verglichen mit einem konventionellen Generator. Es wird deutlich, dass sich im gesamten Drehzahlbereich ein deutlicher Zuwachs einstellt, bspw. + 25% bei 6000 1/min.

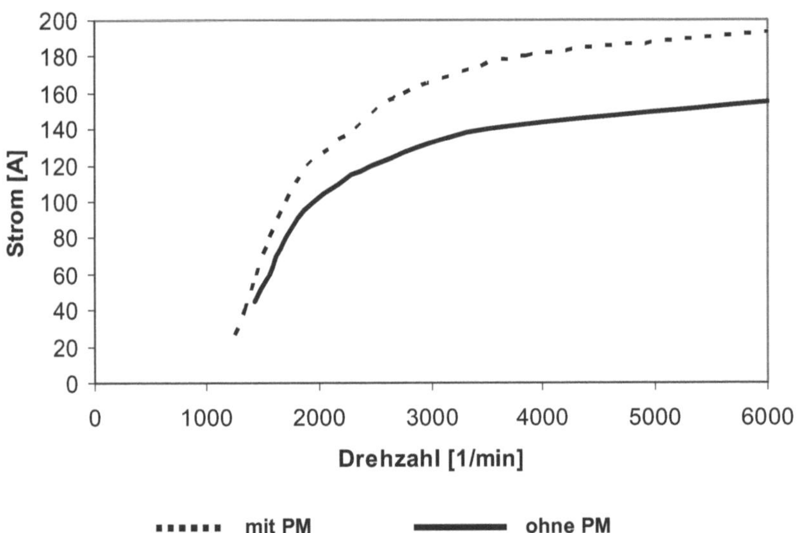

Bild 4.95: Stromabgabe PM-Generator vs. konventioneller Generator bei 13.5 V, [11]

Bild 4.96 zeigt die Anordnung der PM in einem Generator.

Bild 4.96: Anordnung der PM in einem ausgeführten Beispiel, [73]

Venkkateshraj [73] hat im Rahmen seiner Untersuchungen auch den Einfluss von PM auf die Generatorleistung sowie den Wirkungsgrad untersucht. Als Basis diente ein konventioneller Generator. Im direkten Vergleich mit einem PM-Generator wurden die folgenden Verbesserungen erzielt:

Stromabgabe	n_G= 2000 1/min	n_G= 6000 1/min
konventionell	64 A	113 A
PM	79 A	160 A

Tabelle 4.18: Stromabgabe konventioneller Generator. vs. PM, [73]

Der maximale Wirkungsgrad verbesserte sich von 54% auf 69%.
Die Anwendung von PM in Generatoren haben jedoch den gravierenden Nachteil, dass die abgegebene Spannung nahezu linear mit der Drehzahl des Generators/Verbrennungsmotors steigt, Bild 4.97.

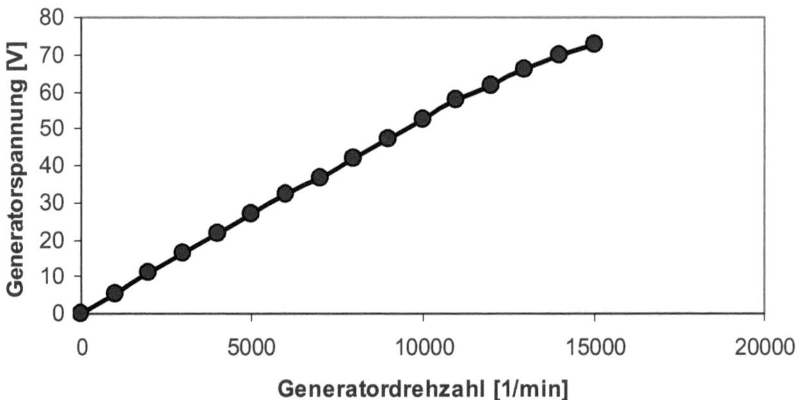

Bild 4.97: Linearer Zusammenhang zwischen Drehzahl und Spannung für einen 6-poligen PM-Generator, [39]

Ferner kommt es bei variabler Lastanforderung und konstanter Drehzahl zu starken Fluktuationen der abgegebenen Spannung. Der Einsatz eines PM-Generators setzt somit eine genaue Regelung der Generatorspannung voraus. PM-Generatoren kamen in der Vergangenheit ausschließlich bei solchen Applikationen zum Einsatz, bei denen das Kosten-Nutzen-Verhältnis kein treibender Faktor bei der Entwicklung eines Bauteils war, beispielsweise im Motorsport [49]. Die Gleichrichtung der abgegebenen Spannung erfolgte hierbei über eine Diodenschaltung (Brückenschaltung) auf einen konstanten Wert, indem die überschüssige Spannung in Wärme umgewandelt wurde.

Kamosaka et al. [39] haben sich ausführlich mit der Thematik befasst und einen PM-Generator entwickelt, der einen maximalen **Wirkungsgrad** von **90%** erzielen kann. Die Regelung der Generatorausgangsspannung erfolgt hierbei über den Luftspalt zwischen Rotor und Stator, wie in Bild 4.98 gezeigt.

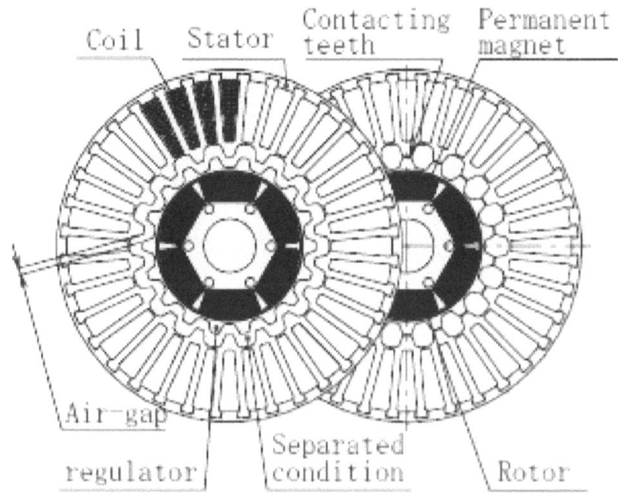

Bild 4.98: Konstantspannungswandler (Regulator), [39]

Ein sog. Regulator ist zwischen dem 6-poligen Rotor und dem Stator beweglich angeordnet. Bei Anforderung hoher elektrischer Lasten (= Ströme) verschiebt sich der Regulator derart, dass die Zähne sich gegenüberstehen und somit der gesamte magnetische Fluss in die Spulenwicklung des Stators fließen kann. Bei abnehmender Last im Bordnetz steigt die Generatorausgangsspannung jedoch proportional mit der Drehzahl an. Der Regulator verschiebt sich in diesem Fall erneut und mit zunehmendem Luftspalt reduziert sich der magnetische Fluss. Der Spannungswert des Generators liegt dann nahezu konstant bei 14 V. Die Drehwinkeländerung von maximal 10° der Regulators erfolgt über ein Zwischengetriebe, welches sich –vermutlich– innerhalb des Generators befindet (die Autoren sind im Rahmen ihrer Abhandlung nicht näher darauf eingegangen) und von extern angesteuert wird. Bild 4.99 zeigt die wesentlichen Bauteile des PM-Generators.

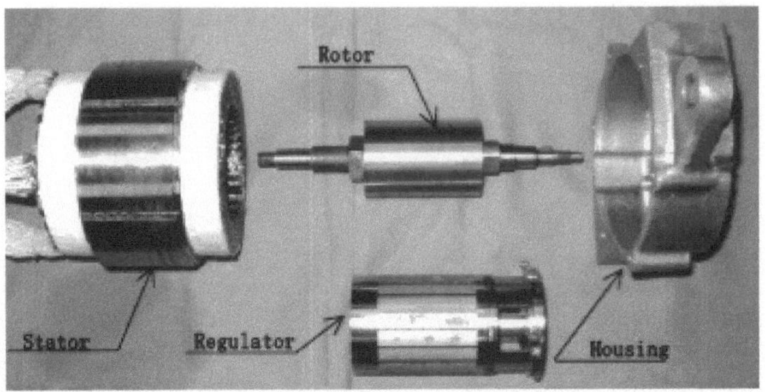

Bild 4.99: Bauteile eines PM-Generators, [39]

In Testläufen mit einem Prototyp konnte dem PM-Generator eine sehr hohe Leistungsabgabe sowie ein ausgesprochen hoher Wirkungsgrad bescheinigt werden, siehe Bild 4.100.

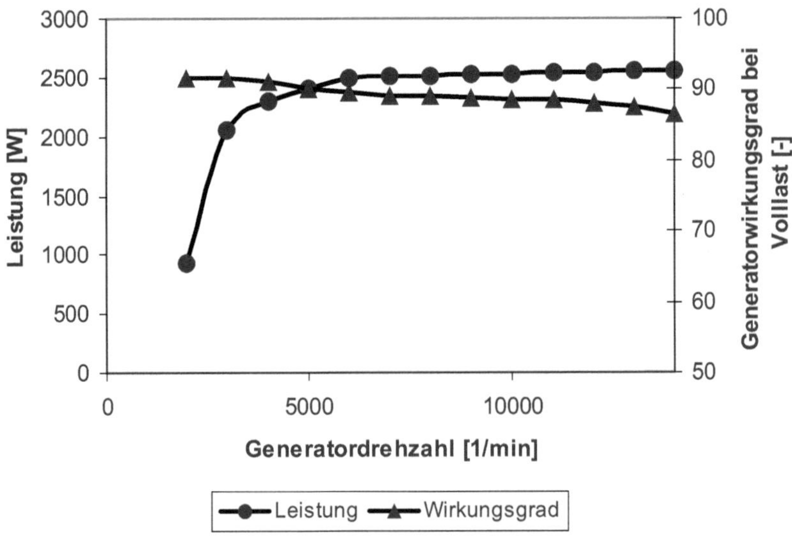

Bild 4.100: Leistungsabgabe und Wirkungsgrad für einen 6-poligen PM-Generator, [39]

Bereits bei Leerlaufdrehzahl beträgt die abgegebene Generatorleistung ca. 1,5 kW und der Wirkungsgrad ca. 92%. Bei einer Generatordrehzahl von 5000 1/min ergibt sich aus Bild 4.100 ein Leistungswert von ca. 2,4 kW, bei einem Wirkungsgrad von ca. 90%. Die Spannungswerte lagen nach Angaben der Autoren stabil bei 14 V. Bild 4.101 zeigt abschließend den ausgeführten Prototyp des PM-Generator, der ohne Kühlvorrichtung auskommt.

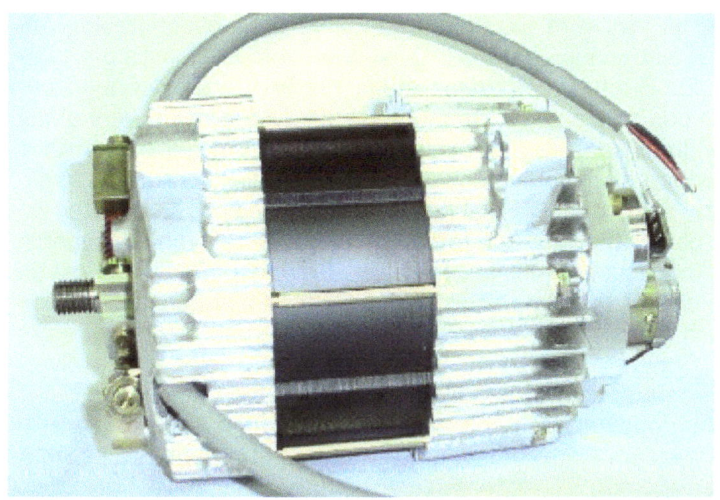

Bild 4.101: Prototyp des PM - Generators, [39]

Die vorangegangenen Beispiele haben Möglichkeiten aufgezeigt, den Wirkungsgrad des Generators für zukünftige Anwendungen im automobilen Sektor deutlich zu verbessern. Die Einführung von MOSFETS hat bereits begonnen und wird sich flächendeckend durchsetzen. Wie bereits erwähnt, kann eine Steigerung des Wirkungsgrades von 10% durch MOSFETS zu einer Einsparung an elektrischer Leistung von 150 Watt führen, was einem Äquivalent von 0,15 Liter/100 km entspricht.
Betrachtet man ferner die möglichen Wirkungsgradsteigerungen durch Verbesserungen im Füllungsgrad der Statorwicklung sowie den möglichen Einsatz von PM in einem realistischen Maßstab, dann sind durch Einführung dieser Maßnahmen ggf. noch einmal Zuwächse im Wirkungsgrad von 15% möglich. Eine realistische **Gesamtsteigerung** des **Generatorwirkungsgrades** von **25%** allein durch entsprechende Modifikationen an **generatorspezifischen** Bauteilen,

kann zu einer Einsparung an elektrischer Energie von **375 W** bzw. einer **Reduzierung des Verbrauchsanteils von 0,375 Liter/100 km** beitragen.

Obwohl es nicht die Aufgabe dieser Arbeit ist, fahrzeugseitige Energiemanagement-Strategien zu untersuchen, soll dennoch der Beitrag erörtert werden, den der Generator im Rahmen einer solch übergreifenden Strategie leisten kann.
Von **Christ et al. [16]** wird ein Verfahren zur verbrauchsoptimierten Ansteuerung von Nebenaggregaten, insbesondere eines Generators, vorgeschlagen. Der Strom im Bordnetz eines Kfz wird weitestgehend unabhängig vom Ladezustand der Batterie erzeugt. Da der Generator einen stark variierenden Wirkungsgrad besitzt, ist diese Form der elektrischen Energieversorgung als nicht besonders effizient mit Bezug auf den Kraftstoffverbrauch anzusehen. Ziel muss es sein, den Generator in Abhängigkeit bestimmter, für den Kraftstoffverbrauch relevanter Betriebsbedingungen möglichst immer im optimalen Betriebspunkt zu betreiben und dabei gleichzeitig den Ladezustand der Batterie zu überwachen. Das Verfahren nach Christ sieht explizit keine Modifizierung des Generators vor. Um den Generator immer im Bestpunkt (= minimaler Kraftstoffverbrauch zur Stromerzeugung) betreiben zu können, ist der Einsatz eines intelligenten Antriebsmanagementsystems (nachfolgend AMS genannt) in Verbindung mit einem Regelalgorithmus zwingend erforderlich. Das AMS berechnet eine sog. Antriebs–Verzögerungs–Leistungs–Trajektorie (Trajektorie= Kurve, die sämtliche Kurven einer Schar schneidet), nachfolgend Kurve J genannt, anhand derer im Fahrbetrieb des Kfz zwischen:

$\Rightarrow$ einem Bremsmodus unterhalb einer Schubkennlinie
$\Rightarrow$ einem Volllastmodus nahe der Volllastkennlinie
$\Rightarrow$ sowie einem dazwischenliegenden Teillastmodus

unterschieden wird. Das AMS sieht dann in Verbindung mit dem o.g. Regelalgorithmus über eine Steuerungseinrichtung vor, den Generator

$\Rightarrow$ im Bremsmodus mit einer hohen Generatorlast zu betreiben (Rekuperation),
$\Rightarrow$ im Teillastmodus in einem Niedriglastpunkt zu betreiben, wenn beispielsweise zum Zeitpunkt t_i ein zur Erzeugung des Bordnetzstroms erforderlicher Kraftstoffbedarf oberhalb eines vom Antriebsmanagement zulässigen Maximalwertes liegt,
$\Rightarrow$ im Volllastmodus mit einer Niedriglast zu betreiben.

Im Einzelnen:

Das AMS berechnet während des Fahrbetriebs permanent den aktuellen Wert der Kurve J, der sich aus dem Motordrehmoment M_{mot} sowie der Motordrehzahl n_{mot} ableitet, d.h. $J= f(M_{mot}, n_{mot})$. Befindet sich der Wert für J zu einem (beliebigen) Abtastzeitpunkt t_i unterhalb der im Kennfeld abgelegten Schubkennlinie, so liegt aktuell der **Brems–** bzw. **Schleppmodus** vor. Der Generator wird in diesem Betriebsfall vom schiebenden Fahrzeug angetrieben. Das AMS sieht dann vor, den Generator mit einer hohen Last für das Bordnetz zu betreiben **(= Rekuperation)**.

Sämtliche Verbraucher im Bordnetz werden in diesem Modus aus der „kraftstoffverbrauchsneutralen" Energie des schiebenden Fahrzeugs versorgt sowie ggf. die Fahrzeugbatterie geladen. Befindet sich die Kurve J aktuell im **Teillastmodus**, so wird, basierend auf dem ermittelten Wert für den Kraftstoffbedarf zur Erzeugung des erforderlichen Generatorstroms durch das AMS entschieden, ob über den Generator elektrische Leistung erzeugt werden soll und wenn ja, wie viel elektrische Leistung zu erzeugen ist. Falls nein, wird der aktuell erforderliche Strombedarf aus dem Bordnetz (= Batterie) entnommen. Falls ja, entscheidet das AMS immer noch darüber, ob der Generator einen Teil des erforderlichen Stroms oder den gesamten erforderlichen Strom erzeugt. Befindet sich der aktuelle Wert der Kurve J im Bereich der **Volllastkennlinie**, so wird der Generator mit einer niedrigen Last oder lastfrei betrieben, d.h. das Bordnetz wird in diesem Zustandspunkt von der Batterie versorgt.

Durch die **maximale Belastung des Generators im rekuperativen Bereich**, die **Abschaltung (Entregung oder Entkopplung) des Generators im Teillastmodus** für den Fall, dass der maximal zur Stromerzeugung ermittelte und zulässige Verbrauch überschritten wird sowie ferner durch die **Abschaltung des Generators im Volllastmodus**, wird der Verbrauchseinfluss des Generators nachhaltig reduziert.

Das Wirkschema wird nachfolgend bildlich dargestellt.

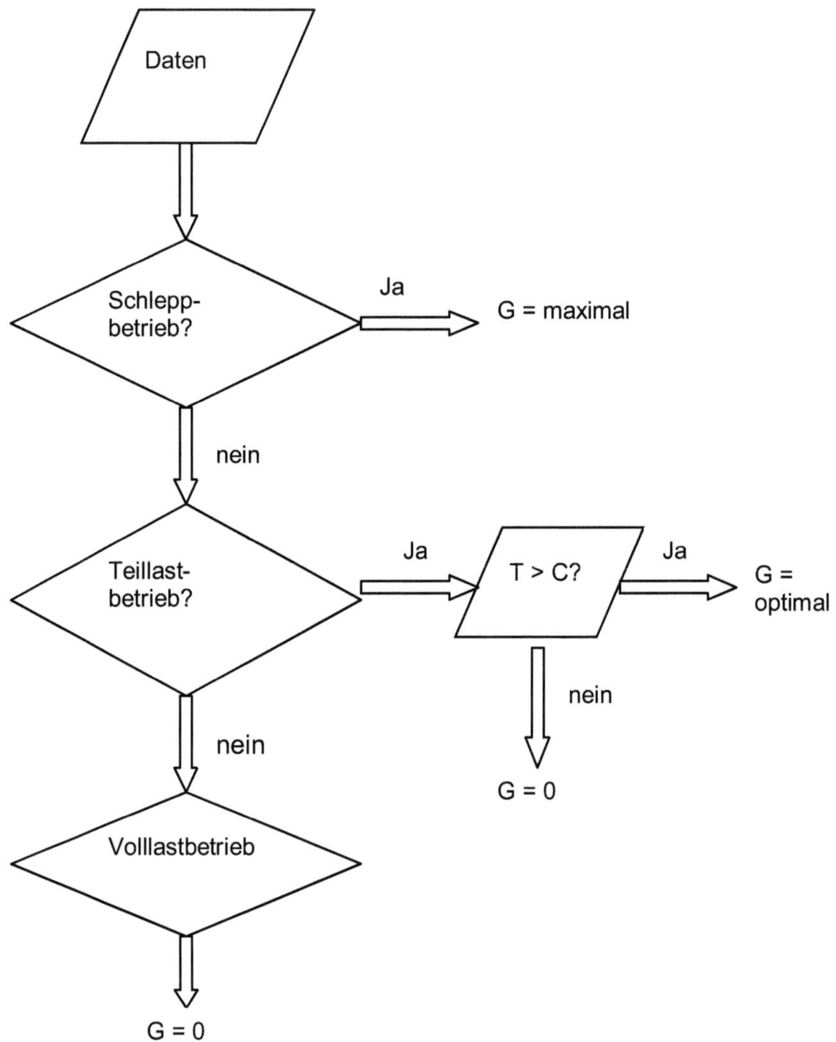

**Bild 4.102: Wirkschema des Energiemanagementsystems (G= Generator-
betrieb), [16]**

Insbesondere der Betrieb im *__Teillastbereich__* bedarf weiterer Er-
klärungen:

Aus der aktuellen Motorlast und der Motordrehzahl ergibt sich der **Kraft-stoffmassenstromwert C**, der sich aus dem Verbrauchskennfeld des Verbrennungsmotors über den Kraftstoffmassenstrom $\Delta \dot{m}_B = dm_B / dt$ ermitteln lässt, siehe Bild 4.103.

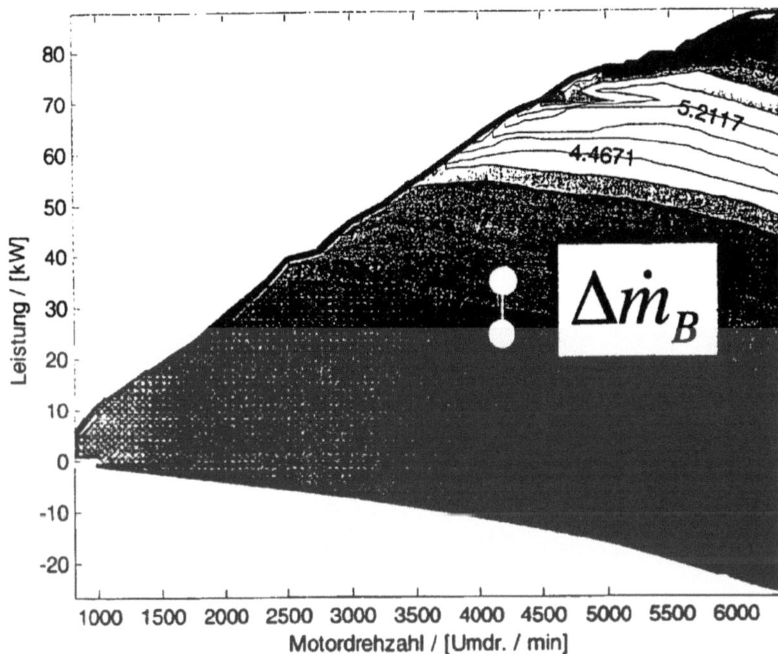

Bild 4.103: Verbrauchskennfeld zur Ermittlung von C, [16]

Aus den Systemzustandsdaten Batterieladezustand (SOC= State-of - charge), Motordrehzahl sowie der Fahrzeuggeschwindigkeit wird der **Kraftstoffschwellwert T** berechnet, der als virtueller Kraftstoffbedarf für den jeweiligen Generatorstrom interpretiert werden kann.

Bild 4.104 zeigt im Detail noch einmal das Wirkschema aus Bild 4.102.

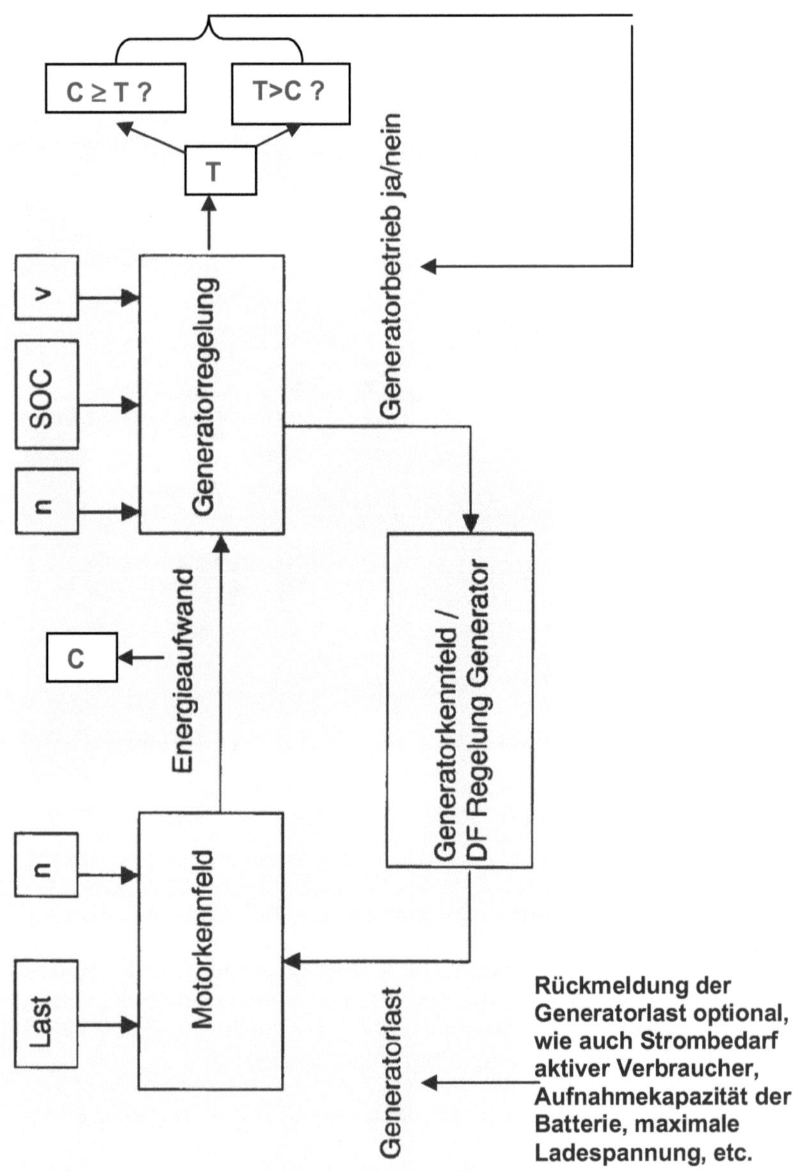

Bild 4.104: Wirkschema im Teillastbetrieb, [16]

Der Wert für den Kraftstoffmassenstromwert C darf eine maximale, für die jeweilige Generatorlast noch gerechtfertigte Kraftstoffaufwendung nicht überschreiten, die wiederum durch den Kraftstoffschwellwert T bestimmt wird. Daraus resultierend wird in Abhängigkeit des Systemzustandes entschieden, ob und wie viel elektrische Energie aus der mechanischen Energie des Verbrennungsmotors gewandelt werden soll:

$\Rightarrow$ Für den Fall **T>C** wird die aktuelle Generatorlast als optimal eingestuft, d.h. der Generator wird belastet und stellt die erforderliche Energie für das Bordnetz bereit, die sich aus der berechneten Kraftstoffmasse C ergibt.

$\Rightarrow$ Für den Fall **C$\geq$T** wird die Generatorlast abgesenkt, vorzugsweise auf Null, d.h. das Bordnetz wird aus der Batterie des Fahrzeugs gespeist.

Somit ergibt sich der jeweilige Zustand im **Teillastbereich** aus den folgenden Schritten, vgl. auch Bild 4.104:

a.) Berechnung der Kennzahl für C aus der Motorlast sowie aus der Motordrehzahl

b.) Berechnung der Kennzahl für T aus den Systemzustandsdaten

c.) Vergleich zwischen C und T

d.) Optimaler Betrieb für den Fall **T>C**

e.) Einstellung der Generatorlast auf Null, falls **C$\geq$T**

Die mögliche Verbrauchseinsparung durch das Energiemanagement ergibt sich aus der Differenz der (eigentlichen) Normallast des Generators für den Betrieb des Verbrennungsmotors und der reduzierten Last durch die intelligente Generatorregelung, d.h. der Abfolge von Zug und Schub/Bremsphasen, der Überschussleistung des Generators und der Aufnahmefähigkeit der Fahrzeugbatterie. Es versteht sich, dass die gesamte Regelungsstrategie auch zur verbrauchsoptimierten Ansteuerung anderer Nebenaggregate genutzt werden kann. Nach Eifler [23] liegt das **Kraftstoffeinsparpotenzial** im **NEFZ** bei **2%**. Aumeyer [4] hingegen nennt einen Wert von **4%** im **NEFZ**. Für eine überschlägige Rechnung wird ein Durchschnittswert von **3%** angenommen. Bezieht man die mögliche Verbrauchseinsparung auf die Standard-Fahrzeuge aus Kapitel 4.1, so ergeben sich die folgenden, exemplarischen Werte.

Standard-Benziner:	**0,23 Liter/100 km**
Standard Diesel:	**0,16 Liter/100 km**

Eine recht einfache Methode zur Reduzierung des Verbrauchsanteils eines Generators wird von der **Fa. Power Hybrid [53]** in Form einer Riemenscheibe vorgeschlagen, siehe Bild 4.105.

Bild 4.105: Umrüstriemenscheibe, [53]

Aus der Patenschrift geht hervor, dass die Riemenscheibe als Umrüstsatz für eine Vielzahl von PKW anwendbar ist. Der Erfindung liegt der Gedanke zu Grunde, den Generator über ein weites Drehzahlband im Wirkungsgradoptimum zu betreiben. Möglich wird dies durch eine Übersetzung der Generatordrehzahl ins Langsame über eine Riemenscheibe mit einem deutlich größeren Durchmesser als im Originalzustand. Während das Serien-Übersetzungsverhältnis im Bereich zwischen 1:2 bis 1:3 liegt wird vorgeschlagen, eine Riemenscheibe mit einen um den Faktor 1 bis 3 größeren Durchmesser als die Originalriemenscheibe zu verwenden.

Der Wert 11:13 wird als optimales Verhältnis der Riemenscheibendurchmesser von Generator zu Verbrennungsmotor genannt. In einem konkreten Beispiel hat die Umrüstriemenscheibe am Generator einen Durchmesser von 110 mm, die Riemenscheibe der Kurbelwelle einen Durchmesser von 130 mm. Der Autor führt weiter an, dass trotz der reduzierten Drehzahl des Generators immer noch ausreichend elektrische Energie zur sicheren Funktion des Bordnetzes im Leerlauf sowie im leerlaufnahen Bereich bereitgestellt wird. In Praxistests wurde dies bestätigt. Es wird ferner angeführt, dass in einer umfangreichen Messreihe die Wirksamkeit der Umrüstung hinsichtlich des Einsparpotenzials wie folgt nachgewiesen wurde:

⇒ Durch den Anbau einer größeren Riemenscheibe war es möglich, den Kraftstoffverbrauch eines VW Golf III, Bj. 1996 im ehemaligen Drittelmix [Autobahn (max. 130 km/h), Landstraße, Stadtverkehr] zwischen **12 und 18 %** zu reduzieren.

⇒ Unter den gleichen Bedingungen reduzierte sich der Kraftstoffverbrauch eines Peugeot 407 um **16 bis 18%**, bei einem Golf II, Bj. 1990 um **20%**.

Das Ergebnis ist wie folgt zu interpretieren: Es ist in der Tat so, dass bei Fahrzeugen älterer Baujahre Generatoren verbaut wurden, deren Durchschnittsleistung erheblich über der Bedarfsleistung lag. Das Absenken der Generatordrehzahl und damit automatisch auch das Verringern der Generatorantriebsleistung erfolgt in diesen Fällen durch das Ausnutzen der hohen Leistungsreserven überdimensionierter Generatoren. Aktuelle Generatoren weisen solche Reserven allein schon deshalb nicht mehr auf, weil in heutigen Fahrzeugen eine Vielzahl von elektrischen sowie elektronischen Basis– und Zusatzverbrauchern verbaut sind, die bereits im Leerlauf einen nicht unerheblichen Leistungsanteil fordern.

Fazit:

• Bauteilspezifische Änderungen am Generator durch die Anwendung moderner Technologien, wie

⇒ MOSFET´s
⇒ Füllungsgraderhöhung der Statorwicklung
⇒ Einführung von Permanentmagneten

lassen bei optimistischer Betrachtungsweise eine Steigerung des Generatorwirkungsgrades von 25 % erwarten. Daraus resultiert eine Einsparung an elektrischer Energie von ca. 375 Watt, was einer **Reduzierung** des Anteils am **Kraftstoffverbrauch** von **0,375 Liter/100 km** entspricht.

• Die vorgestellte Variante des Energiemanagementsystems hingegen lässt sich an einem existierenden System adaptieren, ohne Änderungen am Generator vornehmen zu müssen. Der **Verbrauchsvorteil** liegt bei ca. **3%** im **NEFZ**. Da keine bauteilbezogenen Änderungen einfließen, lassen sich für diese Maßnahme auch keine Produktkosten veranschlagen. Es handelt sich bei dieser Optimierung um eine Adaption von Software, somit ist ein Investitionsbedarf für Applikation und Validierung der Maßnahme zu berücksichtigen. In einer vorsichtigen Schätzung werden hierfür €5,- pro Fahrzeug angenommen. Das Energiemanagementsystem befindet sich bereits in Serie (BMW).

• Der Riemenscheibenumrüstsatz verspricht nach Angabe des Herstellers Verbrauchseinsparungen im zweistelligen Bereich, insbesondere bei Umrüstung älterer Fahrzeuge. Es bleibt abzuwarten, ob sich ein derartiges System dauerhaft und ohne nachteiligen Einfluss auf andere Komponenten des Riementriebes am Markt halten wird.

Der sehr niedrig angesetzte Optimierungswert aus der Prognose des Air Resources Board von nur 1% aus Tabelle 4.2 kann nicht bestätigt werden. Der recherchierte Wert liegt deutlich höher. Zusatzkosten für bauteilspezifische Optimierungsmaßnahmen ließen sich nicht ermitteln, weshalb im Rahmen der Zusammenfassung zum Kapitel Optimierung auf die in der Tabelle 4.3 genannten Kosten (€40,-) zurückgegriffen wird.

4.7 Sonstige Nebenaggregate

4.7.1 Vakuumpumpe

Obwohl die Vakuumpumpe einen sehr geringen Anteil an den Verlusten aller Nebenaggregate hält, werden dennoch Anstrengungen zur Optimierung unternommen. Dies bedeutet in erster Linie, die Vakuumpumpe vom Verbrennungsmotor zu entkoppeln. Der Vorteil besteht im wesentlichen im bedarfsorientierten Antrieb des Aggregats sowie in der nahezu freien Wahl der Positionierung innerhalb des Motorraums.

Anandakumaran et al. [2] haben eine elektrisch angetriebene Vakuumpumpe entwickelt. Die nachfolgende Abbildung zeigt das grundsätzliche Wirkschema.

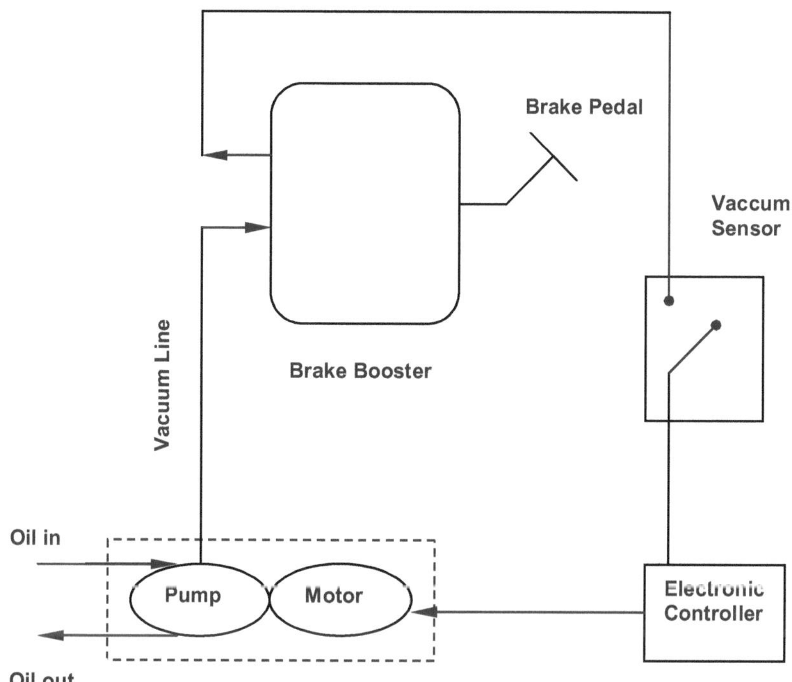

Bild 4.106: Wirkschema der elektrisch angetriebenen Vakuumpumpe, [2]

Der Antrieb der elektrischen Vakuumpumpe wird durch ein Signal des Steuergerätes eingeleitet, vorzugsweise durch das Motorsteuergerät.
Es ist eine closed loop Anordnung vorgesehen, d.h. der aktuelle Wert des erzeugten Vakuums wird dem Steuergerät über die Feedbackleitung eines Vakuumsensors gemeldet. Im Rahmen eines Feldversuchs an einem UV (Utility vehicle= Geländefahrzeug) wurde der mögliche Verbrauchsvorteil der elektrischen Vakuumpumpe ermittelt. Als Vergleich diente die Standard-Vakuumpumpe aus Kapitel 3.4.6 mit einer gemittelten Antriebsleistung von 193 W. Die Durchschnittsgeschwindigkeit der Testfahrzeuge wurde mit 35 km/h angegeben, die Laufstrecke mit 20000 km. Daraus resultiert eine Laufzeit von 571 h.

Auf die **mechanisch angetriebene Vakuumpumpe** entfällt somit eine **Antriebsenergie** von $571h \cdot 193W \cdot 10^{-3} = 110kWh$.

Für die **elektrisch angetriebene Vakuumpumpe** lagen die folgenden Werte vor:

- Einschaltdauer (Duty Cycle):   7%
- Durchschnittliche Stromaufnahme: 30 A
- Versorgungsspannung: 14 V
- Erforderliche elektrische Energie für den Antrieb der elektrischen Vakuumpumpe: $(14V \cdot 30A \cdot 571h) \cdot 0,07 \cdot 10^{-3} = 16,8kWh$

- Erforderliche Leistungsaufnahme, bezogen auf die Kurbelwelle (Generatorwirkungsgrad $\eta_{gen} = 35\%$): $(16,8kWh / 0,35) = 48kWh$

- Verbrauchseinsparung auf 20000 km, verglichen mit der mechanischen Vakuumpumpe: 110 kWh-48 kWh= 62 kWh.

Nach Gleichung (10) ergibt sich daraus eine absolute Einsparung von

$$\Delta B = K_{Diesel} \cdot \Delta E = 0,199 \frac{l}{kWh} \cdot 62kWh = 12,3 Liter$$

Bezogen auf die Gesamtstrecke von 20000 km folgt ein Wert für den streckenbezogenen Verbrauch von

$$\left(\frac{12,3 Liter}{20000km} \right) \cdot 100 = 0,062 Liter / 100km$$

Rombach [57] schlägt eine elektrische Vakuumpumpe für Ottomotoren, Dieselmotoren, Hybrid-Antriebe sowie Elektrofahrzeuge mit konventioneller Bremsentechnologie vor. Bild 4.107 zeigt einen möglichen Zusammenbau, Bild 4.108 eine elektrische Vakuumpumpe in Explosionsdarstellung.

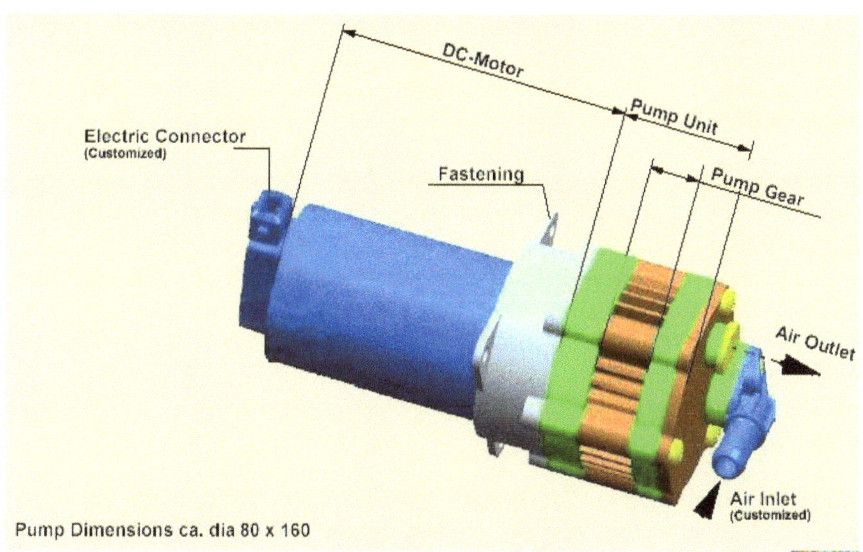

Bild 4.107: Zusammenbaubeispiel einer elektrisch angetriebenen Vakuumpumpe, [57]

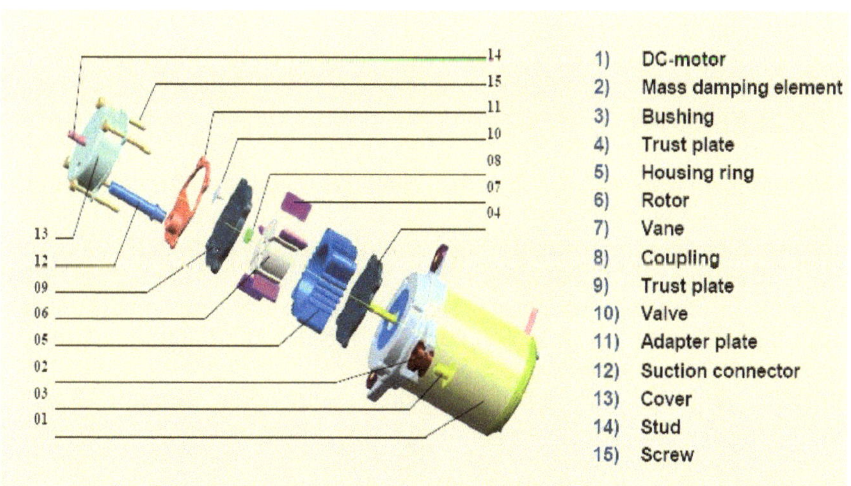

Bild 4.108: Explosionsdarstellung einer elektrisch angetriebenen Vakuumpumpe, [57]

Die für 12 V-Bordnetze ausgelegte Applikation hat eine nominelle Stromaufnahme von 13 A und eine maximale Leistungsaufnahme von 170 W. Den beiden o.g. Hauptvorteilen stehen die nachfolgenden Nachteile gegenüber:

- Höhere Kosten aufgrund des elektrischen Antriebs sowie der Verwendung von hochwertigen Materialien. Die **Mehrkosten** belaufen sich auf ca. **€35,-**.
- Zusätzliche Elektronik erforderlich zur Kontrolle der Pumpe und/oder des DC-Motors
- Funktional nur bei intakter Spannungsversorgung
- Geräuschentwicklung
- EMV - Verträglichkeit
- Fail Safe Funktion ungeklärt

Angaben zu möglichen Verbrauchseinsparungen lagen nicht vor. Wie ferner mitgeteilt wurde, wird das Projekt derzeit nicht weiter verfolgt.

Fazit: In Fahrzeugen mit konventioneller Antriebstechnik (Otto sowie Dieselmotoren) geht das zu erwartende **Kosten zu Nutzen Verhältnis** eindeutig zu Lasten der elektrischen Vakuumpumpe, weshalb ein Einsatz kurzfristig nicht absehbar ist.

4.7.2 Luftpresser

Wie bereits im Kapitel 3.4.7 erwähnt, zählt der Luftpresser zu den Nebenaggregaten mit einem hohen Schleppmoment, resp. einer hohen Verlustleistung. Ziel der Optimierung muss es also sein, die Leistungsaufnahme des Luftpressers im Schleppbetrieb zu eliminieren oder deutlich zu vermindern. In jüngster Zeit setzen sich deshalb Luftpresser durch, deren Leistungsaufnahme im geschleppten Zustand durch ein internes Umluftsystem merklich reduziert wird.
WABCO [75] hat ein solches System unter dem Namen „Power Reduction" System (= PR-System) auf den Markt gebracht, das nachfolgend beschrieben werden soll. Bild 4.109 zeigt das PR-System für einzylindrige, Bild 4.110 für zweizylindrige Luftpresser.

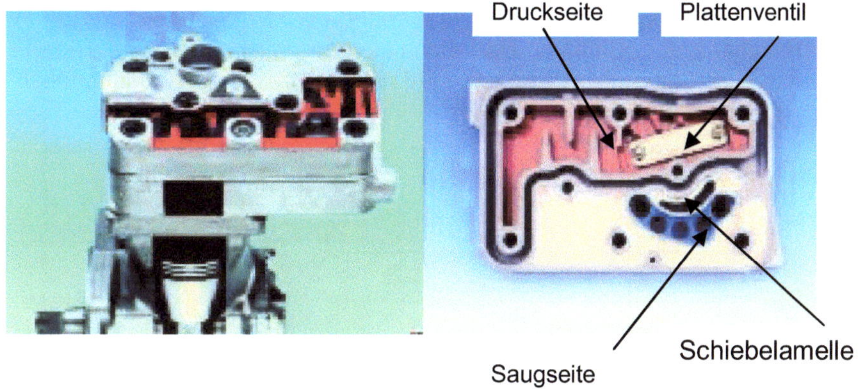

Bild 4.109: Einzylinder Luftpresser mit PR-System, [75]

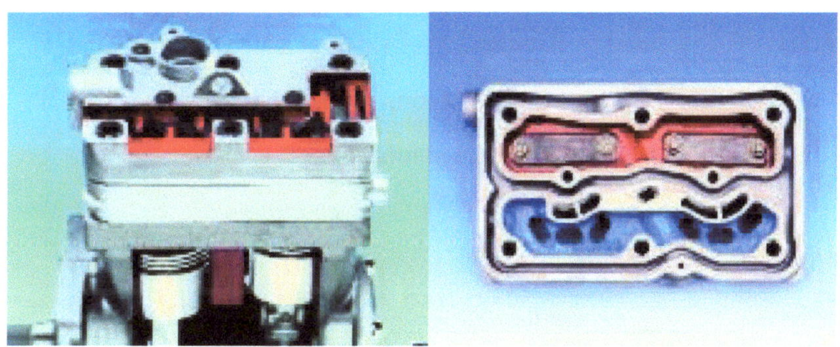

Bild 4.110: Zweizylinder Luftpresser mit PR-System, [75]

Funktionsprinzip, vgl. Bild 4.111:

• In der **Leerlaufstellung** (= Nulllast, Bild 4.111, links) wird die Steuerleitung (1) des PR-Systems vom Lufttrockner aus mit Systemdruck beaufschlagt. (Anmerkung: Der Lufttrockner hat die Aufgabe, die Druckluft zu entwässern und zu reinigen, bevor sie in das System abgegeben wird). Der Schaltkolben wird an den inneren Anschlag (5) gedrückt und wirkt über den Verbindungsstift (6) auf die Schiebelamellen, die dadurch aktiviert werden. Die Schiebelammelen öffnen daraufhin Schlitze zum sog. Zusatzschadraum (4). Der Zusatzschadraum ist als Entlastungs oder Entspannungsvolumen zu verstehen, durch den sich die Verdichtungsarbeit –und damit gleichzeitig die Leistungsaufnahme– des Luftpressers verringert.

- In der **Lastlaufstellung** (Bild 4.111, rechts) wird die Steuerleitung (1) des PR-Systems entlüftet, der Schaltkolben wird unter Federkrafteinwirkung an den äußeren Anschlag (3) gedrückt und die Schaltlamellen verschließen den Zusatzschadraum.

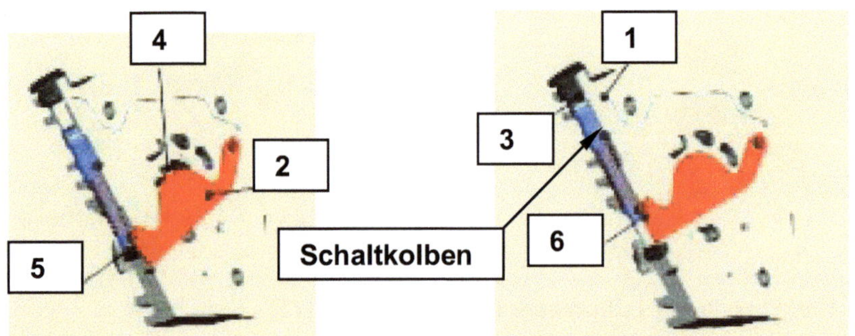

Bild 4.111: PR-System aktiv (Leerlauf) PR-System deaktiviert (Lastfall), [75]

Bild 4.112 sowie Bild 4.113 zeigen das Funktionsprinzip am Schnittmodell.

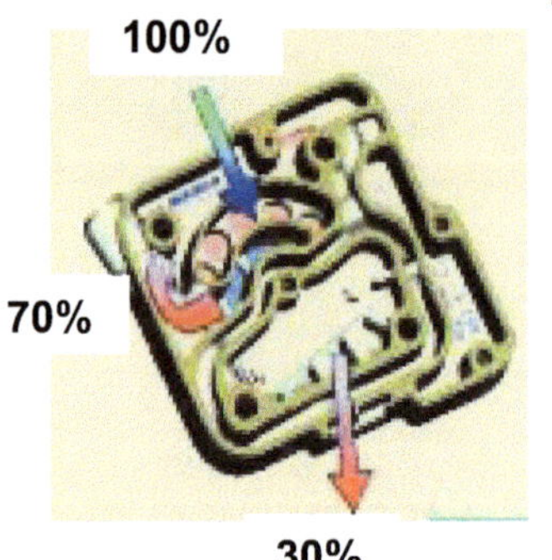

Leerlaufstellung:

a.) Schiebelamelle öffnet Verbindungskanal zum Expansionsraum (Zusatzschadraum).

b.) Das Expansionsvolumen (70%) strömt in den Zusatzschadraum sowie teilweise zurück zur Saugseite. Dadurch reduziert sich der Gegendruck im Zylinder und damit die Verdichtungsarbeit. In der LL - Stellung sind also nur ca. 30 % der Verdichtungsarbeit erforderlich.

Bild 4.112: PR-System aktiv (Leerlauf), [75]

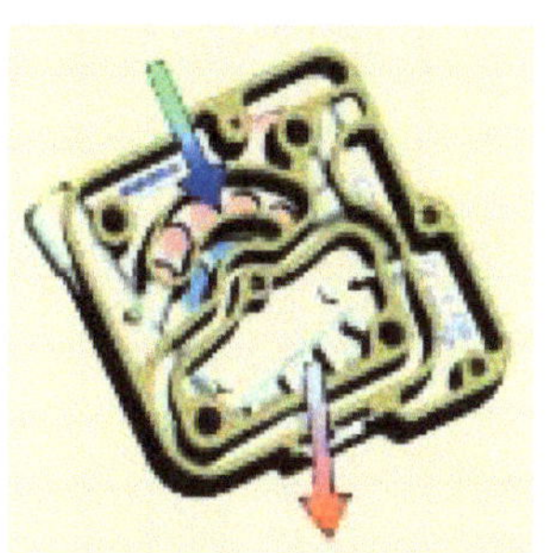

Lastlaufstellung:

Schiebelamelle verschlossen, keine Verbindung zum Schadraum.

Bild 4.113 PR-System nicht aktiv (Lastfall), [75]

Bild 4.114 und Bild 4.115 zeigen das Funktionsprinzip am Schnittmodell für den Zweizylinder Luftpresser.

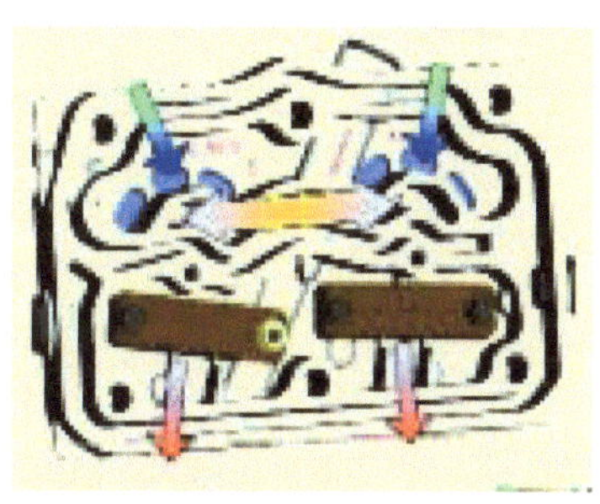

Leerlaufstellung:

a.) Schiebelamellen öffnen den PR-Verbindungskanal zwischen den Zylindern.

b.) Die Luft strömt durch den Verbindungskanal zwischen den beiden Zylindern hin und her.

Bild 4.114: PR-System aktiv (Leerlauf), Zweizylinder-Luftpresser, [75]

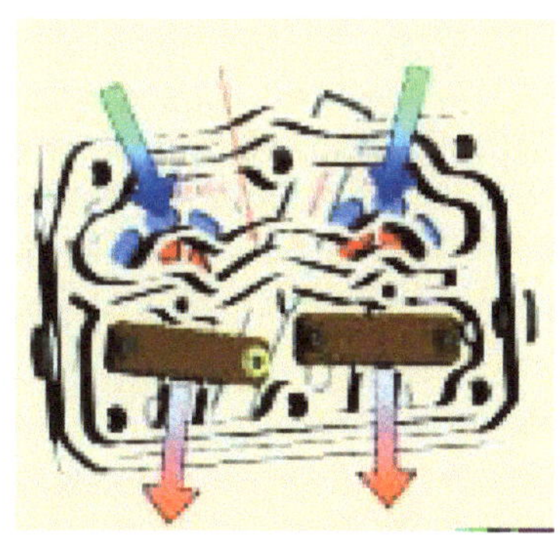

Lastlaufstellung:

Schiebelamelle verschlossen, keine Verbindung zum Zusatzschadraum.

Bild 4.115: PR-System nicht aktiv (Lastfall), Zweizylinder-Luftpresser, [75]

Bild 4.116 zeigt das Leistungsdiagramm für einen Zweizylinder Luftpresser.

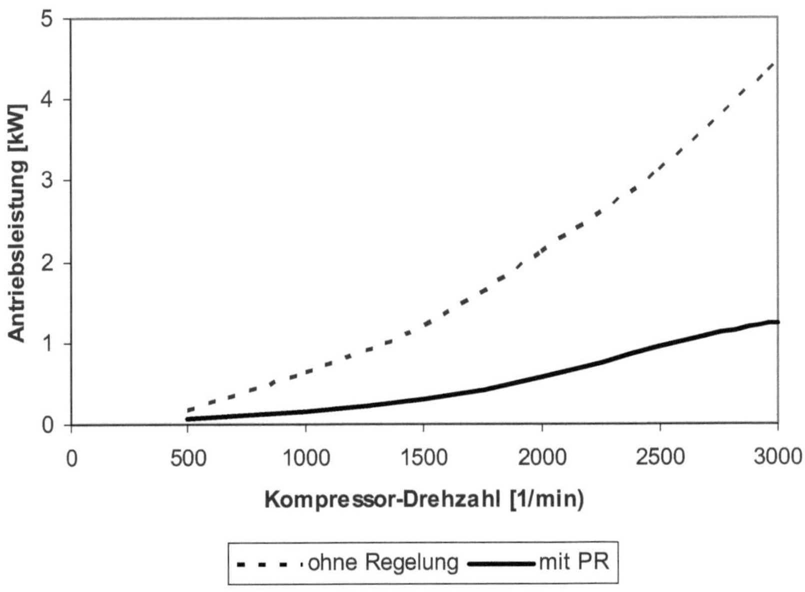

Bild 4.116: Leistungsvergleich geregelter Luftpresser vs. ungeregelter Luftpresser, [75]

Im Betriebspunkt $n_{Kompressor}$ = 2500 1/min resultiert aus dem PR-System eine deutliche Leistungseinsparung von ca. 2 kW. Obwohl für NFZ keine Referenzgeschwindigkeiten angegeben werden, soll in diesem Fall dennoch die mögliche Verbrauchseinsparung mit Bezug auf die Durchschnittsgeschwindigkeit im NEFZ sowie bei Überlandfahrt (= Fernverkehr) berechnet werden. In Verbindung mit Gleichung (10) und (11) folgt:

$$\Delta C = \left(\frac{K_{Diesel} \cdot \Delta P}{v_{NEFZ}} \right) \cdot 100 = \left(\frac{0{,}199l \cdot 2kWh}{33{,}6kWhkm} \right) \cdot 100 = 1{,}2l\,/\,100km$$

$$\Delta C = \left(\frac{K_{Diesel} \cdot \Delta P}{v_{Fernverkehr}} \right) \cdot 100 = \left(\frac{0{,}199l * 2kWh}{85kmkWh} \right) \cdot 100 = 0{,}47l\,/\,100km$$

Fazit: Beim beschriebenen PR-System handelt es sich um eine Maßnahme, die direkt im Luftpresser zur Anwendung kommt und zu einer
deutlichen Reduzierung des Schleppmomentes führt. Das berechnete
Einsparpotenzial dient lediglich als Anhaltswert. Ein weiterer Ansatz zur
Reduzierung der Leistungsaufnahme ergibt sich durch die Möglichkeit,
von außen in Form einer Kupplung, resp. eines Zwischengetriebes auf
den Luftpresser einzuwirken, sofern der Luftpresser über einen Riemen
angetrieben wird.

4.8 Optimierter Antrieb von Nebenaggregaten im Verbund

In den vorangegangenen Kapiteln wurden vielfach Modifikationen
erörtert, die eine Optimierung des jeweiligen Nebenaggregates am Bauteil selbst betreffen. Vereinzelt wurden aber auch Möglichkeiten
aufgezeigt, die Übertragungskette Verbrennungsmotor ⇒ Nebenaggregat
so zu gestalten, dass der Antrieb des Nebenaggregates „frei" regelbar
und damit von der Motordrehzahl unabhängig erfolgt (MRF, elektromagnetische Kupplung, Riemenscheibengetriebe). Nachteilig ist dabei
allerdings der erhebliche konstruktive Aufwand, wenn **jedes einzelne**
Nebenaggregat optimiert betrieben werden soll. Die **kollektive** Drehzahlregelung hingegen bietet eine Möglichkeit, mit geringerem konstruktiven
und regelungstechnischem Aufwand alle Nebenaggregate in einem
einzigen Antrieb zusammenzufassen. Diese Art des Antriebs wird häufig
auch als Hoch oder Variotrieb bezeichnet. Da die Drehzahlen der Nebenaggregate allerdings durch fixe Übersetzungsverhältnisse definiert sind,
lässt sich in diesem Fall nur eine Kompromissregelung anstreben. Ziel
muss es sein, eine Antriebsdrehzahl im insgesamt wirkungsgrad-
günstigen Arbeitsbereich umzusetzen. In diesem Kapitel sollen nunmehr
Möglichkeiten aufgezeigt werden, Nebenaggregate im Verbund durch
abgestufte bzw. stufenlose Getriebe zu optimieren.

Esch [24] hat hierfür grundsätzlich zwei unterschiedliche Abstufungs-
konzepte vorgestellt:
⇒ Die Integration eines zweistufigen Getriebes in den bestehenden
Aggregattrieb bietet die Möglichkeit, die Übersetzung oberhalb einer
wählbaren Motordrehzahl (= Schaltdrehzahl) um einen festen Faktor abzusenken, siehe Bild 4.117, links.

$\Rightarrow$ Ein Getriebe auf CVT - Basis, d.h. mit stufenlos einstellbarer Übersetzung, vgl. Bild 4.117, rechts.

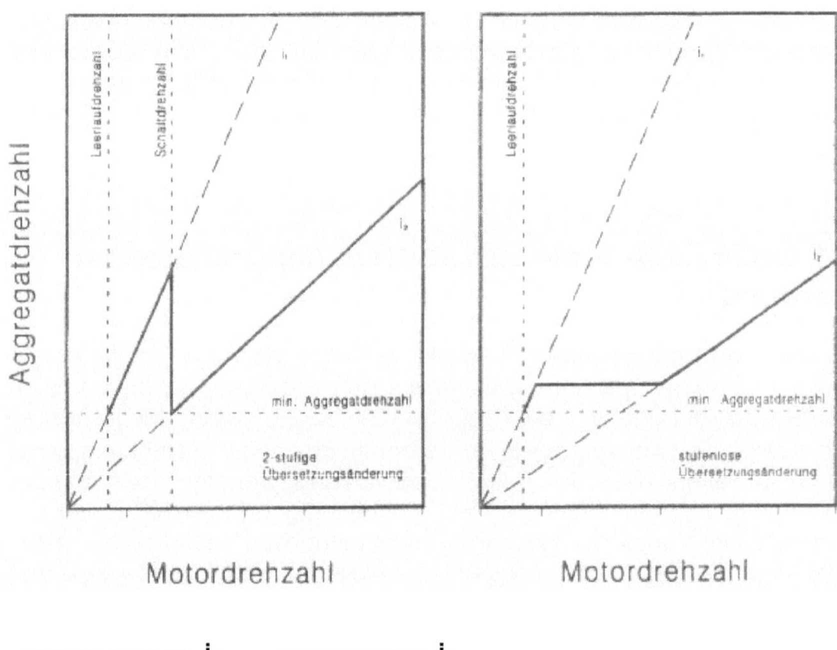

-------- i_1 ———————— i_2

Bild 4.117:   2-stufiges Getriebe   Stufenloses Getriebe, [24]

Mögliche Einsparpotenziale durch die Applikation der o.g. Getriebearten wurden mit Hilfe eines Simulationsprogramms und basierend auf den NEFZ für ein vorgegebenes Fahrzeug (PKW) berechnet. Die nachfolgenden Simulationsergebnisse gelten für den **schaltbaren Zweistufentrieb** unter der Voraussetzung, dass die minimale Aggregatdrehzahl nach dem Schaltvorgang gerade erreicht wird, da sich nur dann die erforderlichen Getriebespreizungen (Verhältnis von oberer zu unterer Übersetzung i_1/i_2) realisieren lassen. Für die Nebenaggregate wird eine zykluskonstante Abgabeleistung angenommen. Bild 4.118 zeigt die Ergebnisse als Funktion der Getriebespreizung bei unterschiedlichen Leerlaufdrehzahlen. Zur Aufrechterhaltung einer konstanten (= minimalen) Aggregatdrehzahl wurde die Aggregatübersetzung entsprechend erhöht.

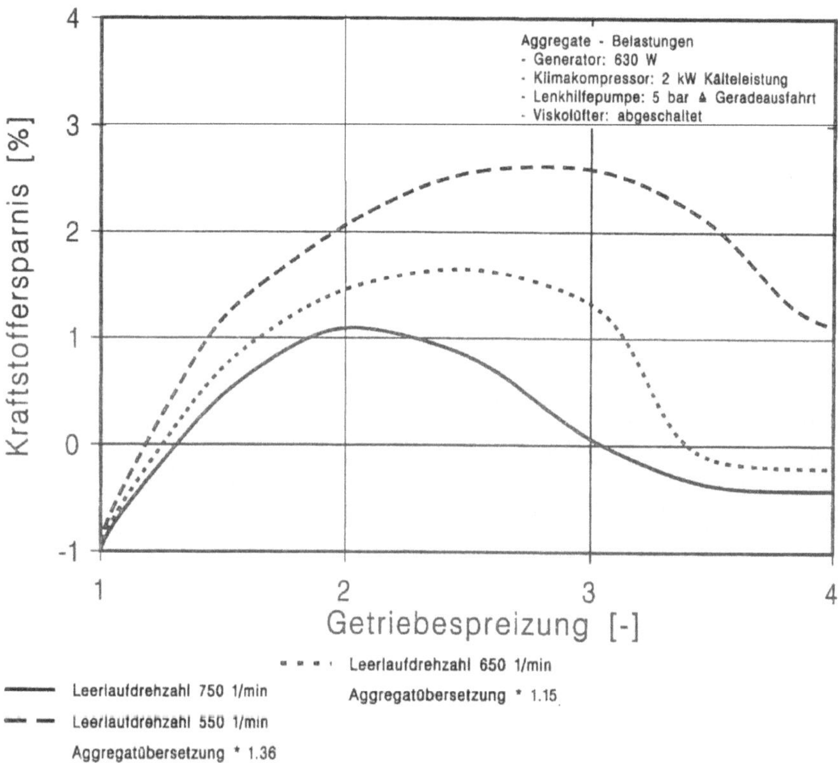

Bild 4.118: Einsparpotenzial im NEFZ als Funktion der Getriebespreizung für ein 2-stufiges Getriebe, [24]

Aus dem Bild wird deutlich, dass die möglichen Einsparungen mit abnehmender Leerlaufdrehzahl anstelgen, dann aber größere Getriebespreizungen erfordern, um die maximalen Verbrauchsvorteile umzusetzen. Es sei angemerkt, dass der Wirkungsgrad des Hoch oder Variotriebs das Einsparpotenzial um 1% reduziert, in den Simulationsrechnungen aber bereits berücksichtigt wurde.

Bild 4.119 zeigt die Aufteilung der Verbrauchsanteile auf Basismotor und Nebenaggregate.

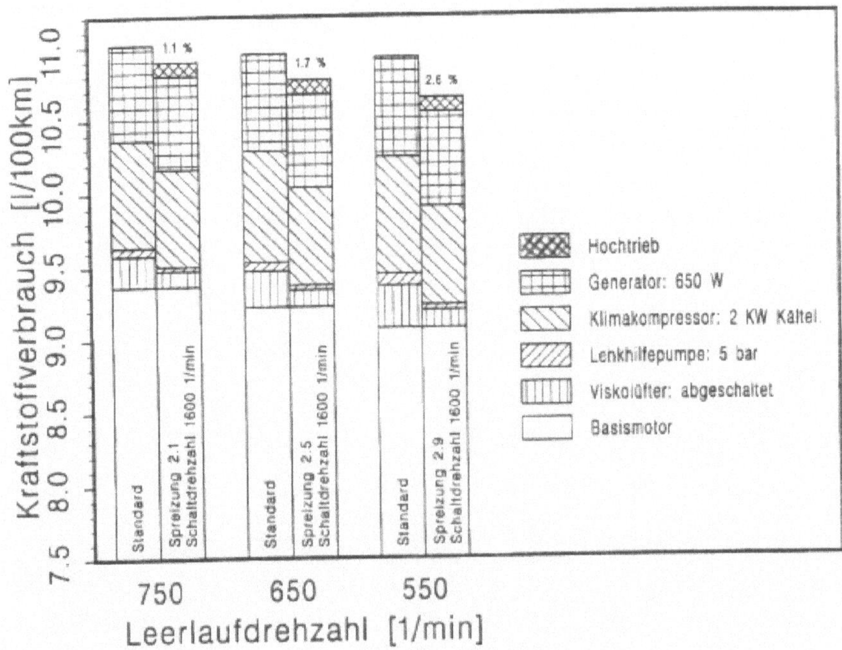

Bild 4.119: Verbrauchsanteile der einzelnen Nebenaggregate im NEFZ, [24]

Während der Verbrauchanteil des Motors bei abnehmender Leerlaufdrehzahl ebenfalls fällt, steigen die Anteile der Nebenaggregate ohne Variotrieb, bedingt durch die Notwendigkeit einer größeren Übersetzung, an. Der Einsatz des Zweistufengetriebes hingegen ermöglicht konstante Absolutverbräuche der Nebenaggregate von 1,6-1,9 Liter/100 km. In der dargestellten Simulation lassen sich somit **Einsparungen** durch den Einsatz eines **2-stufigen Getriebes** von bis zu **2,6%** im **NEFZ** erreichen.

Die nachfolgenden Simulationsergebnisse gelten für den **stufenlosen Hochtrieb.** Bild 4.120 zeigt das erzielbare Einsparpotenzial bei Verwendung eines Variotriebs auf Basis eines CVT-Getriebes.
Das **Einsparpotenzial** liegt bei **2,4%** im **NEFZ.**

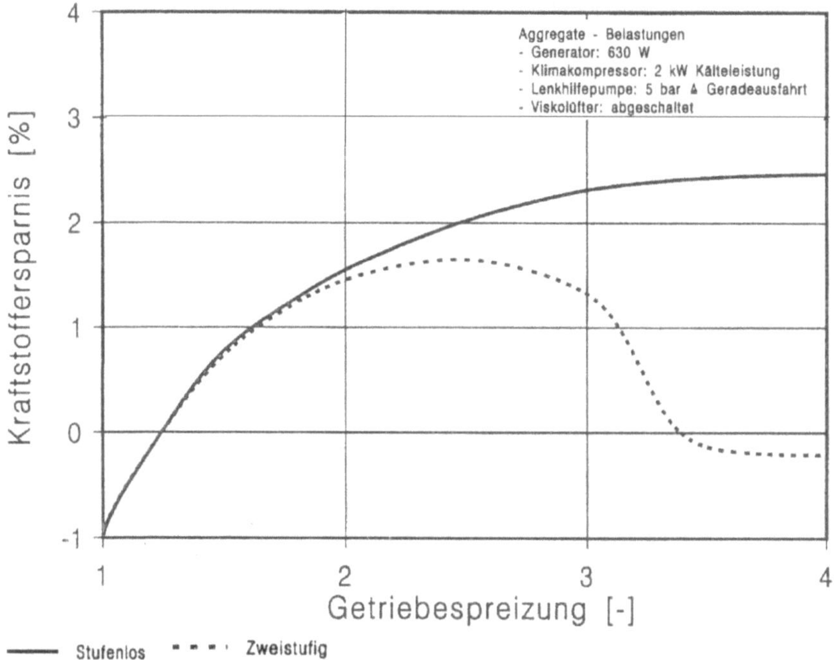

Bild 4.120: Stufenloses vs. 2-stufiges Getriebe, Leerlaufdrehzahl 650 1/min, [24]

Anders als beim 2-stufigen Getriebe versteht sich die Getriebe-übersetzung hier als veränderliche Übersetzung die dazu dient, die Drehzahl auf dem Leerlaufniveau der Nebenaggregate zu halten. Verglichen mit dem 2-stufigen Getriebe ist eine große Spreizung immer als vorteilhaft zu bewerten, weil jede Zwischenübersetzung eingestellt werden kann. Im Idealfall ist die Spreizung identisch mit der Drehzahlspreizung des Verbrennungsmotors, die Nebenaggregate können dann mit konstanter Drehzahl betrieben werden. Allerdings müsste die Spreizung in einem solchen Fall bei ca. 10 liegen, was sich konstruktiv kaum umsetzen lassen würde. Bild 4.120 macht deutlich, dass ab einer Spreizung von 3,5 nur noch geringe Verbrauchsvorteile im NEFZ zu erwarten sind, weshalb eine weitere Erhöhung der Spreizung wenig sinnvoll erscheint.

Hedman [35] hat sich ebenfalls mit dem Einfluss eines 2-stufigen Getriebes sowie eines CVT´s im Bereich der Nutzfahrzeuge beschäftigt und hat dazu drei NFZ simulationstechnisch untersucht. Die folgende Tabelle 4.19 enthält die wesentlichen Daten.

Fahrzeugtyp	Stadt-bus	Reisebus (Langstrecke)	LKW (Langstrecke) mit Auflieger
Motorleistung [kW]	190	225	300
Fahrzeugmasse [kg]	14.000	16.000	40.000

Tabelle 4.19: Fahrzeugeigenschaften der NFZ, [35]

Bild 4.121 zeigt den typisch linearen Zusammenhang zwischen der Motordrehzahl (hier dargestellt als Winkelgeschwindigkeit ω) und der Leistungsaufnahme der Nebenaggregate bei starrer Kopplung an den Verbrennungsmotor. Aus Gründen der Übersichtlichkeit wurden die Antriebsleistungen aller Nebenaggregate rechnerisch zusammengefasst und auf die Antriebsdrehzahl einer gemeinsamen Antriebsriemenscheibe reduziert. Lediglich der Unterschied zwischen Zu– und Abschalten der Klimaanlage wird für den jeweiligen Fahrzeugtyp separat dargestellt.

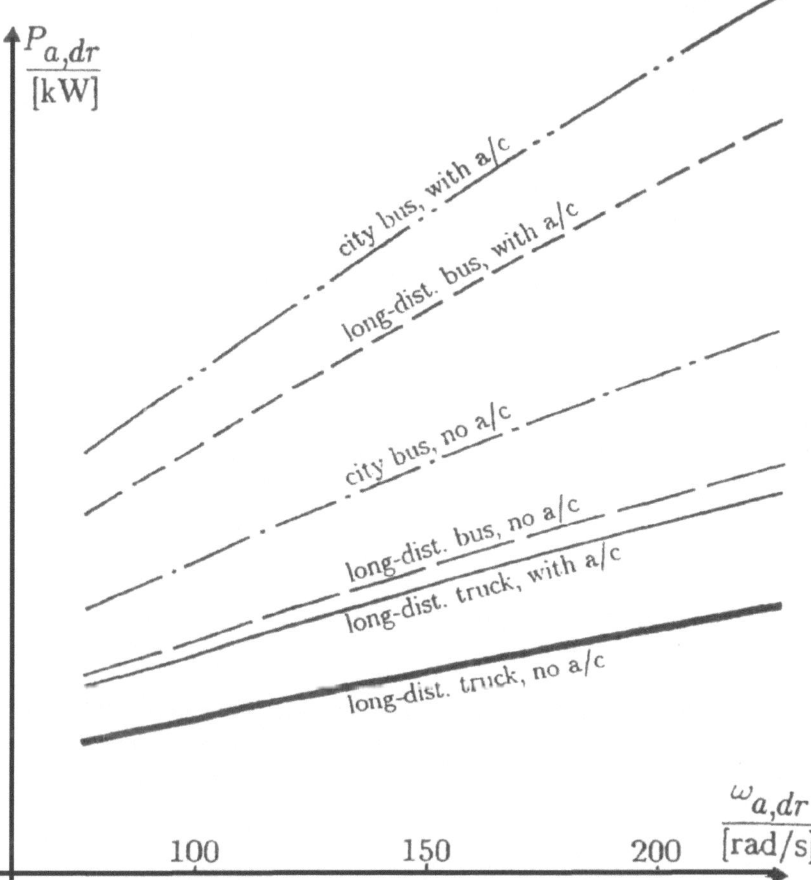

Bild 4.121: Leistungsaufnahme der Nebenaggregate, bezogen auf eine gemeinsame Antriebsdrehzahl, dr = Driver Pulley (Antriebsriemenscheibe); a = Accessory (Nebenaggregat), [35]

Die Abstufung der jeweiligen Getriebe ist Bild 4.122 zu entnehmen.

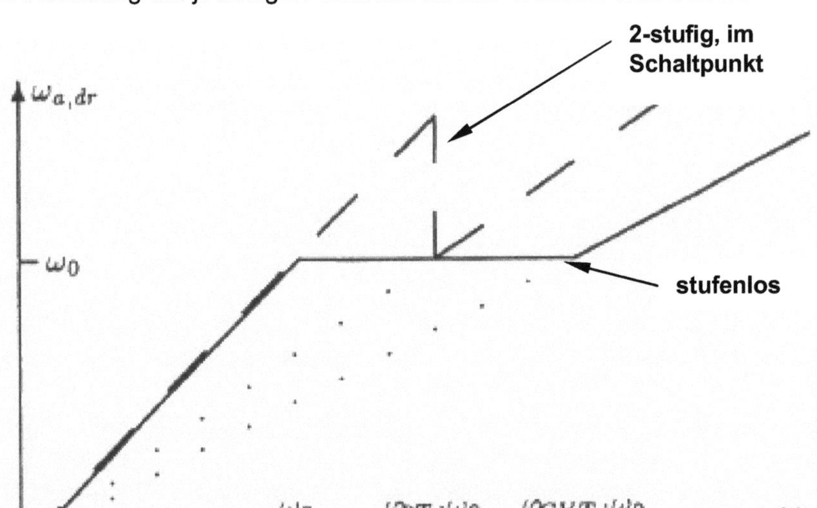

Bild 4.122: Drehzahlabstufung stufenlos vs. 2-stufiges Getriebe, [35]

Zur Erklärung:

ω_e repräsentiert die Motordrehzahl, $\omega_{a,\,dr}$ die gemeinsame Drehzahl des Riementriebs im Falle einer Kopplung durch das CVT bzw. durch das 2-stufige Getriebe. ω_0 ist die minimale Aggregatdrehzahl (= Leerlaufdrehzahl), vgl. Esch [24]. ω_0 ergibt sich nach Hedman [35] zu 90 rad/s, entsprechend einer Drehzahl von 860 1/min. φ beschreibt die Getriebespreizung. Für das CVT-Getriebe ergibt sich zwischen dem Motordrehzahlbereich ω_0 (= Leerlauf) und $\omega_0 \cdot \varphi_{CVT}$ ein großer Bereich, in dem die Nebenaggregate mit ω_0 angetrieben werden.

Für die Simulationsrechung wurden zwei unterschiedliche Fahrzyklen betrachtet:

$\Rightarrow$ Der US-Zyklus FTP-75 (= Highway) für den Langstreckenbus sowie den LKW.

$\Rightarrow$ Der „neue niederländische Stadtbus Fahrzyklus" für den Stadtbus.

Der Zyklus entstammt einer statistischen Auswertung von Messungen an Stadtbussen in den Niederlanden und wird nachfolgend gezeigt, Bild 4.123.

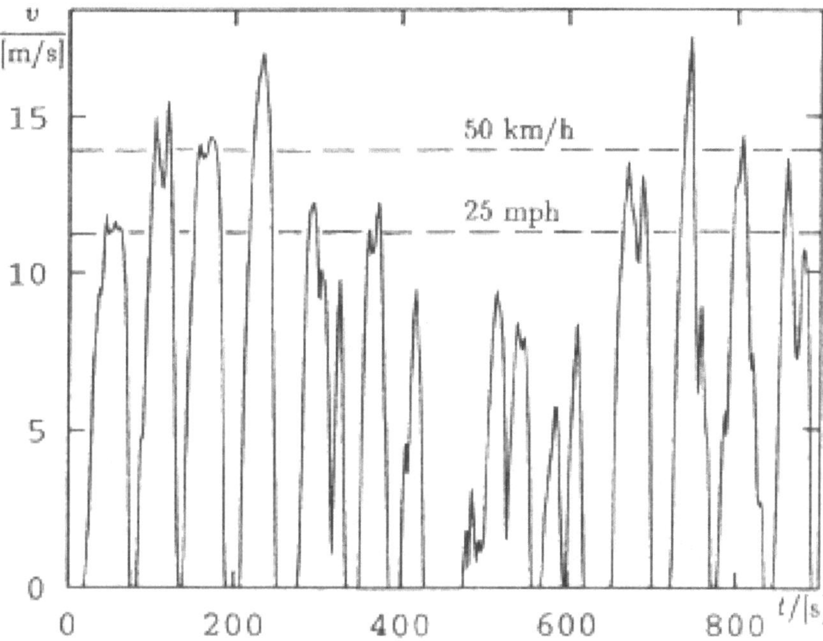

Bild 4.123: „Neuer" niederländischer Stadtbus Fahrzyklus, [35]

Die Bilder 4.124-4.126 zeigen die Simulationsergebnisse. Die Wirkungsgrade der Getriebe wurden in den Simulationen entsprechend berücksichtigt.

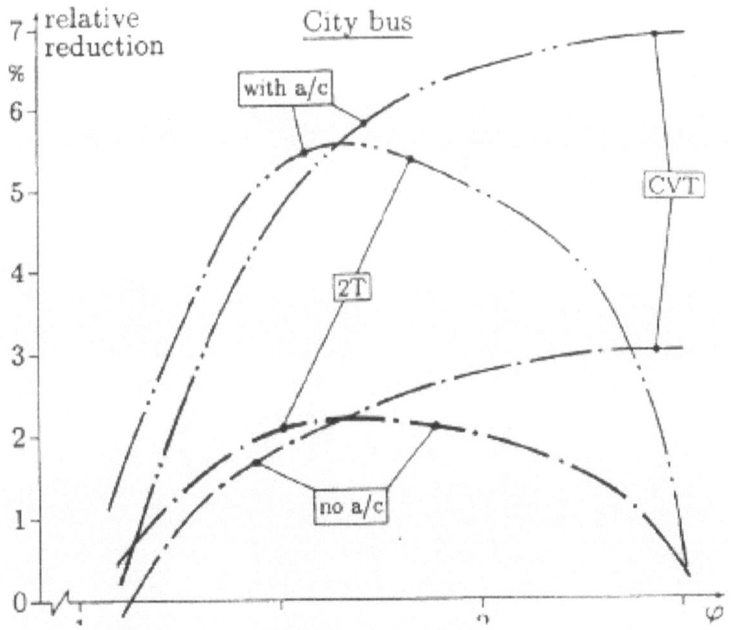

Bild 4.124: Einsparpotenzial beim Linienbus, [35]

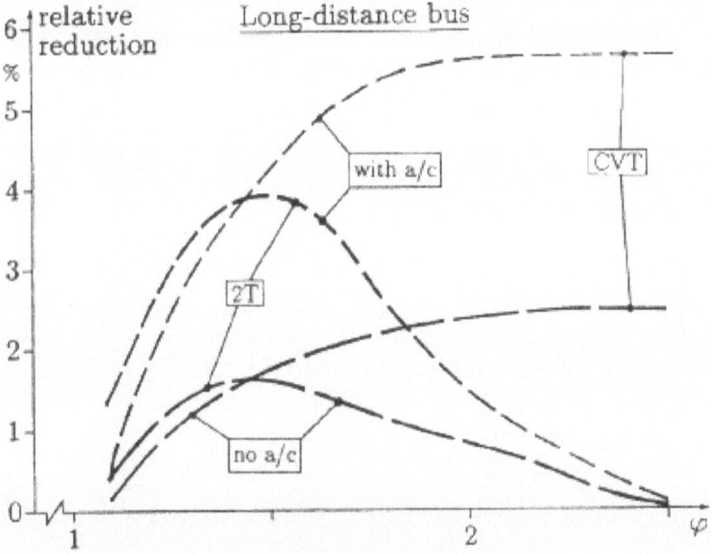

Bild 4.125: Einsparpotenzial beim Reisebus, [35]

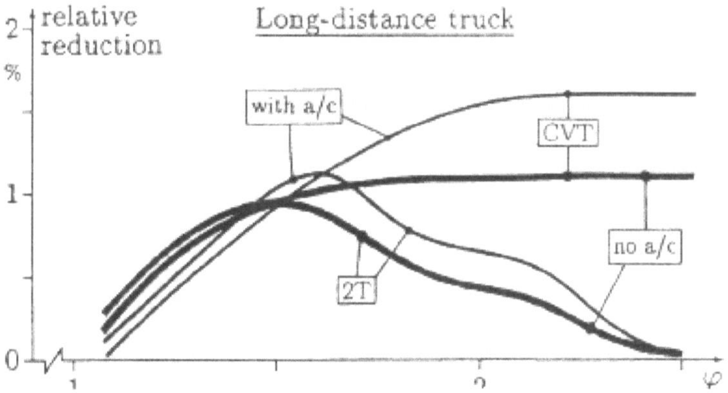

Bild 4.126: Einsparpotenzial beim LKW, [35]

Es erscheint auf den ersten Blick verwirrend, dass der Betrieb mit Klima-anlage ein größeres Einsparpotenzial bietet als der Betrieb ohne Klima-anlage. Bild 4.121 zeigt hier aber die Relation auf. Da der Klima-kompressor durch das Zwischengetriebe über einen weiten Motor-drehzahlbereich mit einer konstant niedrigen Drehzahl $\omega_{a,\,dr} = \omega_0$ (im Falle des CVT) betrieben wird, resultiert daraus zwangsläufig auch eine signifikant niedrigere Leistungsaufnahme des Kompressors. Die ein-gesparte Antriebsleistung führt direkt zu einer Verbesserung im Kraftstoff-verbrauch. Das Einsparpotenzial fällt für das CVT höher aus als für das 2-stufige Getriebe, die Gründe hierfür liegen in der Drehzahlspreizung. Während der Linienbus/Reisebus ein entsprechendes Potenzial zeigt, fällt die mögliche Einsparung beim LKW deutlich niedriger aus. Auch dieser Sachverhalt erklärt sich aus Bild 4.121. Die beiden Busse zeigen große Unterschiede im Vergleich Klimaanlage an/aus, woraus ein ent-sprechend großes Einsparpotenzial bei Verwendung eines Zusatz-getriebes resultiert. Anders beim LKW, hier liegen die Werte grund-sätzlich niedriger und auch die Änderungen im Wechsel Klimaanlage an/aus fallen deshalb geringer aus. Daraus folgt das geringere Potenzial des LKW bei der Verbrauchseinsparung. Das Optimum des 2-stufigen Getriebes liegt erwartungsgemäß im Schaltpunkt der beiden Stufen. Vor und nach dem Umschaltpunkt liegt das Drehzahlniveau deutlich über dem Schaltpunkt (und ebenfalls deutlich über dem CVT), weshalb das Einsparpotenzial geringer ausfällt.

Ferner ist festzuhalten, dass die geringeren Verbrauchseinsparungen des CVT bei niedrigen Spreizungen aus einem schlechteren Wirkungsgrad des CVT´s in diesem Bereich resultiert. Nicht unerwähnt bleiben soll das zusätzliche Gewicht, welches für das 2-stufige Getriebe mit 10 kg und für das CVT mit 20 kg zu berücksichtigen ist. Durch den Einsatz eines solchen Zwischengetriebes lassen sich im **NFZ–Sektor** realistische **Verbrauchseinsparungen** in der Größenordnung von **2%-7%** erreichen, bezogen auf den **Gesamtverbrauch**. Es sei angemerkt, dass die Klimaanlage kein Dauerverbraucher ist. Auch hier gilt, dass die Nutzungshäufigkeit im Jahresmittel berücksichtigt werden muss. Die tatsächlich erzielbaren Einsparungen dürften somit zwischen den Kurvenverläufen (= Klima an/aus) liegen. Ausgehend von einer **durchschnittlichen Einsparung** von **4%** ergibt sich ein möglicher **Verbrauchsvorteil** von **1,2 Liter/100km**, gemessen am Gesamtverbrauch.

Ali et al. [1] haben in ihrer Patentschrift einen Variotrieb vorgestellt, der eine kontinuierliche Verstellung auf konstante Ausgangsdrehzahlen ermöglicht. Das Zwischengetriebe bietet somit eine freie Drehzahlabstufung auf ein angeflanschtes Nebenaggregat als Direktantrieb sowie über den Keilrippenriemen einen indirekten Antrieb der übrigen Nebenaggregate im Verbund. Die Drehzahlen der jeweiligen Nebenaggregate ergeben sich dann aus dem Verhältnis der Riemenscheibendurchmesser (Zwischengetriebe $\Rightarrow$ Nebenaggregat) und liegen ebenfalls auf einem bedarfsorientierten Niveau. Daraus folgt eine deutliche Reduzierung der Antriebsleistung aller Nebenaggregate. Die Drehzahlregelung des Zwischengetriebes erfolgt elektronisch. Bild 4.127 zeigt eine mögliche Variante.

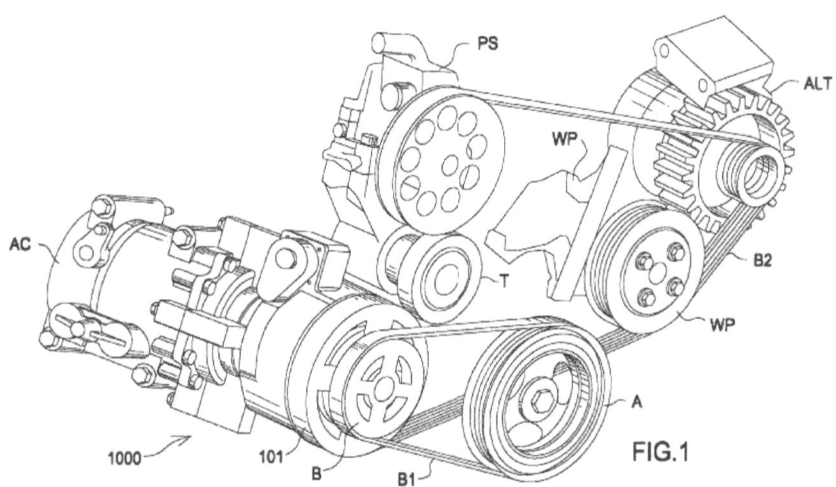

Bild 4.127: Variotrieb, [1], A = Primärantrieb), B = Antrieb Zwischengetriebe (1000), 101 = Abtrieb Zwischengetriebe mit n = konstant auf Riemen B2

Bezüglich der detaillierten Funktion des Zwischengetriebes sei auf die Patentschrift verwiesen.

Das folgende Bild 4.128 zeigt jeweils das konstante Drehzahlniveau der unterschiedlichen Nebenaggregate bei variierender Motordrehzahl innerhalb eines aufgenommen Fahrprofils.

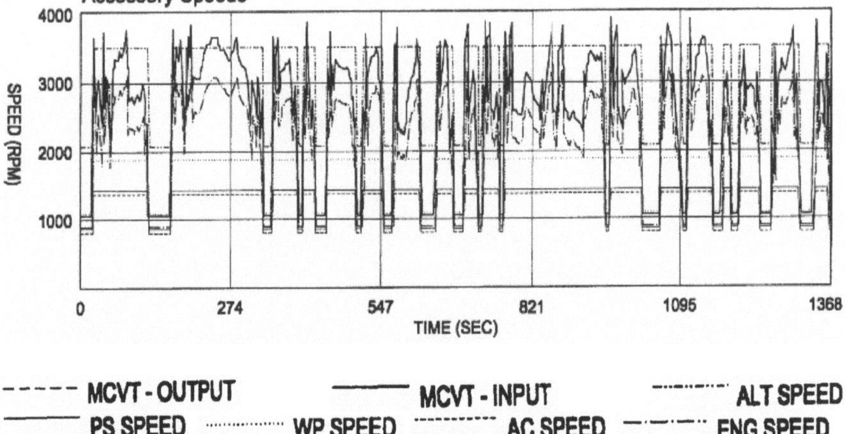

Bild 4.128: Konstante Drehzahlen der Nebenaggregate in einem Fahrprofil, bei dem die Motordrehzahl mit den Gangwechseln variiert.
MCVT = Zwischengetriebe, PS = Hydraulische Lenkung, WP = Drehzahl der Wasserpumpe (Kühlmittelpumpe), AC = Drehzahl des Klimakompressors, Eng = Motordrehzahl, Alt = Generatordrehzahl [1]

Um die Verbrauchseinsparungen auch quantitativ erfassen zu können, wurden von Ali Fahrversuche im NEFZ unternommen. Als Versuchsfahrzeug diente ein Ford Focus mit 2,0 Liter Ottomotor und 5-Gang Schaltgetriebe. Das Versuchsfahrzeug entspricht damit im wesentlichen dem Standard-Benziner aus Kapitel 4.1. Die nachfolgenden Tabellen 4.20 und 4.21 zeigen die Ergebnisse für drei unterschiedliche Wirkungsgrade des Zwischengetriebes.

	Wirkungs-grad Zwischen-getriebe 100%	Wirkungs-grad Zwischen-getriebe 95%	Wirkungs-grad Zwischen-getriebe 90%	Wirkungs-grad Zwischen-getriebe 85%
Serienzustand	8,58 l/100 km	8,58 l/100 km	8,58 l/100 km	8,58 l/100 km
Konstantdrehzahl Zwischengetriebe 850 1/min	7,54 l/100 km	7,61 l/100 km	7,71 l/100 km	7,81 l/100 km
Konstantdrehzahl Zwischengetriebe 2000 1/min	8,22 l/100 km	8,25 l/100 km	8,37 l/100 km	8,52 l/100 km

Tabelle 4.20: Mögliche Verbrauchseinsparungen im NEFZ bei unterschiedlichen Wirkungsgraden des Zwischengetriebes, [1]

	Wirkungs-grad Zwischen-getriebe 100%	Wirkungs-grad Zwischen-getriebe 95%	Wirkungs-grad Zwischen-getriebe 90%	Wirkungs-grad Zwischen-getriebe 85%
Serienzustand	/	/	/	/
Konstantdrehzahl Zwischengetriebe 850 1/min	-12,12%	-11,30%	-10,10%	-9%
Konstantdrehzahl Zwischengetriebe 2000 1/min	-4,20%	-3,85%	-2,45%	-0,70%

Tabelle 4.21: Mögliche Verbrauchseinsparungen aus Tabelle 4.20 in Prozent, [1]

Der Generator wurde in beiden Messreihen mit einer konstanten Drehzahl von 5000 1/min betrieben, entsprechend dem bestmöglichen Generatorwirkungsgrad. Zu diesem Zweck musste zwischen den Messungen die Riemenscheibe umgebaut werden. Der mit 100% angegebene Wert des Zwischengetriebes ist eine rein theoretische Größe und gilt als Bezug bzw. zeigt das Grenzpotenzial auf. Die Autoren geben an, dass für eine Serienproduktion des Zwischengetriebes ein Wirkungsgrad von 90% als realistisch anzusehen ist. Somit ergibt sich aus Tabelle 4.20 eine mögliche **Einsparung** zwischen **0,21 l/100km** (2,45%) bis **0,87 l/100 km** (10,1%) im **NEFZ**. Aufgrund fehlender Referenzen bezüglich möglicher Kosten für ein solchen Getriebes, werden die Kosten auf €200,- geschätzt.

Fazit: Mit dem stufenlosen bzw. dem 2-stufigen Hochtrieb besteht die Möglichkeit, alle Nebenaggregate im Verbund über einen einzigen Wirkmechanismus optimiert zu betreiben. Der gemeinsame Antrieb lässt jedoch nur Kompromisslösungen zu, allerdings ergeben sich über entsprechende Abstufungen der Riemenscheibendurchmesser zusätzliche Freiheitsgrade. Anhand verschiedener Versuchsreihen könnte gezeigt werden, dass **Verbrauchseinsparungen** von **2,5-10% im NEFZ (PKW-Bereich)** sowie zwischen **2-7% im NFZ-Bereich** möglich sind.

4.9 Zusammenfassung

Das sehr umfangreiche Kapitel zur Optimierung ausgewählter Nebenaggregate hat Möglichkeiten aufgezeigt, die nachhaltig zu einer Senkung des anteiligen Kraftstoffverbrauchs sowie zu einer Reduzierung des CO_2-Ausstoßes beitragen können.

Im Einzelnen:

⇒ ***Motorkühlung***
• Durch die Einführung eines intelligenten Thermomanagements, bestehend aus
→ einer elektrisch angetriebenen Kühlmittelpumpe
→ einem elektronisch geregelten Kennfeldthermostat
→ einem drehzahlgeregelten Lüfter
→sowie einer in das Motor-Management eingebundenen Regelarchitektur, lassen sich **Kraftstoffeinsparungen** bis zu **5%** im **NEFZ** erzielen.

• Die Anwendung einer elektromagnetischen, resp. einer magnetorheologischen Kupplung ermöglicht weiterhin den Einsatz einer konventionellen Kühlmittelpumpe. Der prognostizierte **Verbrauchsvorteil** liegt
bei **0,5-1%** für die elektromagnetische Kupplung im NFZ–Sektor sowie
zwischen **2-3%** im **NEFZ** für die **MRF-Kupplung** im PKW–Sektor. Die
über einen Reibradaktuator zu– und abschaltbare Kühlmittelpumpe verspricht eine Reduzierung des **Kraftstoffverbrauchs** von **1%** im **NEFZ**.
• Strategien zur Verbrauchssenkung durch eine bedarfsorientierte
Regelung des Viskolüfters finden ausschließlich im Nutzfahrzeugsektor
Anwendung. Das mögliche **Einsparpotenzial** liegt hier bei ca. **1%**, bezogen auf den **Gesamtverbrauch**.

⇒ *Fahrzeugklimatisierung*

Die Forderung einer ganzheitlichen Betrachtung der Klimaanlage zur
Reduzierung der Kompressorantriebsleistung wurde im Abschnitt
Optimierung konsequent verfolgt, mit den nachfolgenden Einzel-
ergebnissen:
• Eine externe Regelung der Verdampfertemperatur des variablen
Kompressors ermöglicht eine Reduzierung der **Kompressor-
antriebsleistung** von **25%**, resp. **Kraftstoffeinsparungen** bis ca. **22%**
im Jahresmittel.
• Verbesserungen im Kältekreislauf, beispielsweise durch Verwendung
eines inneren Wärmeübertragers, einer Verringerung des Druckverlustes
in der Saugleistung, etc. versprechen eine Reduzierung der
Kompressorantriebsleistung von ca. **25%**.
• Die Enthalpie-Regelung bietet eine weitere Möglichkeit zur
Verringerung der Antriebsleistung. Über eine Mischungsregelung von
energiearmer Innen (= Umluft) sowie energiereicher Außenluft lässt sich
in Abhängigkeit der äußeren Bedingungen sowie des Drehzahl/Last-
zustandes des Verbrennungsmotors ein optimaler Arbeitspunkt einstellen. Daraus folgt, dass vom Kompressor der Klimaanlage weniger
Kältemittel mit einen geringeren Druckverhältnis gefördert werden muss.
Je nach Anwendungsfall lassen sich Einsparungen der **Kompressorantriebsleistung** bis zu **28%** erzielen.
• Mit dem Riemenscheibengetriebe wird eine interessante Alternative
geboten, ein beliebiges Nebenaggregat bedarfsgerecht anzutreiben. Das
Getriebe wird als Planetenradsatz ausgeführt und direkt in die Riemenscheibe integriert. **Verbrauchseinsparungen** im simulierten **NEFZ** von
bis zu **0,45 Liter/100 km** im Klimaanlagenbetrieb konnten anhand von
Simulationsrechnungen ermittelt werden.

- Die bedarfsgerechte Spannungsregelung des Kondensatorlüfters im Klimaanlagenbetrieb auf einen optimalen Arbeitspunkt bietet eine weitere Möglichkeit, den Verbrauchsanteil der Kälteanlage zu reduzieren. Über eine geeignete Reglerstruktur lässt sich die Leistungsaufnahme um ca. **100 W** im Jahresmittel verringern.

Die zum Teil signifikant hohen Werte möglicher Einsparungen sind immer vor dem Hintergrund zu betrachten, dass die Klimaanlage ein saisonaler Verbraucher und kein Dauerverbraucher ist. Die maximalen Einsparungen bei Anwendung aller oder wenigstens einzelner Maßnahmen sind immer dann zu erwarten, wenn durch den Betrieb der Klimaanlage in den heißen Sommermonaten auch der eigentliche Mehrverbrauch erzeugt wird. Eine objektive und wissenschaftliche Betrachtung setzt aber den einsatzbedingten Verbrauch im Jahresmittel voraus. Dieser ist deutlich geringer und damit fallen auch die möglichen Einsparungen deutlich geringer aus.

⇒ *Lenkungssysteme*

Der Fokus möglicher Optimierungen im Lenkungsbereich liegt darauf, den Energieverbrauch der Lenkung im **nicht gelenkten** Zustand zu reduzieren.

- Ein weiteres Optimierungspotenzial erschließt sich dadurch, bestehende EHPS/EPS-Systeme auch in solche Fahrzeugsegmente zu verbauen, die aufgrund hoher Achslasten auf der Vorderachse und der daraus resultierenden hohen elektrischen Bedarfsleistung bis dato nicht dafür in Frage kamen (Oberklasse, SUV, NFZ). Im PKW-Sektor lassen sich durch den Einsatz einer EHPS/EPS bis zu **0,30 l/100 km** im **NEFZ** einsparen.

- Ferner besteht mit der volumenstromgeregelten Hydraulikpumpe („Varioserv") eine Möglichkeit, den **Verbrauchsanteil** konventioneller Hydrauliklenkungen um bis zu **0,2 l/100 km** im **NEFZ** zu reduzieren.

- Durch die Anwendung des Riemenscheibengetriebes lässt sich –in Verbindung mit einer konventionellen, verlustgeregelten Hydraulikpumpe– der anteilige **Verbrauch** um **75%** im **NEFZ** reduzieren. Das in die Riemenscheibe integrierte Planetengetriebe erlaubt den Einsatz einer kleineren Pumpe. Aus dem reduzierten Volumenstrom sowie dem reduzierten Druckverlust resultieren eine geringere Antriebsleistung und damit ein Verbrauchsvorteil.

- Die vorgestellte Variante einer Lenkung nach dem Closed Center System bietet insbesondere für den Sektor der schweren NFZ Verbrauchsvorteile.

Hierfür sind jedoch geeignete Akkumulatoren und Ventiltechniken erforderlich. Nachteilig ist das voraussichtlich sehr hohe Investment.

• Eine weitere Möglichkeit ergibt sich durch ein „Downsizing" der hydraulischen Lenkung, indem die Leistung der Primärpumpe nur für den Bereich geringer Lenkleistung ausgelegt und damit deutlich reduziert wird. Eine höhere Bedarfsleistung beim Parkieren oder Rangieren wird mit einem Zusatzsystem (= Add–on) in Form einer elektrischen Zusatzpumpe abgedeckt. Ein durchgerechnetes Beispiel zeigt hier einen Verbrauchsvorteil von bis zu **0,58 l/100 km** im **NEFZ**. Der Einsatz solcher Add–on Systeme befindet sich derzeit im Experimentierstatus, ferner ist die Kostenfrage zu klären.

⇒ *Generator*

• Spezifische Änderungen am Generator durch die Anwendung moderner Technologien wie beispielsweise MOSFET´s, die Erhöhung der Füllung in den Kupferwicklungen sowie die Einführung von Permanentmagneten lassen eine **Verbesserung** des **Generatorwirkungsgrades** von **25 %** erwarten. Dies entspricht einer Reduzierung der elektrischen Bedarfsleistung von ca. 375 W bzw. einer **Verbrauchseinsparung** von **0,375 Liter/100 km**, gemessen am Gesamtverbrauch.

• Die Einführung eines Energiemanagementsystems erfordert keine Änderungen am Generator, jedoch müssen für einen wirkungsgradoptimierten Betrieb intelligente Reglerstrukturen implementiert werden. Basierend auf Zustandsdaten entscheidet ein Regelalgorithmus dann über rekuperativen Betrieb im Schub (= Generator speist das Bordnetz), anteilige Stromerzeugung im Teillastbereich durch den Generator oder Entregung des Generators bei Volllast (= Bordnetz wird aus der Batterie gespeist). Der mögliche **Verbrauchsvorteil** wird mit ca. **3%** im **NEFZ** angegeben.

⇒ *Sonstige Nebenaggregate*

• *Lüfter:* Im PKW-Sektor wird der Elektrolüfter im Rahmen von Optimierungsmaßnahmen durch das intelligente Thermomanagement abgedeckt. Im NFZ-Bereich sind durch die Einführung einer elektronischen Regelung des Viskolüfters **Kraftstoffeinsparungen** in der Größenordnung von **1%** am **Gesamtverbrauch** zu erwarten.
Da für NFZ kein Zyklus zur Verbrauchsermittlung vorgeschrieben wird, lassen sich die absoluten Einsparungen in Liter/100 km nur schätzen.

Legt man einen Lastzug mit einem zulässigen Gesamtgewicht von 40 Tonnen und einem Durchschnittsverbrauch von 30 Liter/100 km zu Grunde, so ergibt sich dadurch ein mögliches **Einsparpotenzial** von **0,3 Liter/100 km.**

- ***Vakuumpumpe:*** Die Vakuumpumpe zeigt kein signifikantes Einsparpotenzial. Die erwarteten Zusatzkosten von €35,- stehen in keinem Verhältnis zum Nutzen.

- ***Nebenaggregate im Verbund:*** Durch den Einsatz eines 2-stufigen bzw. eines stufenlosen Getriebes sind im PKW-Bereich **Kraftstoffeinsparungen** von bis zu **10%** im **NEFZ** möglich. Im NFZ-Bereich ergibt sich ein **Einsparpotenzial** von bis zu **4%** am **Gesamtverbrauch**, entsprechend einer Reduzierung von bis zu **1,2 Liter/100 km.**

- ***Luftpresser (reine NFZ–Anwendung):*** Durch die Einführung eines Umluftsystems ergibt sich ein Optimierungspotenzial hinsichtlich einer Reduzierung der Schleppleistung im unbelasteten Zustand. Ein durchgerechnetes Beispiel zeigt mögliche **Einsparungen** von ca. **0,5 Liter/100 km.**

In der nachfolgenden Tabelle 4.22 wird für den PKW-Sektor das erreichbare **Einsparpotenzial** im **NEFZ** in **Liter/100 km** bzw. in **Prozent** sowie in **Gramm CO_2/km** übersichtlich dargestellt. In der letzten Spalte der Tabelle sind die ermittelten Kosten aufgetragen. Für die in **Liter/100 km** angegeben **Verbrauchsvorteile** erfolgte die Berechnung der CO_2–Anteile über den Zusammenhang aus Bild 3.1. Für die **prozentual** angegebenen **Einsparpotenziale** diente der **Standard-Benziner** mit einem **Durchschnittsverbrauch** von **7,7 Liter/100 km** und einem CO_2–**Ausstoß von 183 g /km** sowie der **Standard-Diesel** mit einem **Durchschnittsverbrauchs** von **5,4 Liter/100 km** und eine CO_2–**Ausstoß** von **143 g/km** aus Kapitel 4.1 als entsprechender Maßstab.

PKW	Mögliches Einsparpotenzial am Gesamtverbrauch bzw. im NEFZ	Mögliches Einsparpotenzial am Gesamtverbrauch bzw. im NEFZ in Gramm CO_2/km	Kostenaufwand je Fahrzeug
a.) Generator (bauteilspezifische Maßnahmen)	0,375 Liter/100 km	8,9 (Otto) / 9,9 (Diesel)	€ 40,-
b.) Energiemanagement	3%	5,4 (Otto) / 4,3 (Diesel)	€ 5,-
c.) Klimaanlage	0,16 Liter/100 km	3,8 (Otto) / 4,2 (Diesel)	€ 60,-
d.) Lenkungssysteme (Varioserv)	0,20 Liter/100 km	4,7 (Otto) / 5,3 (Diesel)	€ 100,-
e.) Lenkungssysteme (Wechsel von P/S zu EHPS/EPS)	0,30 Liter/100 km	7,1 (Otto) / 8,0 (Diesel)	€ 120,-
f.) Elektrische Kühlmittelpumpe (Thermomanagement)	5%	9,1 (Otto) / 7,2 (Diesel)	€ 50,- bis 80,-
g.) Mechanische Kühlmittelpumpe (MRF-Kupplung)	3%	5,4 (Otto) / 4,3 (Diesel)	€ 35,-
h.) Mechanische Kühlmittelpumpe (Reibradaktuator)	1%	1,8 (Otto) / 1,4 (Diesel)	€ 20,-
i.) Nebenaggregate im Verbund	10%	18,2 (Otto) / 14,3 (Diesel)	€ 200,-
j.) Vakuumpumpe	vernachlässigbar	/	€ 35,-

Tabelle 4.22: Einsparpotentiale durch Optimierungsmaßnahmen im PKW Sektor.

Tabelle 4.23 zeigt eine Zusammenstellung der möglichen Verbrauchsvorteile für den NFZ-Bereich.

LKW	Mögliches Einsparpotenzial am Gesamtverbrauch	Mögliches Einsparpotenzial am Gesamtverbrauch in Gramm CO_2/km	Kostenaufwand je Fahrzeug
Lenkung (EHPS, leichte NFZ)	0,20 Liter/100 km	5,3 (Diesel)	€ 150,-
Lenkung (Closed Center)	0,30 Liter/100 km	8,0 (Diesel)	€ 400,-
Lenkung (Open Center + EHPS)	0,30 Liter/100 km	8,0 (Diesel)	€ 200,-
Kühlmittelpumpenantrieb	0,30 Liter/100 km	8,0 (Diesel)	€ 280,-
Lüfter	0,30 Liter/100 km	8,0 (Diesel)	k.A.
Luftpresser	0,50 Liter/100km	13,3 (Diesel)	k.A.
Nebenaggregate im Verbund	1,20 Liter/100km	31,8 (Diesel)	k.A.

Tabelle 4.23: Einsparpotentiale durch Optimierungsmaßnahmen im NFZ-Sektor.

5 Sinnvolle Kombination von Optimierungsmaßnahmen

Aus der Vielzahl der recherchierten Optimierungsmaßnahmen soll nunmehr der Versuch unternommen werden, durch eine sinnvolle Kombination von Einzelmaßnahmen das bestmögliche Einsparpotenzial zu erzielen.

Bild 5.1 zeigt exemplarisch das Einsparpotenzial, welches sich allein durch Optimierungen am Kühlsystem des Ottomotors erzielen lässt. Berechnungsgrundlage sind die Einsparungen in Gramm CO_2/km der jeweiligen Einzelmaßnahmen, wie sie sich aus Tabelle 4.22 ergeben. Die Kalkulation sieht folgende Randbedingungen vor:

- Jahreslaufleistung 15,000 km.
- Durchschnittliche Kraftstoffkosten: € 1,40 (Otto); € 1,30 (Diesel)
- Zeitraum: 3 Jahre.

*Beispielrechnung für Bild 5.1, bezogen auf den **Standard–Benziner** aus Kapitel 4.1:*
Die elektrische Kühlmittelpumpe bietet in Verbindung mit einem intelligenten Thermomanagement ein mögliches Einsparpotenzial von 5% im NEFZ. Aus Tabelle 4.22 resultiert daraus ein Wert von 9,1 g CO_2/km, resp. 0,385 Liter/100 km. Aus dieser Einzelmaßnahme folgt ein absoluter Wert für den CO_2–Ausstoß von 173,9 CO_2/km. Eine Einsparung von 0,385 Liter/100 km ergibt bei der o.g. Jahreslaufleistung eine absolute Einsparung von 57,75 Liter bzw. € 80,85/Jahr. Bezogen auf einen Zeitraum von 3 Jahren resultiert daraus eine kumulierte Einsparung von ca. €240,- Der Kosteneinsatz für die elektrische Kühlmittelpumpe (inkl. Thermomanagement) wird mit max. € 80,- angenommen.

Mit Bild 5.2. sowie Bild 5.3 werden einige **Maßnahmenkombinationen** aus der Tabelle 4.22 grafisch dargestellt, die ein entsprechendes Einsparpotenzial zeigen.

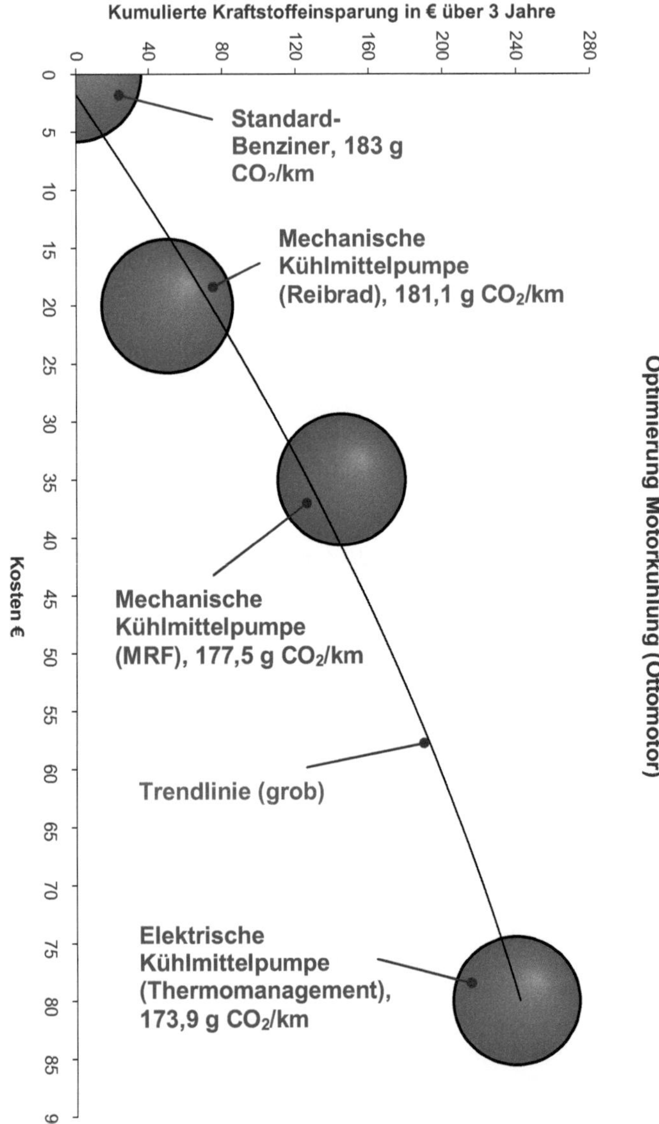

Bild 5.1: Kostenaufwand und Einsparpotenzial bei Anwendung ver-schiedener Maßnahmen am Kühlkreislauf eines Ottomotors.

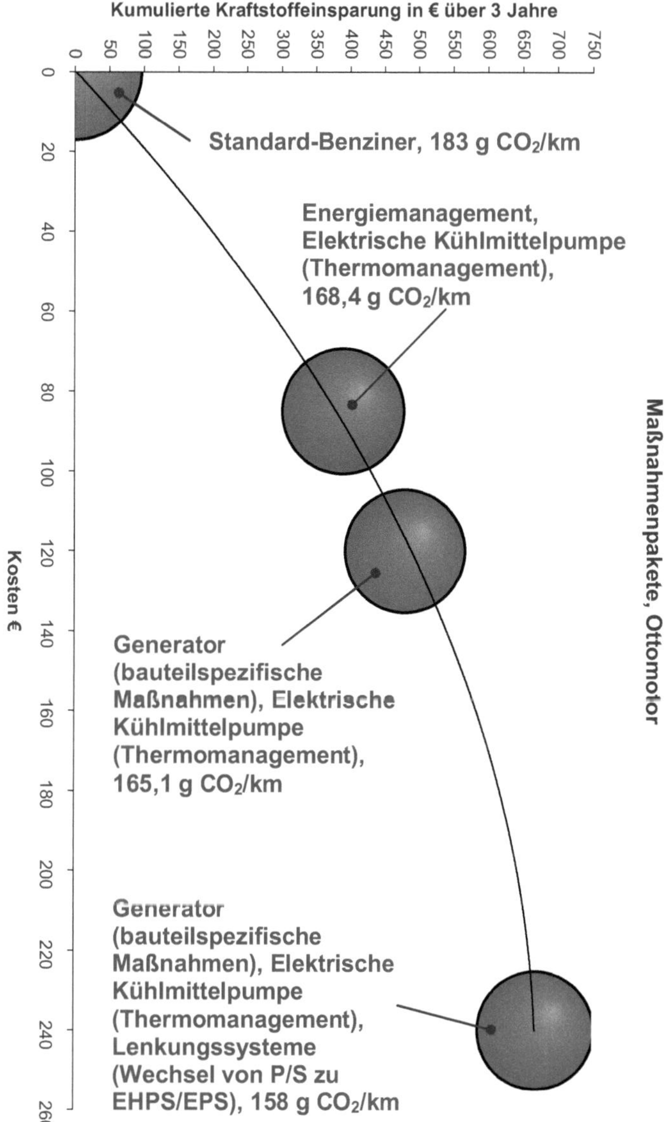

Bild 5.2: Kostenaufwand und Einsparpotenzial bei Anwendung verschiedener Maßnahmenpakete (Ottomotor)

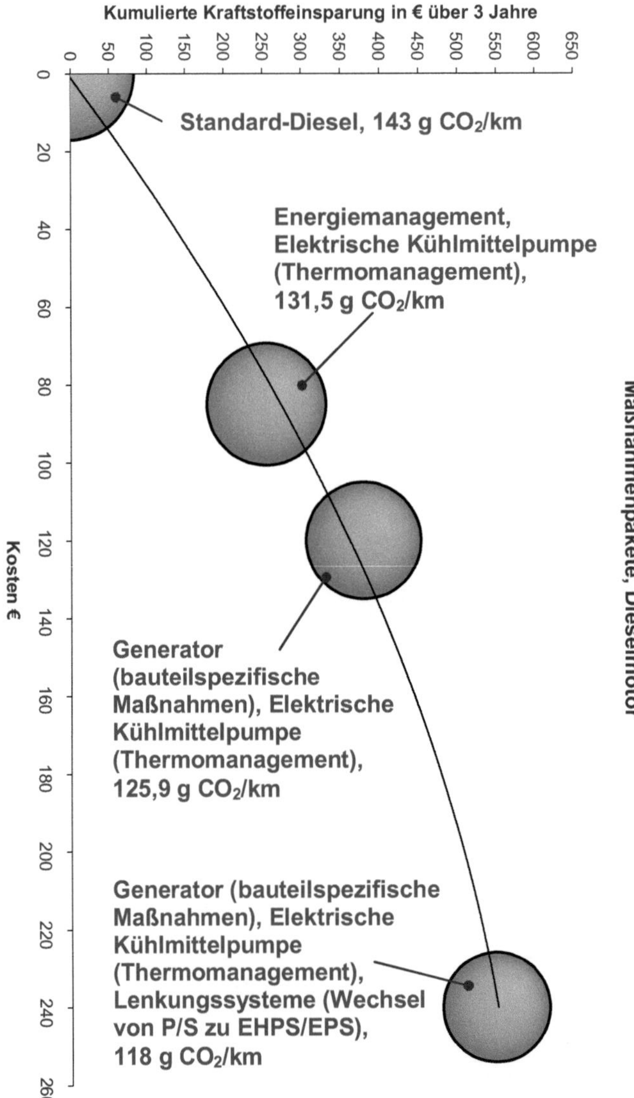

Bild 5.3: Kostenaufwand und Einsparpotenzial bei Anwendung verschiedener Maßnahmenpakete, analog zu Bild 5.2 (jedoch anwendet auf einen Dieselmotor).

Aus den Diagrammen wird ersichtlich, dass sich der Kostenaufwand im betrachteten Zeitraum von 3 Jahren in jedem Fall amortisiert.

Bild 5.4 zeigt abschließend die sinnvolle Kombination aller Maßnahmen aus Tabelle 4.22 im direkten Vergleich Otto vs. Diesel. Tabelle 5.1 enthält die dafür benötigte Datenbasis.

Sinnvolle Kombination aller Maßnahmen aus Tabelle 4.22	Otto [g CO_2/km]	Diesel [g CO_2/km]	Kosten [€]	Kraftstoffeinsparung (Otto) [€]	Kraftstoffeinsparung (Diesel) [€]
Ausgangszustand	183	143	0	0	0
a.) +b.) +c.) +e.) +f.)	148,7	109,5	305	915	740
a.) +b.) +c.) +d.) +f.)	151,1	112,1	285	850	680
a.) +b.) +c.)+ d.) +g.)	154,7	115	240	755	620
a.) +b.) +c.) + i.)	146,7	110,3	305	970	720
a.) +b.) +c.) +e.) +i.)	139,6	102,4	425	1150	900

Tabelle 5.1: Datenbasis zur Ermittlung des Einsparpotenzials sinnvoller Maßnahmenpakete.

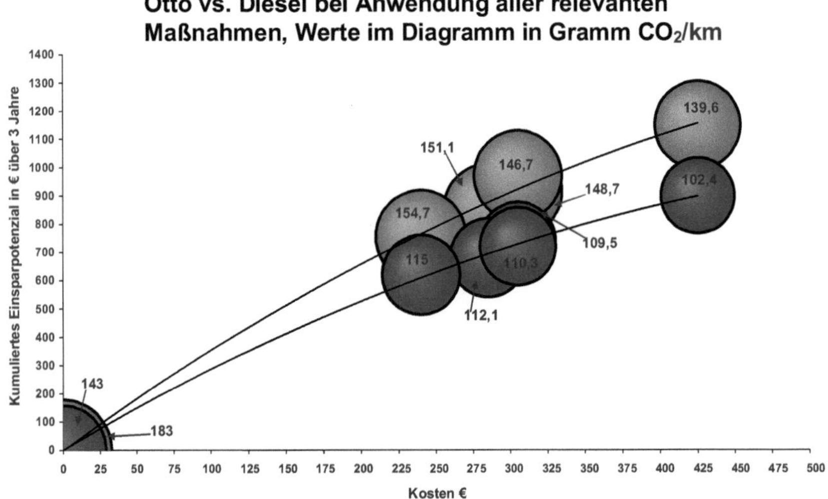

Bild 5.4: Kostenaufwand und Einsparpotenzial bei einer sinnvollen Kombination aller Maßnahmen für Otto vs. Diesel.

Sämtliche Einsparpotenziale beziehen sich auf den **NEFZ** als repräsentativen Standardzyklus. Davon abweichende Fahrprofile, wie beispielsweise im Kapitel 3.3 genannt, können zu anderen Werten führen. Obwohl es sich beim NEFZ um einen reinen Prüfstandszyklus handelt, sprechen dennoch einige Aspekte für einen kundennahen Zyklus:

⇒ *Motorkühlung*: Da der NEFZ die Kaltstartphase berücksichtigt, eignet sich der Zyklus ausgesprochen gut zur Ermittlung des Einsparpotenzials in Verbindung mit einem intelligenten Thermomanagement.
Die schnellere Erwärmung des Kühlmittels und die sich daraus ergebenden Vorteile des Verbrennungsmotors hinsichtlich geringerer Kondensationsverluste (= weniger Anfettung) sowie einer Abnahme des Reibmitteldrucks durch schnelle Erwärmung des Motoröls sind komplett über den NEFZ abgedeckt.

⇒ *Klimaanlage:* Die NEFZ–Prüfstandsmessung sieht explizit keinen Betrieb der Klimaanlage vor, was zwischenzeitlich zunehmend kritisiert wird.

In Nordamerika hingegen wurden zwischen 2001 und 2004 neue Test-zyklen eingeführt, von denen der sog. SC03 Zyklus den Betrieb mit eingeschalteter Klimaanlage berücksichtigt. Hierbei wird das Fahrzeug bei einer Außentemperatur von 35°C und einer relativen Luftfeuchtigkeit von 40% über 5,76 km mit einer Durchschnittsgeschwindigkeit von 34,9 km/h gefahren und dabei der Kraftstoffverbrauch ermittelt. Es ist also nur eine Frage der Zeit, bis der Betrieb der Klimaanlage als Bestandteil in den NEFZ mit einfließt. Somit macht es auch Sinn, das Optimierungs-potenzial der Klimaanlage auf den NEFZ zu beziehen.

$\Rightarrow$ ***Lenkung:*** Der Prüfzyklus im NEFZ erfolgt auf dem Prüfstand ohne Lenkungsbetätigung. Unter Bezugnahme auf Bild 3.29 sowie Tabelle 3.8 lässt sich festhalten, dass der Bereich des nicht gelenkten Zustands im praktischen Fahrbetrieb größer 95% ist. Wie die Recherche ergeben hat, erschließt sich das größte Einsparpotential bei Lenkungssystemen in der Minimierung des Energieverbrauchs im nicht gelenkten Zustand. Somit liegt der praktische Fahrbetrieb sehr nah am NEFZ.

Aufgrund fehlender Daten hinsichtlich möglicher Kosten zur Modifizierung des Luftpressers sowie des Lüfters im **NFZ–Sektor**, wurde auf eine grafische Darstellung der Maßnahmen verzichtet.

6 Schlussfolgerung und Ausblick

Die vorliegende Arbeit hatte zum Ziel, für die gängigen „äußeren" Nebenaggregate eines Verbrennungsmotors Optimierungsmaßnahmen zur weiteren Reduzierung der CO_2 Emissionen aufzuzeigen.

Im Zuge einer umfangreichen Literatur und Patentrecherche musste dazu der gegenwärtige ***Stand der Technik*** zusammengetragen und erörtert werden.

Hierbei zeigte sich, dass im *PKW–Sektor:*

• der anteilige Verbrauch des **Generators** mit durchschnittlich **1 Liter/100 km,**
• der Verbrauchsanteil der **Klimaanlage** mit ca. **0,62 Liter/100 km,**
• sowie der anteilige Verbrauch des hydraulischen **Lenkungssystems** mit durchschnittlich **0,35 Liter/100 km**

einen **Gesamtanteil** von ca. **2 Liter/100 km** im **NEFZ** und damit den größten Einfluss aller „äußeren" Nebenaggregate auf den Kraftstoffverbrauch, resp. auf den CO_2–Ausstoß haben. Dagegen zeigte sich für die Aggregate **Kühlmittelpumpe, Lüfter** sowie **Vakuumpumpe** mit einem **Gesamtanteil** von **0,2 Liter/100 km** ein nahezu vernachlässigbarer Einfluss auf den Verbrauch.

NFZ–Sektor:
Als zusätzliches Nebenaggregat ist für den NFZ–Sektor der **Luftpresser** zu nennen, der aufgrund seiner Schleppleistung im unbelasteten Zustand einen Anteil am Kraftstoffverbrauch trägt. Der Anteil konnte jedoch nur geschätzt werden und beläuft sich auf ca. **2%,** bezogen auf den **Gesamtverbrauch.** Im Unterschied zum PKW fällt der Anteil des **Lüfters** am Gesamtverbrauch eines NFZ mit bis zu bis **6%** hoch aus.

Im Kapitel zur ***Optimierung*** ausgewählter Nebenaggregate wurden Maßnahmen aufgezeigt, die zur Verringerung des Kraftstoffverbrauchs bzw. zur Reduzierung des CO_2–Ausstoßes beitragen können, ohne hierbei Nachteile hinsichtlich Sicherheit und Komfort hinnehmen zu müssen.

Dabei wurde deutlich, dass

- eine Optimierung des *Kühlsystems* nur in Verbindung mit einem intelligenten Thermomanagement in der Lage ist, einen **Verbrauchsvorteil** von bis zu **5%** im **NEFZ**, entsprechend **0,385 Liter/100 km**, zu erzielen. Die reine Elektrifizierung der Kühlmittelpumpe stellt keine Optimierung dar.
Konstruktive Maßnahmen zur Modifizierung konventioneller Kühlmittelpumpen wurden vorgestellt. Ferner wird auf die Möglichkeit einer elektromagnetischen Kupplung zum Antrieb der Kühlmittelpumpe für den NFZ–Sektor verwiesen, hier zeigt sich ein mögliches **Einsparpotenzial** von ca. **1%**, bezogen auf den **Gesamtverbrauch** des NFZ.
Eine magnetorheologische Kupplung zum Antrieb einer Kühlmittelpumpe im PKW–Bereich verspricht **Einsparungen** von bis zu **3%** im **NEFZ**. Elektronisch angesteuerte Viskokupplungen für den Lüfterantrieb im NFZ–Sektor zeigen ein Potenzial zur **Kraftstoffeinsparung** von **1%**.

- die *Fahrzeugklimatisierung* ganzheitlich gesehen werden muss und die gezielte Optimierung des Klimakompressors sowie weiterer Bauteile im Kältekreislauf **Einsparungen** bei der **Kompressorantriebsleistung** von bis zu **28%** erwarten lassen, mit entsprechenden Verbrauchsvorteilen. Dem gegenüber steht die Einsatzhäufigkeit der Klimaanlage, d.h. der tatsächliche, durch den Klimaanlagenbetrieb erzeugte Verbrauchsanteil im Jahresmittel. Unter wissenschaftlicher Sichtweise relativiert sich der Verbrauch dadurch erheblich und somit auch das mögliche Einsparpotenzial. Bezogen auf den Verbrauchsanteil der Klimaanlage von 0,62 Liter/100 km sind durch Optimierungsmaßnahmen **Einsparungen** von bis zu **0,16 Liter/100 km** im **NEFZ** als realistisch anzusehen.

- *Lenkungssysteme* ein großes Potenzial bei der Reduzierung des Energieverbrauchs im **nicht gelenkten** Zustand zeigen. Eine Möglichkeit zur Einsparung bietet hierbei die Einführung bestehender EHPS/EPS Systeme in Fahrzeugsegmente, die bis dato dafür nicht in Frage kamen (Oberklasse, SUV, NFZ). Im PKW–Bereich ergibt sich dadurch ein nachgewiesener **Verbrauchsvorteil** von **0,30 l/100 km** bis **0,35 l/100 km** im **NEFZ**, was de facto einer Kompensation des anteiligen Verbrauchs einer konventionellen Hydrauliklenkung entspricht. Im NFZ–Sektor hingegen besteht noch Forschungsbedarf. Jedoch lässt sich festhalten, dass EHPS Systeme in **leichten NFZ bis 3,5 Tonnen** eine **Reduzierung** des Gesamtverbrauchs von **0,2 Liter/100 km** ermöglichen.

Für Hydrauliklenkungen konventioneller Bauart im PKW-Bereich bieten volumenstromgeregelte Servopumpen **Einsparungen** bis zu **0,2 l/100 km** im **NEFZ**, verglichen mit der verlustgeregelten Hydrauliklenkung. Durch ein in die Riemenscheibe integriertes Planetengetriebe lässt sich der anteilige **Verbrauch** der verlustgeregelten Hydraulikpumpe um **75%** im **NEFZ** reduzieren. Die Drehzahlspreizung durch das Getriebe erlaubt die Anwendung einer kleineren Pumpe. Aus dem reduzierten Fördervolumen einerseits sowie dem geringeren Druckverlust andererseits resultiert eine geringere Antriebsleistung. Ein „Downsizing" der hydraulischen Lenkung ergibt zusätzliche Einsparmöglichkeiten durch eine Primärpumpe mit reduzierter Leistungsaufnahme für den oberen Drehzahlbereich sowie einer elektrischen Zusatzeinheit (= Add–on) für lenkungsintensive Zyklen. Ein berechneter Verbrauchsvorteil von bis zu **0,58 l/100 km** im **NEFZ** erscheint realistisch. Hier ist allerdings noch Entwicklungsarbeit erforderlich.

* durch bauteilspezifische Modifikationen am *Generator* Wirkungsgradsteigerungen möglich sind, die eine **Reduzierung** der elektrischen Leistung von 375 W ermöglichen. Dies entspricht einer deutlichen Verbrauchseinsparung von **0,375 Liter/100km**, bezogen auf den hohen Verbrauchsanteil des Generators.

* der *Luftpresser* im NFZ durch den Einsatz eines sog. Umluftsystems eine deutliche Reduzierung der Schleppleistung ermöglicht.
Eine überschlägige Rechnung zeigt mögliche **Einsparungen** von **0,5 Liter/100 km**, bezogen auf den **Gesamtverbrauch**.

* der Antrieb von *Nebenaggregaten im Verbund* ein beachtliches Einsparpotenzial bietet. Der Vorteil besteht darin, den **kompletten** Nebentrieb mit einer variablen oder 2-stufigen Drehzahlübersetzung bedarfsorientiert zu betreiben. In einem ausgeführten Beispiel für den PKW–Bereich konnten **Reduzierungen** im **Kraftstoffverbrauch** bis ca. **10%** im **NEFZ** ermittelt werden. Im NFZ-Bereich zeigten sich **Einsparungen** bis zu **4%**, bezogen auf den **Gesamtverbrauch**.

Abschließend war zu zeigen, welches Einsparpotenzial sich durch eine *sinnvolle Kombination von Einzelmaßnahmen* erschließen lässt. Aus den erarbeiteten Möglichkeiten lassen sich über entsprechende Kombinationen beachtliche Verbrauchseinsparungen erzielen. Hier sei auf die tabellarische sowie die grafische Auswertung in Kapitel 5 verwiesen.

Beispielhaft für eine Kombination ist an dieser Stelle der Ersatz einer Hydrauliklenkung in eine EHPS/EPS in Kombination mit einer elektrischen Kühlmittelpumpe (Thermomanagement) und einem wirkungsgradoptimierten Generator zu nennen. Beim Standard-Benziner sowie beim Standard-Diesel ermöglichen diese Maßnahmen eine **Einsparung** von ca. **1 Liter/100 km** im **NEFZ**.

Eine Kostenbetrachtung wurde nach Möglichkeit für alle Optimierungsmaßnahmen berücksichtigt, sofern die Daten zur Verfügung standen bzw. auf der Basis zusammengetragener Informationen geschätzt werden konnten. Für die Einzelmaßnahmen ergeben sich hier Zusatzkosten im PKW-Bereich von € 5,- bis € 200,- pro Fahrzeug, im NFZ–Bereich sind € 150,- bis € 400,- pro Fahrzeug zu kalkulieren

Entscheidend wird sein, in welchem Umfang Fahrzeughersteller bereit sind, diese Maßnahmen in bestehende bzw. zukünftige Antriebe konventioneller Art zu implementieren.

Diese Arbeit hat sich explizit nur mit konventionellen Aggregaten im „äußeren" Riementrieb beschäftigt. Ölpumpen, Hochdruckpumpen, Nockenwellensteller, etc. waren nicht Gegenstand dieser Recherche. Im Rahmen weiterführender Arbeiten wäre es somit denkbar, auch den Einfluss der „inneren" Nebenaggregate auf den Kraftstoffverbrauch eingehender zu untersuchen.

7 Literaturverzeichnis

[1]   **Ali, I.; Serkh, A.**, *Transmission and Constant Speed Accessory Drive*, Patentanmeldung WO 2005/083305 A1, 2005

[2]   **Anandakumaran, N.; Narayanan, V.; Jebamani, B.**, *Development of an Electrically Operated Vacuum Pump*, SAE-Paper 2001-28-0017, 2001

[3]   **Arndt, M.; Sauer, M.; Wolz, M.**, *Verbrauchssenkung durch verbesserte Klimaanlagen-Regelung*, ATZ (109), 5/2007, Seite 404-410, 2007

[4]   **Aumeyer**, *Technologieentwicklung im Kfz Schwerpunkt CO_2*, Stuttgart, Robert Bosch GmbH, 2007

[5]   **Badawy, A.; Fehlings, D.; Wiertz, A.; Gessat, J.**, *Development of a New Concept of Electrically Powered Hydraulic Steering*, SAE-Paper 2004-01-2070, 2004

[6]   **Balzer, Ehlert, Haslinger, u.a.**, *Kraftfahrzeugtechnik*, 2. Auflage, Neusäß, Kieser-Verlag, 2000

[7]   **Baumgart, R.; Tenberge, P.; Webner, M.; Gebhardt, J.**, *Riemenscheibe mit integriertem Getriebe zur Drehzahlregelung des Klimakompressors*, Wärmemanagement des Kraftfahrzeugs V, Haus der Technik, Renningen, Expert-Verlag, Seite 243-255, 2006

[8]   **Beecham, M.**, *Just auto: Global market review of automotive steering systems–forecast to 2013*, 2007 edition, Bromsgrove, Aroq Limited, 2007

[9]   **Benouali, J.; Clodic, D.; Malvicino, C.**, *Possible Energy Consumption Gains for MAC Systems Using External Control Compressors*, SAE-Paper 2003-01-0732, 2003

[10]   **Bhat, N.; Joshi, S.; Shiozaki, K.; Ogasawara, M.; Yamada, M.; Somu, S.**, *Adaptive Control of an Externally Controlled Engine Cooling Fan-Drive*, SAE-Paper 2006-01-1036, 2006

[11]   **Bischof, H.; Gröter, H. P.; Schenk, R.**, *High Output Alternator Concepts*, SAE-Paper 1999-01-1092, 1999

[12]   **Bolenz, K.; Harms, K.; Richter,**, *Development Trends Of Future Energy Electrical Systems In Passenger Cars*, In Conference Proceedings of Ingenieurs de l`Automobile, April 1998, Seite 62-64, 1998

[13]   **BOSCH**, *Kraftfahrtechnisches Taschenbuch*, 26. Auflage, Wiesbaden, Vieweg-Verlag, 2007

[14]   **Boulouchi, F.; Badawy, A.; Gaut, S. K.**, *The Design and Benefits of Electric Power Steering*, SAE-Paper 973041, 1997

[15]   **Chanfreau, M.; Gessier, B.; Farkh, A.; Geels, P.Y.**, *The Need for an Electrical Water Valve in a THErmal Management Intelligent System (THEMIS^{TM})*, SAE-Paper 2003-01-0274, 2003

[16]   **Christ, T.; Berkan, J.**, *Verfahren und Vorrichtung zur verbrauchsoptimierten Ansteuerung von Nebenaggregaten in Kraftfahrzeugen*, Patentanmeldung DE 103 54 103 A1, 2005

[17]   **Clodic, D., Benouali, J.; Malvicino, C.**, *External and Internal Control Compressors for Mobile Air Conditioning Systems*, Center for Energy Studies, Ecole des Mines de Paris, 2002

[18]   **Deguchi, A.; Fujita, T.; Nomoto, Y.**, *Development of a design method for a high efficiency water pump*, JSAE Review, vol. 21 (2000), Seite 35-39, 2000

[19]   **Denner, V.**, *Beiträge der Elektronik zur Verbrauchsreduzierung im Kraftfahrzeug*, VDI-Berichte, Nr. 2000, Seite 17-28, Düsseldorf, VDI-Verlag, 2007

[20]   **Dyer, G. P.**, *Analysis of Energy Consumption for Various Power Assisted Steering Systems*, SAE-Paper 970379, 1997

[21]   **Ehlers, K.**, *Forum "Bordnetzarchitektur*, VDI-Berichte, Nr. 1287, Seite 203-218, Düsseldorf, VDI-Verlag, 1996

[22]   **Eichsleder, H.; Wimmer, A.**, *Potential of IC-engines as minimum emission propulsion system*, Atmospheric Environment 37, Seite 5227-5236, 2003

[23]   **Eifler, G.**, *Möglichkeiten zur Kraftstoffverbrauchsreduzierung durch intelligentes Nebenaggregate–Management,* Neue Brennverfahren, Haus der Technik, Renningen, Expert-Verlag, 2007

[24]   **Esch, T.; Saupe, T.; Fahl, E.; Koch, F.**, *Verbrauchseinsparung durch bedarfsgerechten Antrieb der Nebenaggregate*, MTZ (55), 7/8 1994, Seite 416-431

[25]   **Fasse, E.; Niethammer, B.; Busch, D.**, *Neue Lenkhilfekonzepte*, VDI-Berichte, Nr. 1287, Seite 871-893, Düsseldorf, VDI-Verlag, 1996

[26]   **Forschungsvereinigung   Verbrennungsmotoren   (FEV)**, *Fremdmotorenanalyse*, 2006

[27]   **Fulton, J.R.L.; Repple, W.O.**, *Kühlmittelpumpe zur Kraftfahrzeugverwendung*, Patentanmeldung DE 697 23 060 T2, 2004

[28]   **Genster, A.; Stephan, W.**, *Immer richtig temperiert, Thermomanagement mit elektrischer Kühlmittelpumpe*, MTZ (65), 11/2004, Seite 882-884, 2004

[29]   **Gerigk, Bruhn, Danner, u.a.**, *Kraftfahrzeugtechnik*, 4. Auflage, Braunschweig, Westermann-Verlag, 2002

[30]   **Gessat, J.**, *Electrically Powered Hydraulic Steering Systems for Light Commercial Vehicles*, SAE-Paper 2007-01-4197, 2007

[31]   **Graf, A.; Köppl, B.**, *CO_2-Reduktion durch bedarfsgerechte Leistungssteuerung*, VDI-Berichte, Nr. 2000, Seite 53-67, Düsseldorf, VDI-Verlag, 2007

[32]   **Gruden, D.**, *Technical Measures To Reduce Carbon Dioxide Emissions On The Road Traffic*, SAE-Paper 2006-01-3005, 2006

[33] **Hackbarth, E. M.; Merhof, W**, *Verbrennungsmotoren: Prozesse, Betriebsverhalten, Abgas*, 1. Auflage, Wiesbaden, Vieweg-Verlag, 1998

[34] **Hager, J.; Gumpoldsberger, T.; Reitbauer, R.; Mühlbach, G.; Buchholz, T.; Sorg, W.**, *Kraftstoffeinsparungspotenzial beim LKW durch Optimierung der Motorkühlung*, 23. Internationales Wiener Motorensymposium, Seite 107-124, Düsseldorf, VDI-Verlag, 2002

[35] **Hedman, A.**, *Variable Accessory Drives in Heavy Road Vehicles-Reduced Fuel Consumption and Improved Performance*, SAE-Paper 933051, 1993

[36] **Hendricks, T.; O´Keefe, M.,** , *Heavy Vehicle Auxiliary Load Electrification for the Essential power System Program: Benefits, Tradeoffs, and Remaining Challenges*, SAE-Paper 2002-01-3135, 2002

[37] **Heyl, P.**, *Potenziale für die Steigerung der Effizienz von Klima-anlagen und deren Einfluss auf die Prozessgestaltung*, PKW-Klimatisierung IV, Haus der Technik, Renningen, Expert-Verlag, 2006

[38] **Jabardo Saiz, J.M.; Mamani Gonzales, W.; Ianella, M.R.**, *Modeling and experimental evaluation of an automotive air conditioning system with a variable capacity compressor*, International Journal of Refrigeration, vol. 25 (2002), Seite 1157-1172, 2002

[39] **Kamosaka, M.; Kawamura, H.; Igaki, Y.**, *Permanent Magnet Generator with Mechanical Controller*, JSAE Review, vol 26 (2005), Seite 143-146, 2005

[40] **Karch, G.; Mayer, J.; Merz, J.**, *Potenziale zur Energie-einsparung bei gleichzeitigen Funktionsvorteilen durch moderne Lenkungstechnik*, VDI-Berichte, Nr. 2000, Seite 147-160, Düsseldorf, VDI-Verlag, 2007

[41] **Karl, S.; Petitjean, C.; Mace, E.; Liu, J.M.; Yahia Ben, M.**, *Reduction of the power consumption of an A/C system*, SAE-Paper 2003-04-0010, 2003

[42] **Kemle, A.; Manski, R.; Weinbrenner, M.**, *Senkung des Kraftstoffverbrauchs der Klimaanlage*, PKW-Klimatisierung V, Haus der Technik, Renningen, Expert-Verlag, 2007

[43] **Kettner, D.; Kühnel, W.**, *Energieverbrauchssenkung von Fahrzeugklimaanlagen durch Enthlapie-Regelung*, PKW-Klimatisierung, Haus der Technik, Renningen, Expert-Verlag, 2000, sowie Patentanmeldung DE 196 08 015 C1, 1996

[44] **Kishibuchi, A.; Nosaka, M.; Fukanuma, T.**, *Development of Continuous Running, Externally Controlled Variable Displacement Compressor*, SAE-Paper 1999-01-0876, 1999

[45] **Köpf, P.**, *Energieeinsparungen bei Nebenaggregaten am Beispiel des Lenksystems*, VDI-Berichte, Nr. 1099, Seite 163-175, Düsseldorf, VDI-Verlag, 1993

[46] **Krafft, R.; Wolf, A.; Faller, W.**, *Electromagnetic Water Pump Clutch: Working Principle, Design Strategies and Applications for Heavy Duty Vehicles*, SAE-Paper 2007-01-4260, 2007 sowie Patentanmeldung EP 1 881 170 A1, 2007

[47] **Krappel, A.; Pfab, X.**, *Flüssigkeitsgekühlter Generator mit hoher Leistung*, VDI-Berichte, Nr. 1009, Seite 139-151, Düsseldorf, VDI-Verlag, 1992

[48] **Lemberger, H.; D´Amicantonio, L.; Di Giacomo, T.**, *Modulares Riemenantriebskonzept*, MTZ (68), 12/2007, Seite 1076-1079, 2007

[49] **Malakondaiah, N.; Nady, B.**, *A New Racing Engine Charging System with a Permananent Magnet Alternator*, SAE-Paper 983067, 1998

[50] **Meyer, R.**, *Bosch, gelbe Reihe: Generatoren und Starter*, 1. Auflage, Stuttgart, 2002

[51] **Namuduri, C.; Rule, D.; Murty, B.**, *System und Vorrichtung für einen Maschinenkühlmittelpumpenantrieb für ein Fahrzeug*, Patentanmeldung DE 10 2007 016 548 A112, 2007

[52] **Park, S.K.; Kim, H.S.; Ahn, H.N.; Park, H.S.**, *Study on the Reduction of Fuel Consumption in the A/C System, used Variable Displacement Swash-Plate Compressor and the Performance Improvement by Field Test*, SAE-Paper 2006-01-0164, 2006

[53] **Power Hybrid Deutschland GmbH**, *Umrüstsatz zur Kraftstoffeinsparung bei Personenkraftwagen*, Patentanmeldung DE20 2005 018 560 U1, 2006

[54] **Preis, K.-H.**, *Optimiertes Thermo-Management mit Lüftersteuerung*, VDI-Berichte, Nr.1415, Seite 65-78, Düsseldorf, VDI-Verlag, 1998

[55] **Rhode-Brandenburger, K.**, *Verfahren zur einfachen und sicheren Abschätzung von Kraftstoffverbrauchspotenzialen*, In Einfluss von Gesamtfahrzeugparametern auf Fahrzeugverhalten/Fahrleistungen und Kraftstoffverbrauch, Essen, Haus der Technik, 1996

[56] **Rocklage, G.M.; Riehl, G.; Vogt, R.**, *Requirements on New Components for Future Cooling Systems*, SAE-Paper 2001-01-1767, 2001

[57] **Rombach, M.**, *Electrical Vacuum Pump*, Pierburg Pump Technology, Neuss, 2008

[58] **Röser, P.**, *Energetisch optimiertes Kraftfahrzeugkühlsystem*, Band 31, Renningen, Expert–Verlag, 2007

[59] **Sauvlet, N.; Kraxner, D**, *Potenzialanalyse zur Bewertung von Zusatzaggregaten in Sportwagen*, VDI-Berichte, Nr. 1565, Seite 109-125, Düsseldorf, VDI-Verlag, 2000

[60] **Schmidt, M.**, *Maßnahmen zur Reduktion des Energieverbrauchs von Nebenaggregaten im Kraftfahrzeug*, Fortschritt-Berichte VDI, Reihe 12, Nr. 537, Düsseldorf, VDI-Verlag, 2003

[61]   **Schmidt, M.**, *Nebenaggregate–Management III*, Forschungs-vereinigung Verbrennungskraftmaschinen e.V. (FVV), Heft 701, Frankfurt, 2000

[62]   **Schmidt, M.**, *Nebenaggregate–Management*, Forschungs-vereinigung Verbrennungskraftmaschinen e.V. (FVV), Heft 662, Frankfurt, 1998

[63]   **Schlenz, D.**, *Kraftstoffverbrauch der Klimaanlage*, PKW-Klimatisierung, Haus der Technik, Renningen, Expert-Verlag, 2000

[64]   **Schoberth, G.**; *hausinterne Angabe, basierend auf Konversation mit dem Autor.*

[65]   **Siebenpfeiffer, W.**, *Der neue A4*, ATZ/MTZ - Sonderausgabe 11/2000, Seite 69, 2000

[66]   **State of California**, *Air Resources Board: Draft Technology and Cost Assessment for Proposed Regulations to Reduce Vehicle Climate Change Emissions*, 2004

[67]   **Supplier Business**, *Thermal Equipment Report*, 2007

[68]   **Suzuki, K.; Inaguma, Y.; Haga, K.; Nakayama, T.**, *Integrated Electro-Hydraulic, Power Steering System with Low Electric Energy Consumption.*, SAE-Paper 950580, 1995

[69]   **Takeuchi, M.; Kuwahara, T.; Moro, T.**, *Scroll Compressor*, Patentanmeldung EP 1 850 006 A2, 2007

[70]   **Taxis-Reischl, B.**, *Energieverbrauch von Klimaanlagen und Wege zur Verbrauchsreduzierung*, ATZ (99), 9/1997, Seite 525-534, 1997

[71]   **Taxis-Reischl, B.; Maggioncalda, M.; Kampf, H.**, *PKW-Klimaanlagen: Kraftstoffersparnis durch Regelung der Verdampfertemperatur*, ATZ (99), 7/1997, Seite 442-450, 1997

[72] **Unterforsthuber, J.**, *Hydrauliksystem zur Versorgung eines Aktuators, insbesondere eines Servo-Lenkzylinders, in einem Kraftfahrzeug*, Patentanmeldung DE 10 2006 014 194 A1, 2007

[73] **Venkkateshraj, A.V.K.; Vijayakumar, B.; Narayanan, V.; Anandakumaran Nair K.R.**, *High Power and High Efficency Alternators for Passenger Cars*, SAE-Paper 2007-26-058, 2007

[74] **Voss, B.,** , *Wirkungsgradverbesserungen von Fahrzeugantrieben durch eine bedarfsorientierte Auslegung der Nebenaggregate und ihrer Antriebe*, Fortschritt-Berichte VDI, Reihe 12, Nr. 159, Düsseldorf, VDI-Verlag, 1992

[75] **WABCO**, *Kompressoren: 1 –und 2 Zylinder*, Technische Broschüre im PDF-Format, www.wabco-auto.com, 12.3.2008

[76] **Wallentowitz, H; Crampen, M.**, *Einfluss von Nebenaggregaten auf den Kraftstoffverbrauch bei unterschiedlichen Fahrzyklen*, ATZ (96), 11/1994, Seite 643-644

[77] **Watanabe, Y.; Sekita, M.; Miura, S.**, *Saving Power by Demand Capacity Controlled Compressor*, SAE-Paper 2002-01-0232, 2002

[78] **Wulfinghoff, D.R.**, *Scroll-Compressor,* Energy Efficiency Manual, Energy Institute Press, Seite 1314-1315, 1999

[79] **Yu, W.; Szabela, W.**, *Energetic Efficency Analysis and Performance Evaluation for a Closed Center Steering System,* SAE-Paper 2007-01-4217, 2007

[80] **Yu, W.; Williams, D.**, *Energy Saving Analysis of a Power Steering System by Varying Flow Design,* SAE-Paper 2007-01-4216, 2007

[81] **Zeitzen, F.**, *Scania R480, erste Ausfahrt*, Lastauto, Omnibus, Stuttgart, 85. Jg., 2007, Heft 3/08, Seite 14-17

[82] **Zeng, X.; Major, G.A.**, *Automotive A/C System Integrated with Electrically-Controlled Variable Capacity Scroll Compressor,* SAE-Paper 2001-01-0587, 2001

8 Abbildungsverzeichnis

Bild 5.3: Kostenaufwand und Einsparpotenzial bei Anwendung verschiedener Maßnahmenpakete (Dieselmotor), Seite 270

Bild 5.4: Kostenaufwand und Einsparpotenzial bei einer sinnvollen Kombination aller Maßnahmen für Otto vs. Diesel, Seite 272

9 Tabellenverzeichnis